煤炭高等教育“十四五”规划教材

无人机测绘

主　编　任东风　王崇倡

副主编　符韶华　幺术龙　安　浩

王佳龙　尹宝田　马明舟

李　琳　丛晓孺　邱爱雅

中国矿业大学出版社

· 徐州 ·

内 容 提 要

本教材在系统归纳无人机测绘基本理论和方法的基础上，重点对无人机测绘系统、无人机飞行原理、无人机操控、倾斜摄影技术、三维测绘成图技术及无人机测绘像片控制测量等相关技术及应用进行了深入探讨。

本书可供测绘专业的普通高等院校师生参考使用。

图书在版编目(CIP)数据

无人机测绘 / 任东风，王崇倡主编. — 徐州 ：中国矿业大学出版社，2024. 7. — ISBN 978-7-5646-6324-7

Ⅰ. P231

中国国家版本馆 CIP 数据核字第 2024P0A824 号

书　　名　无人机测绘
主　　编　任东风　王崇倡
责任编辑　杨　洋
出版发行　中国矿业大学出版社有限责任公司
（江苏省徐州市解放南路　邮编 221008）
营销热线　(0516)83885370　83884103
出版服务　(0516)83995789　83884920
网　　址　http://www.cumtp.com　**E-mail**:cumtpvip@cumtp.com
印　　刷　江苏淮阴新华印务有限公司
开　　本　787 mm×1092 mm　1/16　**印张** 12.75　**字数** 326 千字
版次印次　2024 年 7 月第 1 版　2024 年 7 月第 1 次印刷
定　　价　30.00 元

前　言

无人机测绘是以无人机平台为基础，综合集成先进的无人机技术、传感器技术、遥测遥控技术、无线通信技术、GNSS差分定位技术和遥感应用技术，采集目标区域影像、激光点云等数据，使用相关专业软件处理，对目标区域自然地理要素或者地表人工设施的二三维形状、大小、空间位置及其属性进行测定、采集并绘制成图或三维建模。无人机测绘具有应用范围广、作业成本低、续航时间长等优点，是卫星遥感与有人机航空遥感的有力补充，目前已成为测绘工程、遥感科学、地理信息科学专业采集数据的重要手段。

本教材集中了辽宁工程技术大学、沈阳勘察测绘研究院有限公司、辽宁众云图测绘科技有限公司等单位在无人机测绘领域的研究及应用成果，在系统阐述无人机测绘基本理论和方法的基础上，重点对无人机测绘的内业和外业的作业流程方法、正射影像图制作、倾斜摄影测量技术、激光雷达技术等进行了介绍，特别是对无人机大比例尺测图测绘，倾斜摄影测量在地籍测绘中的应用，激光雷达在公路选址、古建筑物保护中的应用进行了深入探讨。

第1章主要介绍无人机测绘的基础概念和基本应用；第2章主要介绍民用无人机法律法规；第3章主要介绍无人机测绘系统的组成；第4章主要介绍无人机飞行操作和飞行安全；第5章主要介绍无人机摄影测量的基础原理；第6章主要介绍像控点布设；第7章主要介绍无人机外业数据采集技术；第8章主要介绍正射影像和倾斜摄影测量内业处理过程；第9章主要介绍机载雷达数据处理过程；第10章主要介绍无人机测绘的工程案例。

本教材的主要特色：

① 详细阐明了无人机的系统组成和飞行操作及无人机摄影测量技术的原理、方法、作业流程和工程应用。

② 测绘工程、遥感科学、地理信息科学的学生通过学习本课程将更加全面地掌握无人机测绘原理及无人机测绘内外业数据处理的流程和方法。

③ 注重对无人机基本知识、操作基本技能、内外业处理基本方法的介绍，以及对无人机行业工程应用能力的培养，符合应用型人才的教育规律和高素质技能人才培养规律，适应教学改革的要求。

编者

2023 年 6 月

目　录

第 1 章　无人机测绘概述 ………… 1

1.1　无人机测绘基础 ………… 1

1.2　无人机测绘发展 ………… 3

1.3　无人机测绘应用 ………… 5

第 2 章　民用无人机法律法规 ………… 7

2.1　民航相关组织机构 ………… 7

2.2　民航法律法规体系 ………… 7

2.3　民用无人机法律法规与空域申请 ………… 10

第 3 章　无人机测绘系统 ………… 14

3.1　无人机的定义 ………… 14

3.2　无人机的分类 ………… 14

3.3　无人机的特点 ………… 15

3.4　无人机系统构成 ………… 16

第 4 章　无人机飞行操作 ………… 28

4.1　无人机飞行安全作业及基本要求 ………… 28

4.2　无人机操纵注意事项 ………… 30

4.3　无人机操控 ………… 32

4.4　无人机操纵技巧 ………… 44

第 5 章　无人机摄影测量原理 ………… 51

5.1　航摄像片的几何特性 ………… 51

5.2　航摄像片的内外方位元素 ………… 52

5.3　共线方程 ………… 53

5.4　立体像对定向和立体测量 ………… 57

5.5　解析空中三角测量 ………… 62

第 6 章　像片控制点测量 ………… 65

6.1　像片控制点概念与分类 ………… 65

6.2　无人机航摄像片控制点的布设方案 ………… 65

6.3 像片控制点测量的流程 …… 68
6.4 像片控制点测量 …… 69

第7章 无人机外业数据采集 …… 71
7.1 作业前的准备工作 …… 71
7.2 无人机航测设计 …… 72
7.3 飞行质量要求 …… 75
7.4 无人机航测任务规划 …… 76
7.5 无人机航测数据采集 …… 90

第8章 无人机航空摄影内业数据处理 …… 102
8.1 正射影像的内业数据处理 …… 102
8.2 倾斜摄影的内业数据处理 …… 116

第9章 机载雷达的数据采集与应用 …… 133
9.1 机载雷达概述 …… 133
9.2 机载雷达外业数据采集 …… 135
9.3 机载雷达内业数据处理 …… 137
9.4 机载雷达数据的应用 …… 147

第10章 无人机测绘技术项目案例 …… 149
10.1 无人机在大比例尺地形图测绘中的应用 …… 149
10.2 无人机倾斜摄影测量在地籍测绘中的应用 …… 157
10.3 无人机机载雷达在公路勘测中的应用 …… 166
10.4 无人机在文物保护中的应用 …… 175

参考文献 …… 196

第 1 章　无人机测绘概述

无人机测绘，也称为无人机地形测绘，是近年来快速发展的航空测量技术。它利用先进的无人机飞行平台，集成多种传感器和遥感技术，实现对地理空间信息的快速获取和处理。无人机测绘技术以其高效、灵活、安全和低成本等优势，在诸多领域（如农业、林业、地质勘查、城市规划、环境监测等）得到广泛应用。

无人机测绘的基本原理是利用无人机搭载遥感传感器，如多光谱相机、高清摄像头、激光雷达等，通过飞行控制系统对无人机进行精确的飞行控制，并利用遥感数据处理技术对获取的地理信息进行处理和分析。其核心是遥感数据的获取和处理，以及地理信息的应用。无人机测绘基本流程如图 1-1 所示。

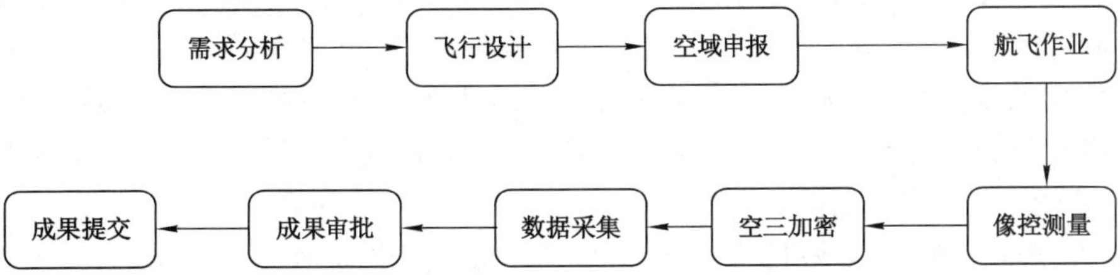

图 1-1　无人机测绘基本流程

1.1　无人机测绘基础

使用传统的地面地形测量手段获取地理空间数据的速度慢，数据处理周期长，已不能满足用户对地理数据“现时、快速”的实际要求。如何提高数字地形产品的生产效率，降低生产成本，使厘米级分辨率影像和大比例尺地形图能够实现快速、廉价生产就显得尤为重要，而无人机测绘的发展就发挥了至关重要的作用。

在当前市场需求多元化的发展趋势下，受空域管制、天气变化、使用成本等主要因素的影响，以有人机为任务平台的传统航空测绘在面对用户提出的大比例尺、高分辨率的航空遥感影像需求，尤其是在面对测区面积小、成图周期短、实时性要求高的测绘项目时，愈加凸显其局限性。无人机与数码相机技术的发展打破了这一局限，无人机与航空摄影测量相结合使得无人机测绘成为传统航空测绘手段的有力补充。

无人机测绘以获取高分辨率数字影像为应用目标，以无人驾驶飞行器为平台，不需专用起降场地，以高分辨率数码相机为传感器，通过 3S 技术（遥感技术、地理信息系统、全球定位系统）在系统中集成应用，最终获取小面积、真彩色、大比例尺、现实性强的航测遥感数据。其主要用于基础地理数据的快速获取和处理，为制作正射影像、地面三维模型和基于影像的区域测绘提供最简洁、最可靠、最直观的应用数据。无人机测绘可广泛应用于国家重大工程建设、灾害应急与处理、国土监察、资源开发、新农村和小城镇建设等方面，尤其在基础测绘、土地资源调查监测、土地利用动态监测、数字城市建设和应急救灾测绘数据获取等方面具有广阔前景。

无人机测绘除了具有携带运输方便、组装简单、工作效率高等优势外，还具有如下优势：

① 影像获取快捷方便。不需专业航测设备，普通民用单反相机即可作为影像获取的传感器，操控手经过短期培训学习即可操控整个无人机系统。

② 成本低。无人机系统及传感器成本远低于其他遥感系统。无人机的市场价格在10万元到100万元之间，各种档次的都有，而相机不到2万元，整套系统成本低廉，一般的单位和个人都有能力负担。

③ 具有机动性、灵活性和安全性。不需专用的起降场地，升空准备时间短，容易操控，特别适合应用于建筑物密集的城市地区和地形复杂地区以及丘陵、多云区域。

④ 受气候条件影响小。只要不下雨、下雪且空中风速小于6级，即便是在光照不足的阴天，无人机也可以升空作业。

⑤ 分辨率高、多角度。由于是低空摄影，一般在云下飞行使用CCD(charge-coupled device，电荷耦合器件)数码相机作为传感器，具有垂直与倾斜摄影的能力，搭载GNSS(global navigation satellite system，全球卫星导航系统)定位装置，可低空多角度摄影以获取建筑物侧面的纹理信息，弥补了卫星遥感和普通航空摄影遇到的高层建筑物遮挡问题。此外，低空摄影的空间分辨率能够达到分米甚至厘米级，可用于构建高精度数字地面模型和制作精细的三维立体景观图。

⑥ 影像获取周期短、时效性强。无人机测绘几乎不受场地和天气影响，飞行前准备工作可少于2 h，因此可快速获取满足要求的航摄影像。从准备航飞到获取影像的周期短，影像获取后可立即处理得到航测成果，时效性强。

无人机测绘与传统地形测绘相比有明显的优势，见表1-1。

表1-1　无人机测绘与传统地形图测绘对比

对比内容	测绘方式	
	无人机测绘	传统地形测绘
成图精度	高	高
测绘工期	速度快	时间长
人工外业工作量	仅需要采集少量外业像控点，人工外业工作量很小	人工外业工作量大
勘测成本	低	高
成图速度	快	慢
对面积要求	适用于中小面积	适用于中小面积
成品类型	产品丰富，一次航测，可制作地形图DLG、正射影像图DOM、数字高程模型DEM、三维数字地形系统	主要生产地形图DLG，产品单一，需要通过其他方式来增加附属产品

表 1-1(续)

对比内容	测绘方式	
	无人机测绘	传统地形测绘
适用比例范围	可以制作各种比例尺的地形图	可以制作各种比例尺的地形图
前期的准备工作	响应快速,多数情况下不需要空域申请,能快速进行航测	前期准备工作时间较长
内业测图软件	航摄影像纠正、配准软件、空三加密软件、立体测图软件	数字测图软件
内业测图人工干预量	较少	较多
安全性	高	低
环境限制	少	多

无人机测绘凭借其众多优点,在图像的实时获取、环境监测、地理国情监测及应急指挥需求、土地利用动态监测、地质环境与灾害勘查、地籍测量、地图更新等领域得到了充分应用。但是,与传统的航天和航空影像相比,无人机航空摄影获取的影像存在以下问题:

① 姿态稳定性差、旋偏角大。无人机在飞行时,由于自身质量小、惯性小,受气流的影响大,俯仰角、侧滚角和旋偏角相较于传统航测来说变化快,致使影像的倾角过大且倾斜方向没有规律,幅度远超传统航测规范的要求。

② 像幅小、像片的数量多、基高比小。无人机质量小,在空中飞行更容易受顺风、逆风和侧风影响,加之受俯仰角和侧滚角的影响,导致航带排列不整齐,主要表现为重叠度的变化幅度较大,甚至可能会出现漏拍的情况。为了保证测区没有漏拍,通常通过提高航向和旁向重叠度来实现,同时普通单反相机像幅比专业数码航摄仪像幅小,在保证预定重叠度情况下,整个测区影像数量就会成倍增加,基高比(像片基线长度与航高的比值)相应减小。

③ 影像畸变大。相比于传统的航空摄影而言,无人机摄影测量选取 CCD 数码相机作为成像系统,影像畸变比专业航摄仪的大,边缘地方的畸变可达 40 个像素以上。

无人机摄影测量的这些问题给影像的匹配和空中三角测量等内业处理也带来了困难:

a. 姿态稳定性差、旋偏角大,比例尺差异大,会降低灰度匹配的成功率和可靠性。

b. 像幅小、影像数量多,会导致空中三角测量加密的工作量增加、效率降低,旁向重叠度不规则,给连接点的提取和布设带来困难,基高比小也会对高程精度造成一定的影响。

c. 如若不考虑数码影像的畸变差,直接使用将影响空中三角测量的精度。

1.2　无人机测绘发展

1.2.1　国外无人机测绘发展

气球是最早的航空摄影平台,早在 1858 年,法国摄影师 Tourachon 以热气球作为摄影平台获取了巴黎的空中影像。随后,得益于摄影技术的简化,其他手段如风筝、火箭等,也开始用于航空摄影。1909 年,美国的 W. Wright 自制飞机并从飞机上对地面拍摄了第一张照片，意味着载人航空摄影的开始，随后航空摄影技术在军事中应用并迅速发展。

20 世纪末，集成电路系统和雷达控制系统的发展是现代无人机航摄系统得以发展的关键。1979 年，Praybrlla 和 Wester. Ebbinghaus 用雷达控制的旋翼无人机搭载光学相机做了第一次航空摄影实验，并于 1980 年用直升机模型搭载中型 Rolleifiex 相机做了第二次航空摄影实验。第二次实验是世界上首次将旋翼无人机平台用于航空摄影，为无人机在航空摄影中的应用开辟了先河，从那时候开始，旋翼或固定翼、单旋翼或多旋翼、遥控或自动控制平台开始在航空摄影系统中大量使用。20 世纪 80 年代，飞行控制技术取得了重大突破，可实现自主飞行和预编控制飞行，无人机续航时间、任务设备重力、作业半径都有显著提升。

在传感器方面，大量中小型传感器开始进入市场。中等大小的传感器成像分辨率可达 8 000 万像素，能胜任中等规模的项目，而同等规模项目在 2006 年前后只能用大型传感器来完成。高质量镜头和集成技术的发展为航空摄影任务的完成奠定了基础，也拓宽了摄影传感器的应用范围。一些公司、生产厂商和集成商，还有行业用户，已经开始将中小型相机用于专业影像生产。中小型相机与一些小型的稳定器结合起来，质量小，便于携带，可以很好地用于应急预警。不同种类的传感器组合起来可以进行多波段、高光谱的摄影，广泛用于农业估产、环境监测等领域。大量的中小型倾斜摄影相机在市场中也开始出现，可以按照固定、旋转、可移动等方式安装，满足不同任务需求。

除了安装和集成技术提升外，用于控制硬件和导航的控制系统与常规的飞行管理系统相比，性能也有了很大提升。小型和价格相对低廉的激光扫描设备开始与相机集成，并通过软件解决了任务计划及导航等问题。成像传感器与激光扫描仪、视频成像传感器等设备能根据任务需要进行适应性集成，并可以将获取的数据存储在数据库中，在导航点接入时实现导航点与信息的对接。

在新技术方面，倾斜摄影技术取得了重大突破，为人类观察世界提供了新的视角。虽然早在第一次世界大战时期，军事上已经通过双翼机搭载老式 Graflex 相机从空中获取倾斜影像进行军事侦察，但由于倾斜影像的倾角大，难以进行大范围拼接，用户转向使用容易拼接的以正射投影方式获取的影像。正射影像以垂直角度呈现的地物信息与人们日常观察到的世界存在较大差异，使用户深受困扰。随着复杂算法和数字影像处理技术的发展，这种状况逐步改变，倾斜摄影又重新回到了人们的视野中。倾斜摄影技术颠覆了以往正射影像只能从垂直角度拍摄的局限，通过在同一飞行平台上搭载多台传感器，同时从垂直、倾斜等不同角度采集影像，将用户引入符合人眼视觉的真实直观世界。倾斜影像不仅能够真实地反映地物情况，还可通过先进的定位技术嵌入精确的地理信息、丰富的影像信息，给用户带来更高级的体验，极大地扩展了影像的应用领域。美国的 Pictometry 公司拥有倾斜摄影数据获取、服务、应用开发等完整的技术系统，使得用户能够查看和测量任何与倾斜影像有关的坐标、长度、宽度、高度等要素，并能使影像与 GIS 数据完美叠加集成，提供影像在线访问服务，在倾斜摄影领域占据主导地位。2010 年，北京天下图数据技术有限公司将 Pictometry 倾斜摄影解决方案引进国内，也是国内首次引进倾斜摄影技术。

1.2.2 国内无人机测绘发展

我国无人机发展较晚，起步于 20 世纪 50 年代末。自 20 世纪 90 年代以来，国内大学和科研院所相继成立了无人机专门的研究机构。21 世纪初，中国航天科技集团有限公司一些下属院所、民营企业也开始研制无人机，加快了我国无人机的发展步伐。

2005年8月，北京大学、中国科学院与中国贵州航空工业集团共同研制的多用途无人机遥感观测系统，在黄果树机场首飞成功，标志着我国民用无人机对地观测技术跨入实用性阶段。中国测绘科学研究院使用多台哈苏相机组合成像，有效提高了无人机航空摄影的效率。刘先林院士主持研发的SWDC系列数字航空摄影仪是一种能够满足航空摄影规范要求的大面积数字航空摄影仪，具有分辨率高、几何精度高、体积小、质量小、对天气条件要求不高(能够在阴天云下摄影)、飞行高度低、镜头视场较大、基高比大、高程测量精度高、真彩色、镜头可更换等特点。SWDC系列数字航空摄影仪作为空间信息获取与更新的重要技术手段，产品性价比高，高程精度指标达到同类产品的国际领先水平，整体技术指标达到国际先进水平，是国内首台可用于中小比例尺地形图测绘的航空相机，为我国国产化数字航空摄影与航空摄影测量一体化解决方案奠定了基础。

2012年10月，由中国测绘科学研究院牵头研制的新一代航空遥感系统"高精度轻小型航空遥感系统"在中国测绘创新基地通过验收。该项目突破核心部件及系统集成的关键技术，成功研发了高精度轻小型组合宽角数字相机、轻小型机载激光雷达、高精度与小型化位置和姿态系统及稳定平台四类核心产品和高效快速数据处理系统，形成了完整的满足不同社会需求的高精度、轻小型航空遥感业务运行系统。与国外同类产品相比，其具有体积小、质量小、功能全、成本低、操作方便等优点，并且完全具有自主知识产权，可应用于高分辨率对地观测、大比例尺测绘、重大自然灾害应急响应、数字城市建设等方面，为国家重大工程提供了技术支撑，填补了国内空白，打破了国外同类产品的技术垄断和技术壁垒，提升了我国在航空影像获取领域的技术能力和国际市场竞争力。

1.3　无人机测绘应用

(1) 在军事领域的应用

无人机测绘在军事领域的应用非常广泛，涵盖了情报收集、侦察、目标指示、火力打击等方面。使用无人机的高空视角和传感器技术，军方可以实时获取战场的图像、视频和情报数据，更好地了解敌情和地形。无人机可以进行电子侦察和干扰敌方的雷达系统、通信网络和导航设备，削弱敌方的战斗力和作战效能。此外，无人机还可以用于目标指示和火力打击，对敌方目标进行精确定位和标记，将目标信息传输给地面的火力单位，以实现精确打击。同时，无人机还可以用于军事设施的建设和维护，通过获取地面的三维点云数据，帮助工程师更准确地确定基地的布设位置和防御构架，并规划合理的建设方案。

(2) 在测绘领域的应用

传统的航空测绘方法是利用地面控制点，通过空间加密反求光束的外方位元素，这种方法过于依赖地面条件，存在很大的限制。同时，测量工作量和成本占用比例较大。

无人机测绘是传统航空摄影测量的有力补充。在小区域和飞行困难区域快速获取高分辨率图像方面具有明显优势。无人机测绘具有航测响应快、时效性和性价比突出、地面数据获取和建模能力快等特点，可用于国家重大工程建设、灾害应急处理、土地监管、资源开发、新农村和小城镇建设等，特别是在基础测绘、土地资源调查监测、土地利用动态监测、数字城市建设和应急救灾测绘数据采集等方面。

无人机测绘逐步取代传统的航空测绘。目前，全国有超过 300 家测绘单位拥有航空摄影测量的资质，使用无人机数量超过 2 000 架。2019 年，自然资源部启动“十四五”基础测绘规划编制工作，推动国家测绘“实景三维中国建设”项目。这一项目将引领测绘行业近 40 万专业技术人员从传统测绘领域转入无人机测绘领域。

(3) 在快递物流领域的应用

无人机测绘在快递物流领域的应用，实质上是一种科技与物流配送的深度融合。这种融合不仅提高了物流配送的效率，还为整个物流行业带来了前所未有的变革。无人机配送服务能够显著提高配送效率。无人机具有高度的灵活性和飞行能力，可以轻松穿越复杂地形和避免交通拥堵，快速准确地将包裹送达目的地。特别是在城市“最后一公里”配送中，无人机能显著提升效率，缩短配送时间，满足消费者对快速、便捷服务的需求。无人机测绘有助于优化货物集散中心的选址和规划，利用通过无人机测绘获取的地形地貌信息和三维模型，企业可以更准确地评估场地的适用性和建设方案，提高集散中心的建设效率和管理水平。这对于物流企业来说至关重要，因为合理的选址和规划有助于提高运营效率和降低成本。

(4) 在电力巡检领域的应用

无人机集成定位系统装配高清数码摄像机或照相机，可沿电网进行定位自主巡航，通过实时传送拍摄影像，监控人员可以在地面控制中心同步查看与操控。无人机电力巡检通过集成多种传感器，可实现电力线路安全巡检工作高效和全自动智能化开展，提高了电力线路巡检的工作效率。尤其是在山洪暴发、地震灾害等紧急情况下，无人机可突破地面道路限制，快速前往勘测并紧急排查问题，帮助迅速恢复供电，提升了应急抢险水平和供电可靠度。

(5) 在农业监测领域的应用

农民和农业学家总是在寻找廉价有效的方法来定期监测他们的农作物。无人机装载红外传感器可以采集农作物不同时段的生长数据，以此为依据能够更好地调配化肥或杀虫剂来改善当地农作物状况，提升管理水平，提高农作物产量。

(6) 在环境保护领域的应用

在环保领域通过观测空气、土壤、植被和水质状况，可以实时、快速地跟踪和监测突发环境污染事件的发展状况。无人机测绘在环保监测方面的应用，大致可分为水体监测、大气监测、排污监测取证、环境治理等。

(7) 在文物保护领域的应用

无人机为对文物的勘察与记录提供了更高效、精确的方式。无人机搭载的高分辨率相机和热成像仪，能够迅速获取文物的详细图像和数据，提供准确的尺寸、形状、位置等信息。对于大型不可移动文物的勘察，无人机更具得天独厚的优势。它能够避免传统勘察方法中需要大量人力物力的问题，通过空中拍摄，提供高清晰度的图片，对文物的细节和整体情况进行分析和记录。同时，无人机的勘察还不会对文物造成任何损害。

第 2 章　民用无人机法律法规

2.1　民航相关组织机构

(1) 国际民用航空组织

国际民用航空组织(International Civil Aviation Organization，ICAO)的前身为根据1919 年《巴黎公约》成立的空中航行国际委员会(International Commission for Air Navigation，ICAN)。第二次世界大战对航空器技术的发展起到了巨大的推动作用，使得世界上形成了一个包括客货运输在内的航线网络，但随之也引起了一系列急需国际社会协商解决的政治和技术上的问题。因此，在美国政府的邀请下，52 个国家于 1944 年 11 月 1 日至 12 月 7 日参加了在芝加哥召开的国际会议，签订了《国际民用航空公约》(通称《芝加哥公约》)，按照公约规定成立了临时国际民用航空组织(PICAO)。1947 年 4 月 4 日，《芝加哥公约》正式生效，国际民用航空组织也由此正式成立，并于 5 月 6 日召开了第一次大会。同年5 月 13 日，国际民用航空组织正式成为联合国的一个专门机构。

(2) 中国民用航空局

中国民用航空局(简称中国民航局或民航局，英文缩写为 CAAC)是中华人民共和国国务院主管民用航空事业的由部委管理的国家局，归交通运输部管理。其前身为中国民用航空总局，2008 年 3 月，在国务院直属机构改革中成为划入交通运输部的国家局，同时更名为中国民用航空局。

2.2　民航法律法规体系

中国民用航空的法律法规可分为国家法律、行政法规、民航规章和规范性文件四个层次(图 2-1)。其中第四个层次规范性文件其实属于非法律范畴，作为前三个层次的补充说明，包括管理程序、咨询通告、管理文件、工作手册和信息通告等。

第一层次：国家法律，由国家主席签署主席令颁布。

第二层次：行政法规，由国务院总理签署国务院令或授权中国民用航空局颁布。

第三层次：民航规章，由中国民用航空局通过，由中国民用航空局局长以民航局令的形式颁布。

第四层次：规范性文件。

中国民用航空的法律法规文件，均可以在中国民用航空局官网上查询下载。

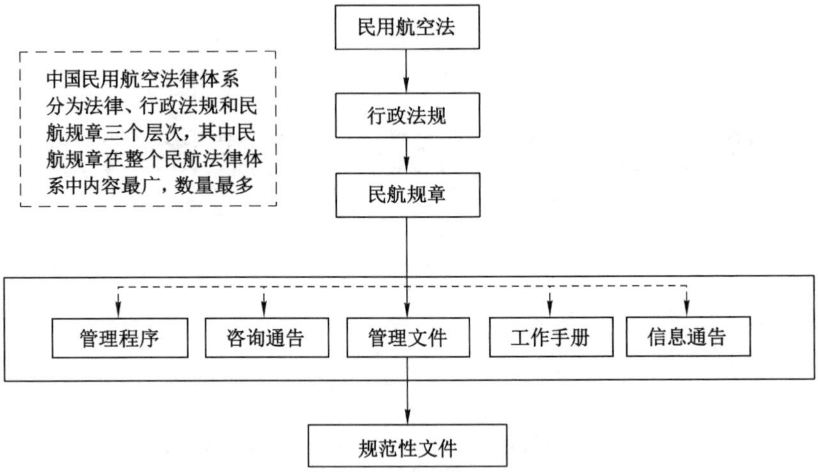

图 2-1　中国民用航空法律法规体系结构图

2.2.1　国家法律

(1)《中华人民共和国民用航空法》

中国民航法律法规的第一层次是民航国家法律《中华人民共和国民用航空法》，由全国人民代表大会常务委员会会议审议通过、国家主席签署主席令颁布，是我国民用航空法律法规体系的龙头，是制定民航行政法规、民航规章和规范性文件的依据。

《中华人民共和国民用航空法》是为了维护国家的领空主权和民用航空权利，保障民用航空活动安全有序进行，保护民用航空活动当事人各方的合法权益，促进民用航空事业的发展而制定的法律。

(2) 法律修订过程

1995 年 10 月 30 日，由第八届全国人民代表大会常务委员会第十六次会议通过。根据 2009 年 8 月 27 日第十一届全国人民代表大会常务委员会第十次会议《关于修改部分法律的决定》第一次修正。

根据 2015 年 4 月 24 日第十二届全国人民代表大会常务委员会第十四次会议《关于修改〈中华人民共和国计量法〉等五部法律的决定》第二次修正。

根据 2016 年 11 月 7 日第十二届全国人民代表大会常务委员会第二十四次会议《关于修改〈中华人民共和国对外贸易法〉等十二部法律的决定》第三次修正。

根据 2017 年 11 月 4 日第十二届全国人民代表大会常务委员会第三十次会议《关于修改〈中华人民共和国会计法〉等十一部法律的决定》第四次修正。

根据 2018 年 12 月 29 日第十三届全国人民代表大会常务委员会第七次会议《关于修改〈中华人民共和国劳动法〉等七部法律的决定》第五次修正。

2.2.2　行政法规

中国民航法律法规的第二层次是民航行政法规。民航行政法规由国务院总理签署国务院令或授权中国民用航空局颁布，其效力次于法律，但是高于民航规章和地方性法规。中国民航行政法规主要有：

①《中华人民共和国民用航空器适航管理条例》；
②《中华人民共和国民用航空器权利登记条例》；
③《中华人民共和国民用航空器国籍登记条例》；
④《中华人民共和国飞行基本规则》(以下简称《飞行基本规则》)；
⑤《外国民用航空器飞行管理规则》；
⑥《国务院关于保障民用航空安全的通告》；
⑦《通用航空飞行管制条例》。

2.2.3　民航规章

民航规章由中国民用航空局局长以民航局令的形式发布，其效力次于民航国家法律和行政法规。民航规章的全称为中国民用航空规章(China Civil Aviation Regulations, CCAR)，故其部号编码以 CCAR 开头，具体形式为：

CCAR-××××-RX

其中，CCAR 为中国民航规章的英文首字母缩写；××××代表规章部号编码；RX 代表版本号。

中国民航规章共有 400 部，分为 15 类(表 2-1)。

表 2-1　中国民用航空规章分类

序号	规章类别	序号	规章类别
1～20	行政程序规则	190～199	航空保险
21～59	航空器	201～250	综合调控规则
60～70	航空人员	251～270	航空基金
71～120	空域、导航设施、空中交通规则和一般运行规则	271～325	航空运输规则
121～139	民用航空企业合格审定及运输	326～355	航空保安
140～149	学校、非航空人员及其他单位的合格审定及运行	356～390	科技和计量标准
150～179	民用机场建设和管理	391～400	航空器搜寻援救和事故调查
180～189	委任代表规则		

现行我国民航规章举例：
①《民用航空标准化管理规定》(CCAR-375SE-R2)；
②《民用航空通信导航监视工作规则》(CCAR-115TM-R1)；
③《民用航空导航设备开放与运行管理规定》(CCAR-85-R1)；
④《民用运输机场突发事件应急救援管理规则》(CCAR-139-Ⅱ-R1)；
⑤《民用航空安全信息管理规定》(CCAR-396-R2)；
⑥《一般运行和飞行规则》(CCAR-91-R2)；
⑦《通用航空经营许可管理规定》(CCAR-135TR-R3)；
⑧《民用航空器事故和飞行事故征候调查规定》(CCAR-395-R1)。

2.2.4　规范性文件

中国民航法律法规的第四层次是民航规范性文件。民航规范性文件已明确不属于法律法规范畴，不向法庭提供，不具备法律效力，但其作为民航法律法规前三个层次的补充说明，与民航国家法律、行政法规和民航规章的规定保持一致，且更加细化。

规范性文件包括管理程序(AP)、咨询通告(AC)、管理文件(MD)、工作手册(WM)和信息通告(IB)等。

管理程序(Aliation Procedure, AP)，文件编号通常以AP开头，是指有关民用航空规章的实施办法或具体管理程序，是民航行政机关工作人员从事管理工作和法人、其他经济组织或者个人从事民用航空活动应当遵守的行为规则。

咨询通告(Advisory Circular, AC)，主要是民航规章条文的具体描述。

管理文件(Management Document, MD)，主要是民用航空管理工作的重要事项通知、决定或政策说明。

工作手册(Working Manual, WM)，主要是民航行政机关工作人员的规范和指导性文件。

信息通告(Information Bulletin, IB)，主要是官方通报文件，内容包括民用航空活动中出现的新情况、民用航空技术中存在的信息问题等。

2.3 民用无人机法律法规与空域申请

民用无人机是民用航空器的一员，民航法律法规均适用于民用无人机。但是民用无人机有别于其他航空器，专门针对民用无人机的法律法规也陆续出台。

2.3.1 无人机行政法规

专门针对无人机的行政法规目前只有一个：《无人驾驶航空器飞行管理暂行条例(征求意见稿)》(以下简称《暂行条例》)。

《暂行条例》由国家空管委(国务院、中央军事委员会空中交通管制委员会)组织起草，于2018年初面向社会公开征求意见，是我国无人机法律法规零的突破。其将对进一步规范无人驾驶航空器飞行以及相关活动，保障飞行管理工作顺利高效开展发挥积极的作用。

(1)《暂行条例》的法律定性

《暂行条例》不仅涉及民用无人驾驶航空器的飞行管理，还涉及国家无人驾驶航空器(含军用无人驾驶航空器的飞行管理)。同时，无人驾驶航空器的飞行空域也涉及民用航空用空域和国家航空用空域，还涉及国家安全和国防建设。因此，根据《中华人民共和国立法法》，应当由国务院和中央军委共同起草制定，在性质上属于行政法规。该行政法规在涉及地方管理无人驾驶航空器飞行活动时，国务院民航管理部门和地方管理部门应当遵守；在涉及军队管理无人驾驶航空器飞行活动时，军队管理部门也应当遵守。

(2)《暂行条例》与《中华人民共和国民用航空法》的关系

根据《中华人民共和国立法法》，法律的效力高于行政法规。《中华人民共和国民用航空法》是全国人大常委会制定的法律，其效力高于作为行政法规的《暂行条例》。因此，《暂行条例》与《中华人民共和国民用航空法》不一致的规定，应当认定为无效。但是这样做显然就与无人驾驶航空器飞行管理作出特殊规定的初衷不一致。因此，就必须先修改《中华人民共和国民用航空法》，至少在其中增加一条，授权国务院和中央军委针对无人驾驶航空器作出特殊规定。

(3)《暂行条例》与平行法规《中华人民共和国飞行基本规则》《通用航空飞行管制条例》《国务院关于通用航空管理的暂行规定》的关系

从位阶上来看，将来通过的《暂行条例》与《中华人民共和国飞行基本规则》都属于行政法规，具有相同的法律位阶。但是，《暂行条例》是对于无人驾驶航空器的飞行的特殊管理规则，而《中华人民共和国飞行基本规则》是航空器飞行的基本规则，二者又由同一个部门所制定，因此，根据《中华人民共和国立法法》，暂行规定《暂行条例》属于《飞行基本规则》的特别法。根据特别法优先及后法优先适用原则，在暂行规定通过以后，其与《飞行基本规则》不一致的地方，适用《暂行条例》。

此外，《通用航空飞行管制条例》和《国务院关于通用航空管理的暂行规定》主要规范通用航空活动，而无人驾驶航空器作为民用航空活动，属于我国现行立法所定义的通用航空活动，因此，《暂行条例》中有关民用无人驾驶航空器飞行活动的规定见《通用航空飞行管制条例》《国务院关于通用航空管理的暂行规定》等，同时《暂行条例》在颁布后属于新的法规。因此，当与《通用航空飞行管制条例》《国务院关于通用航空管理的暂行规定》存在冲突时，应按照特别法优于一般法、新法优于旧法的原则适用《暂行条例》。

(4)《暂行条例》与地方性法规和规章的关系

根据《中华人民共和国立法法》，行政法规的效力高于地方性法规、规章。这就意味着，无论《暂行条例》生效(假设其可以通过并生效)之前还是之后，各地方人大及其常委会或地方政府制定的关于无人驾驶航空器管理的规定，无论是地方性法规还是规章，都应当与《暂行条例》相符。地方性法规和规章只能根据执行《暂行条例》的需要制定新的规定，而不能有任何违背。当然，存在的例外是，经济特区法规、民族自治地方制定的自治条例和单行条例如有必要，可以对暂行规定作变通规定，但仅限于在该区域内适用变通规定。

2.3.2　无人机规范性文件

(1) 无人机管理程序(AP)

无人机管理程序(AP)目前只有一个文件：《民用无人驾驶航空器实名制登记管理规定》(AP-45-AA-2017-03)。

《民用无人驾驶航空器实名制登记管理规定》由中国民用航空局航空器适航审定局于2017 年 5 月 16 日颁布并生效，主要是为了加强对民用无人驾驶航空器(简称民用无人机)的管理，对民用无人机拥有者实施实名制登记。要求自 2017 年 6 月 1 日起，民用无人机的拥有者必须按照该管理规定的要求进行实名登记。2017 年 8 月 31 日后，民用无人机拥有者，如果未按照该管理规定实施实名登记和粘贴登记标志，其行为将被视为违反法规的非法行为，其无人机的使用将受影响，监管主管部门将按照相关规定进行处罚。

(2) 无人机咨询通告(AC)

无人机咨询通告(AC)目前主要有如下文件：

①《轻小无人机运行规定(试行)》(AC-91-FS-2015-31)。

该咨询通告文件由中国民用航空局飞行标准司于 2015 年 12 月 29 日下发并生效，主要是为了规范民用无人机，特别是低空、慢速、微轻小型无人机的运行。

该文件内容在中国民用航空局飞行标准司于 2016 年 7 月 11 日下发的咨询通告《民用

无人机驾驶员管理规定》(AC-61-FS-2016-20R1)中进行了进一步的修正和完善。

②《民用无人机驾驶员管理规定》(AC-61-FS-2018-20R2)。

该咨询通告文件由中国民用航空局飞行标准司于2018年8月31日下发,主要是为了进一步加强对民用无人机驾驶员的规范管理,完善我国民用无人机驾驶员监督体系,促进民用无人机产业的健康发展。

《民用无人机驾驶员管理规定》共分为目的、适用范围、法律解释、定义、管理机构、行业协会对无人机系统驾驶员的管理、局方对无人机系统驾驶员的管理、修订说明和咨询通告施行9个部分。

(3) 无人机管理文件(MD)

无人机管理文件(MD)目前主要有以下文件:

①《民用无人驾驶航空器系统空中交通管理办法》(MD-TM-2016-004)。

《民用无人驾驶航空器系统空中交通管理办法》(MD-TM-2016-004)由中国民用航空局空管行业管理办公室于2016年9月21日下发并施行,主要是为了加强对民用无人驾驶航空器飞行活动的管理,规范其空中交通管理工作。

《民用无人驾驶航空器系统空中交通管理办法》(MD-TM-2016-004)包括总则、评估管理、空中交通服务、无线电管理和附则5个部分。

②《民用无人驾驶航空器经营性飞行活动管理办法(暂行)》(MD-TR-2018-01)。

该管理文件由中国民用航空局运输司于2018年3月21日下发,于2018年6月1日起生效,主要是为了规范使用民用无人驾驶航空器从事经营性飞行活动,加强市场监管,促进无人驾驶航空器产业安全、有序、健康发展。

《民用无人驾驶航空器经营性飞行活动管理办法(暂行)》包括总则、许可证申请条件及程序、监督管理3个部分。

2.3.3 无人机航空摄影空域申请

(1) 无人机相关的管理规定

近年来民航管理部门发布了很多无人机相关的管理规定,例如《民用无人驾驶航空器系统驾驶员管理暂行规定》《民用无人驾驶航空器系统空中交通管理办法》《民用无人驾驶航空器实名制登记管理规定》等。

(2) 空域申请相关材料

我国所有空域都由人民解放军空军负责实施管理,而为了保证民用航空空域使用,空军将民航机场本场空域和民航航路航线划归民航负责,但是空军仍然拥有最高的使用权。从目前无人机飞行空域使用申请来看,无人机飞行任务申请函一般要提交到管理所在地飞行活动空域的战区空军航管处。无人机提交空域使用申请需要的材料主要包括:

① 飞行计划申请函(为申请单位正式函件,内容包括任务描述、执行飞行单位、无人机型号、任务性质、飞行区域、飞行高度、起降点、空域使用日期、安全责任、相关承诺以及联系方式);

② 飞行任务来源(飞行任务);

③ 飞行执行单位的情况(公司介绍、业务范围、资质证明等);

④ 操作人员信息(无人机驾驶员合格证);

⑤ 无人机信息(包括实名登记资料、参数性能、实体机照片、控制方式等);

⑥ 无人机保险以及任务相关材料。

无人机作为“低、慢、小”目标的管理重点,因近年来频繁发生无人机干扰民航飞行安全的事件,各地政府针对无人机的管理不尽相同。不管开展的是哪种性质的无人机飞行活动,目前在没有正式法规明确允许前无人机的飞行还是先要取得合法的飞行空域,否则就可能成为“黑飞”,带来不可估量的损失和后果。

第3章　无人机测绘系统

3.1　无人机的定义

无人机(图3-1),是无人驾驶航空器(UA)的简称,是一架由遥控站管理(包括远程操纵或自主飞行)的航空器,也称为遥控驾驶航空器。

图3-1　无人机

无人机系统(UAS),也称为无人驾驶航空器系统,是指由无人机、相关的遥控站、所需的指令与控制数据链路以及批准的型号设计规定的任何其他部件组成的系统,包括无人机飞行平台、飞行控制系统、遥控指挥系统、通信系统、动力系统、任务载荷系统。

无人机系统驾驶员,是指对无人机的运行负有必不可少的职责,并在飞行期间适时操纵无人机的人。无人机系统的机长,是指由运营人指派在系统运行期间负责整个无人机系统运行和安全的驾驶员。

3.2　无人机的分类

近年来,国内外无人机相关技术飞速发展。无人机系统种类繁多,用途广泛,特点鲜明,在尺寸、质量、形成、航时、飞行高度、飞行速度、性能以及任务等方面有较大差异。根据无人机飞行平台、尺寸、活动半径、任务高度与用途等的差异,将无人机划分为不同类别。

按飞行平台分类,无人机可以分为固定翼无人机、旋翼无人机、无人飞艇、伞翼无人机、扑翼无人机等。

按尺寸分类,无人机可以分为微型无人机、轻型无人机、小型无人机、大型无人机。微型无人机是指空机质量小于或等于7 kg的无人机。轻型无人机是指空机质量大于7 kg但是小于或等于116 kg的无人机,且全马力平飞中,校正空速小于100 km/h,升限小于3 000 m。小型无人机是指空机质量小于或等于5 700 kg的无人机,微型和轻型无人机除外。大型无人机是指空机质量大于5 700 kg的无人机。

按活动半径分类,无人机可分为超近程无人机、近程无人机、短程无人机、中程无人机和远程无人机。超近程无人机活动半径在15 km以内,近程无人机活动半径为15～50 km,短程无人机活动半径为50～200 km,中程无人机活动半径为200～800 km,远程无人机的活动半径大于800 km。

按任务高度分类,无人机可分为超低空无人机、低空无人机、中空无人机、高空无人机和超高空无人机。超低空无人机任务高度一般为 0～100 m，低空无人机任务高度一般为 100～1 000 m，中空无人机任务高度一般为 1 000～7 000 m，高空无人机任务高度一般为 7 000～18 000 m，超高空无人机任务高度一般大于 18 000 m。

按用途分类，无人机可分为军用无人机和民用无人机。军用无人机可分为侦察无人机、诱饵无人机、电子对抗无人机、通信中继无人机、无人战斗机以及靶机等；民用无人机可分为巡查/监视无人机、农用无人机、气象无人机、物探无人机以及测绘无人机等。

我国的民用无人机驾驶员管理规定中对无人机的分类分级见表 3-1。

表 3-1　民用无人机驾驶员管理规定中对无人机的分类分级

分类分级	空机质量/kg	起飞全重/kg
Ⅰ	$0<W\leqslant 0.25$	
Ⅱ	$0.25<W\leqslant 4$	$1.5<W\leqslant 7$
Ⅲ	$4<W\leqslant 15$	$7<W\leqslant 25$
Ⅳ	$15<W\leqslant 116$	$25<W\leqslant 150$
Ⅴ	植保无人机	
Ⅵ	$116<W\leqslant 5\,700$	$150<W\leqslant 5\,700$
Ⅶ	$W>5\,700$	

3.3　无人机的特点

（1）与有人机的对比

① 无人机体积小、质量小。由于省去了驾驶舱的空间，在同样任务情况下，无人机比有人机空间小、质量小、油耗低，提高了经济效益。

② 使用成本低。无人机的维修费、燃油费、存放保管费等都比有人机的低，因此无人机整体使用费用比较低。

③ 人员培训费用低。通用有人机私用飞行员驾照（简称私照）的培训费用为二三十万元，商用飞行员驾照培训费高达七八十万元，都远高于无人机驾驶员的培训费用。

④ 风险更低。无人机能够在灾害天气或受污染的环境下执行高危险性任务，无须考虑驾驶员生理条件限制。

（2）与航空模型的对比

① 飞控系统不同。无人机上面有导航飞控系统，驾驶员靠无线链路指挥飞机，这是与航空模型的本质区别。

② 用途不同。无人机有任务设备，需要承担任务，如航拍要挂载摄像机等，而航模类似于玩具，注重各种飞行技术动作的展示。

③ 定义和组成不同。无人机与航模的学术定义不同，组成结构也不同。

④ 安全管理不同。民用无人机由中国民用航空局统一管理，军用无人机由军方管理，航空模型由国家体育运动委员会下属的航空运动管理中心管理。

3.4 无人机系统构成

3.4.1 无人机平台

3.4.1.1 固定翼无人机

固定翼无人机是指由动力装置产生前进的推力或拉力，由机体上固定的机翼产生升力，在大气层内飞行的重于空气的航空器(图 3-2)。大多数固定翼航空器平台具有相同的主要结构，包括机身、机翼、尾翼、起落架和发动机等。

图 3-2 固定翼无人机

3.4.1.2 多旋翼无人机

多旋翼无人机(多旋翼飞行器)是一种由 3 个或 3 个以上旋翼轴共同构成的垂直起降型飞行器(图 3-3)，也称为多轴飞行器。其机动性是通过改变不同旋翼的扭力和转速来实现的。相比传统的只有一个水平旋翼的直升机，多旋翼无人机具有构造简单、易于维护、操作简便、稳定性高且便携方便等特点，但是多旋翼无人机的续航性能相对比较弱。

目前常见的多旋翼无人机多采用四轴、六轴和八轴的结构。四轴无人机结构简单，飞行效率高，是小型无人机最常见的结构。但是四旋翼无人机没有动力冗余，任何一个电机出现问题停转，无人机都将无法控制。所以，中、大型多旋翼无人机普遍采用六轴、八轴设计，从而使飞行更加安全。

3.4.1.3 复合翼无人机

复合翼无人机是一种新兴的无人机类型，采用固定翼和多旋翼的结合设计，具有灵活飞行的能力和高效的能源利用能力(图 3-4)。这种无人机在设计和性能上与传统无人机有很大的不同，结合了固定翼无人机和多旋翼无人机的优点，同时避免了它们的不足。

图 3-3 四轴多旋翼无人机

图 3-4 复合翼无人机

3.4.2 通信系统

3.4.2.1 无人机的数据链路

无人机数据链是无人机系统的重要组成部分，是飞行器与地面系统联系的纽带。随着无线通信、卫星通信和无线网络技术的发展，无人机数据链的性能也得到大幅提高。无人机数据链是一个多模式的智能通信系统，能够感知其工作区域的电磁环境特征，并根据环境特征和通信要求，实时动态地调整通信系统工作参数(包括通信协议、工作频率、调制特性和网络结构等)，达到可靠通信或节省通信资源的目的。

无人机通信链路需要使用无线电资源，目前世界上无人机的频谱使用主要集中在UHF、L和C波段，其他频段也有零散分布。目前我国工信部无线电管理局初步制定了《无人机系统频率使用事宜》，规划840.5～845 MHz、1 430～1 446 MHz和2 408～2 440 MHz频段用于无人驾驶航空器系统。

规定：① 840.5～845 MHz频段可用于无人机系统的上行遥控链路，其中，841～845 MHz也可采取时分方式用于无人机系统的上行遥控链路和下行遥测信息传输链路。② 1 430～1 446 MHz频段可用于无人机系统下行遥测与信息传输链路，其中，1 430～1 434 MHz频段应优先保证警用无人机和直升机视频传输使用，必要时1 434～1 442 MHz频段也可以用于警用直升机视频传输。无人机在市区部署时，应使用1 442 MHz以下频段。③ 2 408～2 440 MHz频段可用于无人机系统下行链路，该无线电台工作时不得对其他合法无线电业务造成影响，也不能寻求无线电干扰保护。

3.4.2.2　机载链路设备

机载链路设备是指无人机上用于通信联络的电子设备。无人机系统通信链路在终端常被称为机载电台，集成于机载设备之中。机载电台一般由发信机、收信机、天线、控制盒和电源等组成，发信机和收信机是电台的主体，一般安装在无人机电子仓或靠近天线处，通过电缆与控制盒连接。市区内通信的无人机大多数安装全向天线，需要进行超视距通信的无人机一般采用自跟踪抛物面卫星天线。

3.4.2.3　地面链路设备

民用通信链路的地面终端硬件一般会被集成到控制站系统之中，被称作地面电台，部分地面终端会有独立的显示控制界面。视距内通信链路地面天线采用鞭状天线、八木天线和自动跟踪抛物面天线，需要进行超视距通信的控制站还会采用固定卫星通信天线，如图3-5所示。

3.4.3　飞行控制系统

无人机飞行控制系统是指可以稳定无人机的飞行姿态，且能控制无人机实现半自主或自主飞行的控制系统，是无人机的大脑，也是无人机区别于航模的本质所在，简称飞控系统。根据功能区分，飞控系统硬件主要包括主控制模块、数据采集模块、信号调理及接口模块和舵机驱动模块等。主控制模块是飞控系统的核心，通过与其他系统的组合，在只改变外围电路和修改软件的情况下，便能满足一系列小型无人机的飞行控制和管理功能，从而实现一次开发、多个型号使用，降低系统的开发成本。

3.4.3.1　飞控系统工作过程

飞控系统通过数据采集模块，实时采集各传感器测量的飞行状态数据，接收由地面测控站上行链路传输的控制命令及数据，经计算处理，输出控制指令给舵机驱动模块，从而实现对无人机各种飞行状态的控制和任务设备的管理。同时，将无人机的状态数据及发动机、机载电源系统、任务设备的工作状态参数实时传送给机载无线电数据终端，经无线电下行链路发送回地面测控站。

3.4.3.2　飞控系统的组成

飞控系统一般由主控模块、惯性测量单元(IMU)、GNSS指南针模块、LED指示灯模块

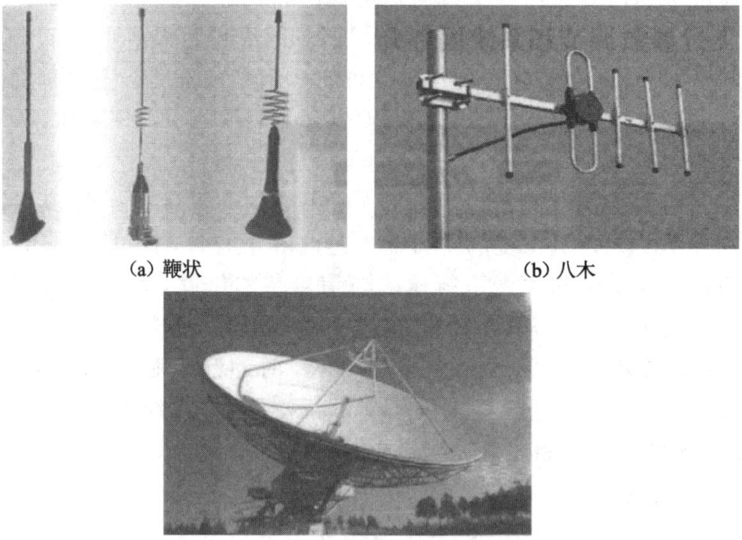

(a) 鞭状　　(b) 八木

(c) 卫星

图 3-5　通信天线

和 PMU 电源管理模块等组成。

(1) 主控模块

主控模块是飞行控制系统的核心，通过它将 IMU、GNSS 指南针、舵机和遥控接收机等设备接入飞行控制系统，从而实现飞行器自主飞行功能，如图 3-6 所示。除了辅助飞行控制之外，某些主控制器还具有记录飞行数据的黑匣子功能。主控单元还能通过 USB 接口进行飞行参数调节和系统固件升级。

图 3-6　主控模块

(2) IMU 惯性测量单元

IMU 包括三轴加速度计、三轴陀螺仪、三轴磁力计等，作用是获取飞行器在飞行过程中的姿态信息，如图 3-7 所示。IMU 是高精度感应飞行器姿态、角度、速度和高度的元器件集合体，在飞行辅助功能中充当极其重要的角色。

(3) GNSS 指南针模块

GNSS 指南针模块包括 GNSS 模块和指南针模块，用于精确确定飞行器的方向及经纬度，如图 3-8 所示。其对于失控保护、自动返航、精准定位和悬停等功能的实现至关重要。

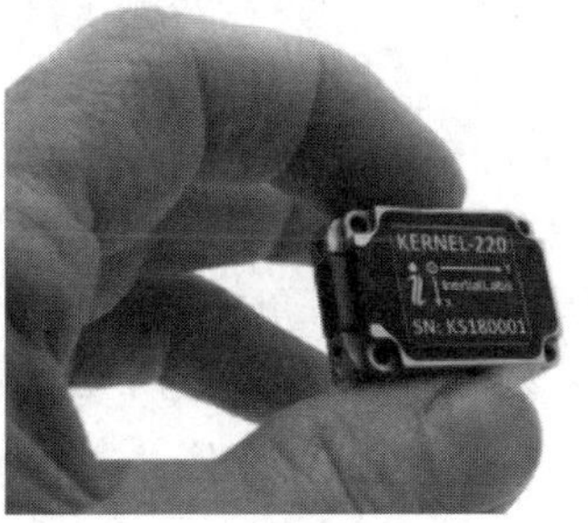

图 3-7　IMU 单元

图 3-8　无人机上的 GNSS 模块

(4) LED 指示灯模块

LED 指示灯模块用于实时显示飞行状态，是飞行过程中必不可少的，其能帮助操作员实时了解飞行状态，如图 3-9 所示。此外，通过该模块还可以进行参数调整。

(5) PMU 电源管理模块

PMU 电源管理模块能够给飞控主控器、ESC 电调单元等组件供电，以保证飞控单元正常、稳定地工作，如图 3-10 所示。

图 3-9　飞行状态指示灯

图 3-10　PMU 电源管理模块

3.4.3.3　飞控系统的工作原理

现在的飞控所使用的 IMU 惯性测量单元都是由三轴陀螺仪、三轴加速度计、三轴地磁传感器和气压计组成的。其中，三轴就是无人机左右、前后、上下(垂直方向)这 3 个轴，一般都用(x,y,z)来表示。左右方向在无人机中称为横滚，前后方向在无人机中称为俯仰，垂直方向为 z 轴。最早的陀螺仪是一个高速旋转的陀螺，通过这 3 个灵活的轴将陀螺固定在一个框架中，无论外部框架怎么转，中间高速旋转的陀螺始终保持一个姿态。因其成本高、机械结构复杂，现在都被电子陀螺仪代替。电子陀螺仪的优势是成本低、体积小、质量小(只有几克)，而且其稳定性和精度都比机械陀螺仪的高。

陀螺仪在飞控中所起的作用就是测量 x,y,z 3 个轴的倾角。三轴加速度计用来测量无人机在 x,y,z 3 个轴上的加速度。地磁传感器用于感知地磁,它就是一个电子指南针,可以让无人机知道自己的飞行朝向、机头朝向,找到任务位置等。气压计用于测量当前位置的大气压。因为高度越高气压越低,用气压计测量不同位置处的气压,计算压差可获得当前的高度。以上描述的就是整个 IMU 惯性测量单元,在无人机中的作用就是感知无人机姿态的变化,如无人机当前是前倾还是左右倾斜,以及机头朝向、高度等最基本的姿态数据。

飞控系统最基本的功能是控制一架无人机在空中飞行时的平衡,是由 IMU 测量感知飞机当前的倾角数据通过编译器编译成电子信号并实时传输给飞控系统内部的单片机,由单片机负责运算,根据飞机当前的数据计算出一个补偿方向或补偿角。然后单片机将这个补偿数据编译成电子信号,传输给舵机或电机。电机或舵机再去执行命令,完成补偿动作。当传感器感知到无人机平稳了,将实时数据再次传给单片机,单片机会停止补偿信号,这就形成了一个循环。这就是飞控系统最基本的功能,如果没有这个功能,一旦某一个角倾斜,那么无人机就会迅速失去平衡而导致坠机。或者说,若没有气压计,飞机测量不到自己的高度位置就会一直加油门或者一直收油门。

有了最基本的平衡、定高和指南针等功能还不足以让无人机实现自主导航。飞控还需要知道自己所处的位置,即定位,也就是常说的 GNSS(全球导航卫星系统)。GNSS 利用三点定位的原理,在地球上的任意一点都能同时收到 3 颗以上的 GNSS 卫星信号。卫星在运动的过程中会一直不断地发射出电磁波信号,信号中包含数据包,其中就有时间信号。GNSS 接收机通过解算来自多颗卫星的数据包及时间信号,可以清楚地计算出自己与每一颗卫星的距离,使用三角向量关系计算出自己所在的位置。该信号也会通过一个编译器再一次编译成一个电子信号传给飞控,让飞控知道自己所在的位置、目标的位置和距离、返航点的位置和距离以及当前的速度和高度,然后再由飞控系统操纵无人机飞向目标位置或返航点。

3.4.4 动力系统

无人机的动力系统通常有电机和内燃机两种,其中以电机为主。电机的动力系统主要包含电机、电子调速器(简称电调,控制电机转速)、螺旋桨以及电池。动力系统各个部分之间是否匹配以及动力系统与整机是否匹配,将直接影响整机效率和稳定性,所以说动力系统是至关重要的。

无人机根据动力来源可分为油动无人机、电动无人机、固态氧化物燃料无人机、太阳能无人机和混合动力无人机。

(1) 油动无人机

根据燃料的不同,油动无人机又可分为甲醇、汽油、重油三种类型。它具有抗风能力强、续航能力强、飞行速度快、效率高等特点。

(2) 电动无人机

电动无人机的电动系统主要包含电机、电调、螺旋桨以及电池。它具有能源清洁、电机结构简单、造价低、事故率低等特点,但它的续航时间比较短。

(3) 固态氧化物燃料无人机

固态氧化物燃料无人机使用固态氧化物燃料作为动力，比如氢燃料。

(4) 太阳能无人机

太阳能无人机的关键技术有两种：一是有效地将太阳能收集起来，并高效地转换为电能；二是解决夜间和太阳光微弱时的能源供应，但是在高空低温的条件下有时不能正常工作，还会遇到高空结冰等问题。

(5) 混合动力无人机

混合动力无人机是一种新型双动力无人机，其动力系统由电驱动和常规发动机两种动力系统构成，由汽油发电机为电池充电，电池再发动电机引擎。混合动力无人机的动力可以来自电池、汽油发电机，或者由两者同时提供，比单一的汽油引擎更小型化、更高效。但它不像混合动力汽车一样，能从刹车中收集能量。混合动力无人机能够实现良好的起飞、爬升性能和静音、超长航时的结合。

3.4.5　无人机任务载荷

无人机所搭载的任务设备种类较多，主要可以分为被动式任务设备、主动式任务设备和航空通用辅助任务设备。随着电子、电池和芯片等技术的发展，一些体积、质量和功耗水平都足够低的任务设备不断涌现，特别是光学设备已经在各行业及领域得到了切实的应用。

被动式任务设备和主动式任务设备的主要区别是信号发射源不同。被动式任务设备是指设备不带发射源，自身不发射信号，仅接收目标反射信号(如太阳光线信号、热辐射信号等)，有可见光相机和摄像机系统、红外相机系统和多光谱成像仪等。主动任务设备是指设备自带发射源，接收自身发射至目标并反射回来的电磁波信号，一般由电源、发射机和发射天线、接收机和接收天线、转换开关、信号处理器、防干扰设备、显示器等组成，如激光测距仪、机载激光雷达系统和合成孔径雷达系统等。航空通用辅助任务设备是指为更好地完成航空测绘工作的辅助任务设备，主要包括航空定位和定向系统等。

3.4.5.1　可见光相机系统

据不完全统计，现有无人机测绘系统的传感器类型有70%以上为光学数码相机(图3-11)。因此，光学数码相机仍是无人机测绘系统传感器的主要组成。在未来一段时间内，光学相机仍然是无人机测绘的重要任务设备。

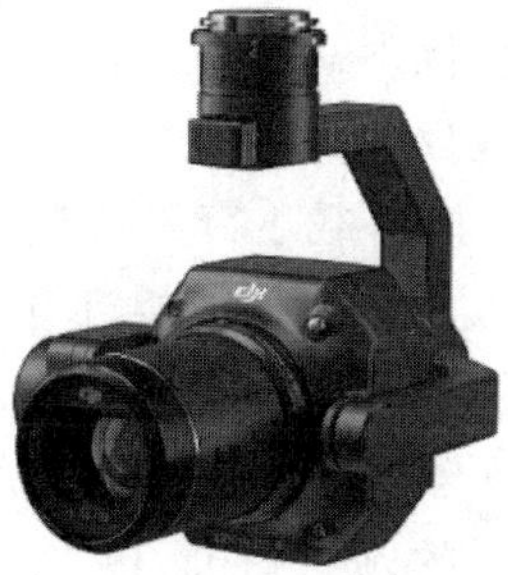

图3-11　大疆禅思P1机载光学相机

除光学数码相机外，无人机还可搭载全彩色、可见光、红外和多光谱传感器，把这些传感器统称为无人机光学遥感设备。

按成像方式相机可分为线阵列传感器和面阵列传感器。按用途可分为量测试和非量测试相机。由于无人机受到设备和成本的限制，往往采用非量测试、可见光的框幅式相机，即一般的市面上常用的单反、微单及卡片数码相机。

由于无人机的体积和承重能力受到限制，用于无人机遥感的光学相机一般要求质量小、体积小。目前国内外无人机上使用的光学相机主要有蔡司、哈苏等中画幅数码相机，尼康、佳能、索尼、富士、徕卡以及三星等小画幅数码单反相机以及国内的CKLAC02双拼相机等。这一类相机的质量较小，外形尺寸较小，单个镜头的有效像素一般小于8 000万像素，像元尺寸为3.9～6.4 μm。

3.4.5.2 倾斜摄影相机系统

无人机倾斜摄影相机根据不同分类标准可分为不同类型。

（1）按配置相机数量分类

无人机倾斜摄影相机可分为五镜头倾斜相机、三镜头倾斜相机和两镜头倾斜相机，如图3-12所示，其中两镜头倾斜相机又可细分为固定角度两镜头倾斜相机和可倾角度两镜头倾斜相机。五镜头倾斜相机适合不同飞行平台，一次飞行完成倾斜摄影作业，生产效率较高；三镜头倾斜相机和固定角度两镜头倾斜相机主要用于固定翼飞行平台，至少需要两次飞行才能完成倾斜摄影作业，生产效率较低；可倾角度两镜头倾斜相机适用于飞行速度不大于5 m/s的旋翼飞行平台，可以一次飞行完成倾斜摄影作业，但速度慢致使其生产效率最低。

(a) 五镜头　(b) 三镜头　(c) 两镜头

图3-12　多种倾斜摄影相机

（2）按照配置相机类型分类

无人机倾斜摄影相机可分为中画幅倾斜相机、全画幅倾斜相机、APS画幅倾斜相机和小画幅倾斜相机。通常倾斜相机CCD(CMOS)有效像素、倾斜影像质量和倾斜摄影生产效率与相机倾斜画幅成正比，但是系统质量、相机成本和对数据记录速度要求更高，与相机倾斜画幅成反比。

（3）按搭载飞行平台类型分类

无人机倾斜摄影相机可分为固定翼平台倾斜相机、旋翼平台倾斜相机和通用平台倾斜相机。固定翼平台倾斜相机是只安装在固定翼飞行平台上的倾斜相机，一般要求倾斜相机镜头焦距较长、曝光间隔较短以及数据记录速度快；旋翼平台倾斜相机是只安装在旋翼飞行平台上的倾斜相机，相比是固定翼平台倾斜相机镜头焦距较短、曝光间隔可稍长以及数据记录速度可稍慢；通用平台倾斜相机可分别搭载在固定翼飞行平台和旋翼飞行平台，通常相机镜头焦距适中、曝光间隔较短以及数据记录速度快。

无人机倾斜摄影相机主要用于三维实景模型的重建，广泛应用于数字(智慧)城市(工程)、电力电路巡检、数字旅游、数字文物保护和数字地形(地籍)图测绘，在环保监测、智慧交通(水利、消防等)等方面均有大量的成功应用案例。

3.4.5.3　红外成像设备

红外辐射是波长介于可见光和微波之间的一种电磁波，又被称为红外光、红外线。红外辐射最早于 1800 年被英国天文学家 William Herschel 发现。当一个物体温度高于绝对零度时，它就会自发辐射红外线，其红外辐射的能量由物体的温度和表面条件决定，在常温下物体的自发辐射主要是红外辐射。根据红外辐射在大气层中的传输特性，红外辐射按波长可分为近红外、中红外和远红外。

从目标和背景发出的红外辐射，在大气中传输并受到衰减后，由红外光学系统接收并形成目标像，红外探测器将目标像通过光电转换形成电信号，电信号经过放大、滤波和校正等一系列处理后得到目标的各种信息。与可见光、X 光等波段相比，目标在红外波段具有其特有的吸收特征或反射特性，从中可以获得更丰富的信息。

近红外波段主要接收太阳的辐射，在白天日照条件良好时感知、探测和搜集目标的信息，典型的红外成像设备有多光谱成像仪、红外航空扫描仪等；中红外波段包含地物反射及发射的光谱，用来探测高温目标，例如森林火灾、火山等，典型的红外成像设备有被动式红外夜视仪等；远红外波段主要接收地物发射的光谱，是常温下地物热辐射能量最集中的波段，所探测的信息主要反映地物的发射率以及温度，适用于夜间成像，典型的红外成像设备有红外相机、热红外成像仪等。

按照工作方式的不同，红外成像设备可以分为主动式和被动式两种。主动式红外成像设备通过向目标发射红外线，接收反射的红外辐射进行成像，如主动式红外夜视仪。被动式红外成像设备通过感光元件感知地物辐射成像，如热像仪、红外扫描仪、多光谱成像仪和被动式红外夜视仪等，如图 3-13 所示。

图 3-13　大疆禅思 XT 系列热成像仪

无人机的红外成像设备在环保监测、火灾监测和监控救援等方面均有成功的应用实例。

① 环境监测：国外将无人机红外成像设备用于环境监测相对较为成熟，主要有大气污染监测、水环境污染监测和废弃物污染监测等。例如，通过特定传感器可以观测对流层的温度和压力以及高浓度水溶胶和气体的含量，探测臭氧、水蒸气和二氧化碳等气体和烟雾的泄漏；监测水生和陆地环境有害废物的排放和工业事故的发生；监测工业废渣处理情况。2006 年 4 月美国加利福尼亚大学圣地亚哥分校 Scripps 海洋学院的大气科学家 Veerbhadran Ramanathan 领导的研究小组，在印度南面的马尔代夫群岛利用三架 Manta 型无人机研究了污染物质对云层形成的影响以及受污染云层对地球表面的影响，并在 *Nature Letter* 上发表了文章，阐述了污染物与地球变暖之间的关系。

② 火灾监测：林业是全国生态建设的主体，在保持经济和社会发展中有着不可或缺的作用，有效利用高科技手段解决林业资源调查、森林防火等问题，已成为林业工作的重中之重。目前，国外森林防火中应用了较多的新技术和新设备，国内在此方面的应用需求也日益增加，对森林保护的投入逐渐加大，先后运用卫星进行资源普查、森林火场监视，而使用

无人机系统对森林火情监测则还处于初始阶段。

早在 2005 年,意大利学者 Rufino 和 Moccia 针对森林火灾监控,制成了一套包含热像仪和可见近红外波段的成像光谱仪在内的使用无线电遥控的固定翼无人机系统。该项目的目标是研制紧凑的航空平台和遥感系统,用于监测森林火灾等自然灾害。

③ 监控救援:一架小型飞机坠毁在偏远的地区,或者一艘渔船迷失在江海中,又或者登山者徒步旅行时失联,救援队必须通过搜索扫描事发地寻找受害人或残骸的证据。特别是人员失踪之后的一段时间内身体的热量是一项关键搜索指标。此外,在黑暗、寒冷的环境中,一个人身体的热量可能是搜索的唯一依据。2012 年,西班牙学者 Molina 等开始使用装有视频摄像头和热像仪的旋翼无人机搜索营救失踪人员。

3.4.5.4 多光谱成像仪

光谱成像技术是 20 世纪 80 年代开始在多光谱遥感成像技术的基础上发展起来的新一代光谱遥感技术,是一种可以同时获得一维光谱信息和二维空间信息的信息获取技术。大视场、宽谱段、高空间和高光谱分辨率、高信噪比是成像光谱技术始终追求的目标。视场大、扫描周期短,适时性就好;谱段宽、光谱分辨率高就可以探测到单谱段和多谱段探测不到的光谱信息;空间分辨率高对空间位置和空间形态的探测就更加准确。后来在成像光谱技术基础上衍生出高光谱、超光谱等概念。

但是在追求高性能的同时,成像光谱技术的发展也受到现有技术条件和经济成本的制约。目前,新兴的无人机平台轻便、灵活、成本低,如果将成像光谱仪进行相应的轻小型化、低成本化改进,再将其与轻小型无人机配合,将极大地推动成像光谱仪的普及与应用(图 3-14)。

图 3-14　搭载多光谱成像仪的大疆精灵 Phontom4 RTK 无人机

近年来,无人机搭载多光谱成像仪在农业精准化管理及自然灾害灾情评估等领域发挥越来越重要的作用。

① 精准农业:在农林业中的应用有很多,如农作物长势分析、作物类别鉴定、病虫害防治分析和产量评估等。2005 年 6 月 12 日,我国首次利用地物光谱仪进行了高空监测小麦条锈病。在位于昌平小汤山的国家精准农业研究示范基地小麦试验田,国家自然科学基金项目研究的基于 3S 技术的小麦条锈病监测预警采用热气球所进行的近地遥感监测小麦条锈病初步获得成功,这在我国属于首次。

② 自然灾害和灾情评估:自然灾害监测和灾情评估可以包括很多种,如洪涝、干旱、雪灾、森林大火、地震以及海洋状况等。赤潮是指海洋微藻、细菌和原生生物在海水中过度繁殖或聚集导致海水变色的一种现象。随着经济发展,沿海富营养化加剧,近年来赤潮的频繁发生和规模的不断扩大,破坏了渔业资源和海洋养殖业,赤潮霉素也严重威胁人类的生

命安全。2002 年我国海域共发现赤潮 79 次，累计面积超过 1×10^4 km^2，直接经济损失达 2 300 万元。利用机载高光谱成像仪 9 号获得了赤潮爆发现场 8G 高光谱数据，准确抓住了赤潮。通过海监船的现场取样和事后数据分析，中国科学院上海技术物理研究所高光谱成像仪利用赤潮种类鉴别软件，数据质量良好，很好地反映了赤潮光谱特性。所以，利用高光谱成像仪获得的数据，可以迅速对赤潮做出反应，有利于赤潮的及早发现、分类、控制和治理，从而减少赤潮的危害。

3.4.5.5　机载激光雷达系统

激光雷达是一种主动式的现代光学遥感技术，是传统雷达技术与现代激光技术相结合的产物。激光具有高亮度、高方向性、高单色性和高相干性等特点，因此激光雷达具有一系列独特的优点：角分辨率高、距离分辨率高、速度分辨率高、测速范围广、能获得目标的多种图像以及抗干扰能力强。同时激光雷达的体积和质量都比微波雷达的小，使用方便灵活。

机载激光雷达系统主要包括激光测距仪、惯性导航系统 INS 和动态 DGNSS 接收机。激光测距仪用于测定激光雷达信号发射点到地面目标点间的距离；惯性导航系统利用惯性测量单元 IMU 来测定飞机的扫描装置主光轴的姿态参数；动态 DGNSS 接收机用来确定激光雷达信号发射点的空间位置。

激光雷达工作的基础是通过量测信号传播时间来确定扫描仪与对象点的相对距离。目前从工作方式上看，激光测距仪可分为两大类：脉冲激光测距和连续波激光测距。考虑作用距离，通常机载激光雷达采用的是脉冲激光测距方式图 3-15。

图 3-15　大疆禅思 L1 机载激光雷达

机载激光雷达技术除了可以应用于直接生成 DSM 数据以外，还广泛应用于林业、电力、城市地物提取、水利、近海岸地形测绘、地质灾害调查和国家安全等。

① 地质测绘：激光雷达测量精度优于传统测量方法，所提供的地面点云数据可详细反映所测地物的立体形态，实现三维建模，满足高精度影像微分纠正的需要。通过对比不同年份的滑坡群点云建模图，就可以发现山体出现的细微的滑坡。同时，激光雷达真正实现了非接触式测量，减少了野外作业量，摆脱了数字摄影测量平台的限制，降低了地质测绘的成本。

② 数字城市建模：在数字化程度越来越高的今天，二维城市影像已经不能满足形象时代的要求，将三维空间影像完整呈现已经成为发展的必然，激光雷达系统在城市中更能体现其不受航高、阴影遮挡等限制的优势，能够快速采集三维空间数据和影像，房屋建模速度快、高程精度高以及纹理映射自动化程度高，能够满足分析与测量的需求，广泛用于城市规划的大比例尺地形图获取。

③ 电力规划和巡检：对于规划电网线路，通过机载激光雷达测量技术采集和处理的规划沿线数据，能为电力线路优化、外业勘测和设计施工提供数据支持与指导。对于已建成电网线路，利用机载激光雷达测量技术采集和处理的电网沿线数据，可以恢复电线实际形状。

3.4.5.6 合成孔径雷达系统

合成孔径雷达(SAR)是一种高分辨率成像雷达,是利用一个小天线沿着长线阵的轨迹等速移动并辐射相参信号,把在不同位置接收的回波进行相干处理,从而获得较高分辨率的成像雷达,可分为聚焦型和非聚焦型两类。利用雷达与目标的相对运动把尺寸较小的真实天线孔径采用数据处理的方法合成较大的等效天线孔径的雷达,也称为综合孔径雷达。合成孔径雷达可以在能见度极低的气象条件下得到类似光学照相的高分辨雷达图像,其特点是分辨率高,能全天候工作,能有效识别伪装和穿透掩盖物。合成孔径雷达的首次使用是在 20 世纪 50 年代后期,经过多年发展,合成孔径雷达技术已经比较成熟,各国都建立了自己的合成孔径雷达发展计划,各种新型体制合成孔径雷达应运而生,在民用与军用领域发挥着重要作用。

干涉雷达(InSAR)是指采用干涉测量技术的合成孔径雷达,又被称为双天线 SAR 或相干 SAR,是近年来发展起来的空间对地观测技术,是传统的 SAR 遥感技术与射电天文干涉技术相结合的产物。它通过两条侧视天线同时对目标进行观测,或一定时间内间隔的两次平行观测,来获得地面同一地区两次成像的复图像对,若复图像对之间存在相干条件,SAR 复图像对共轭相乘可以得到干涉图,根据干涉图的相位值,得出两次成像中微波的路程差,从而计算出目标地区的地形、地貌以及表面的微小变化,可用于数字高程模型建立、地壳形变探测等。

近些年来,无人机机载 SAR 也逐渐成为合成孔径雷达发展的一个重要分支。由于无人机运载能力有限,所以对雷达的体积和质量要求比较高,因此通常也要求成像算法比较简单。无人机体积小、质量小,不易被探测到,所以便于进入敌方深处进行近距离的探测和侦察,这样无人机在 SAR 的工作频段就可以选择抗干扰能力更强的毫米波段,而不再需要考虑电磁波的衰减。美国 1998—2006 年研制的 MWTIS 机载雷达,工作频率为 94 GHz,作用距离为 7～8 km,被首选安装在无人机上,全球鹰、捕食者等无人机装载该雷达在几千米高空侦察地面静止目标时其分辨率可达 0.1～1 m。

我国对 SAR 的研究起源于 20 世纪 70 年代后期,首先是中科院开展了对 SAR 的研究,于 1976 年建立了我国第一个雷达实验室,主要从事机载 SAR 成像方面的研究,经过了 3 年的努力于 1979 年得到了我国第一张合成孔径雷达的图像。该系统主要工作在 X 波段且没有采用脉冲压缩的技术,分辨率可达到 180 m×30 m。1983 年我国研制成功了单通道、单极化和单测试的机载合成孔径雷达系统,此雷达工作在 X 波段,图像分辨率为 15 m×15 m。1987 年我国成功研制了多条带、多极化的机载合成孔径雷达系统,其工作在 X 波段,图像分辨率为 10 m×10 m。1994 年我国成功研制了机载合成孔径雷达实时的成像技术的处理器,实现了对已有 10 m 分辨率的机载合成孔径雷达信号的实时处理。

经过几十年的发展,国内 SAR 技术的发展已经得到了长足的进步,但与国际水平还有一定的差距。

星载 SAR 受到轨道的限制,无法很好地满足业务化应用对连续覆盖和快速重复性观察方面的需求。与之相比,无人机机载微型 SAR,如图 3-16 所示,在分辨率、高程精度等性能指标、成本、机动性和可更换性等方面具有很大的优势。

在军事领域,SAR 技术可以提供高精度的目标探测和识别,这对于军事情报、作战指挥

图 3-16　机载 SAR

等方面来说具有极大的价值。此外，SAR 的高分辨率成像能力使得它能够在复杂的战场环境中提供详细的地形和地貌信息，这对于导航、定位、目标跟踪等任务都非常重要。随着传感器技术的进步，SAR 系统的分辨率将进一步提高，观测效果更加精准，这将使得 SAR 在军事领域的应用更加广泛和深入。

在民用领域，SAR 技术的应用同样前景广阔。例如，在资源调查中，SAR 可以检测地质构造、地表沉降、土壤湿度等信息，为矿产资源勘探、土地利用规划等提供决策依据。在环境监测方面，SAR 可以监测海洋变化、冰川退缩、植被覆盖等，为环境保护和气候变化研究提供有力帮助。此外，SAR 技术还可以在城市规划、交通监测、海上救援等方面发挥重要作用。随着 SAR 技术与人工智能、大数据等技术的结合，其应用领域将进一步拓展，如智慧城市、智能交通等领域。

第4章 无人机飞行操作

4.1 无人机飞行安全作业及基本要求

4.1.1 飞行安全的定义及重要性

飞行安全是指航空器在运动过程中不出现由于运动失当或外部原因所造成航空器上的人员或者航空器损坏的事件。

事实上，由于航空器在设计、制造与维护的过程中难免出现缺陷和隐蔽问题，航空器的运行环境(包括起降环境、飞行空域、辅助航空系统、气象环境等)发生突变，操作人员出现操作失误等，往往很难保证绝对的飞行安全。

作为航空器的无人机，也具有较高的使用安全风险。无人机的不规范使用会危及国家和公共安全。飞行事故有可能造成人身伤害以及较大的经济损失。所以需要高度重视无人机的安全作业，尽量规避无人机应用的风险。

4.1.2 设备器材选用

根据航摄任务性质和工作内容，选择所需的飞行设备器材，其规格型号、数量和技术性能指标应满足航测任务的要求。

设备性能指标要满足航测项目要求，设备器材及备品备件准备要充足，应对选用的设备进行检查和调试，使其处于正常状态。

4.1.3 无人机飞行模式

无人机飞行中飞行模式至关重要。在什么情况下，切换哪种飞行模式可以抢夺控制权？在什么时候，用哪种飞行模式可以安全省事地飞行？这里，以大疆 Phantom4 RTK 无人机的飞行模式为例，讲述不同飞行模式之间的区别。

(1) 定位模式

定位模式，在大疆无人机的操作说明中被称为“P 模式”，如图 4-1 所示，是指无人机使用 GNSS/RTK 模块或多方位视觉系统实现精确悬停。大疆 Phantom4 RTK 无人机可以进行摄影测量、航点飞行等作业。GNSS 信号良好时，利用 GNSS 无人机可以实现精准定位；开启 RTK 模块，且差分数据传输正常时，可获得厘米级定位精度；GNSS 信号欠佳但光照良好时，无人机则利用视觉系统实现定位。例如，开启前视避障功能且光线条件满足视觉系统要求时，最大飞行姿态角度为 25°，最大飞行速度为 14 m/s。未开启前视避障功能时，最大飞行姿态角度为 35°，最大飞行速度为 16 m/s。需要注意的是，开启视觉避障功能后无人机的悬停精度会变差。如果 GNSS 信号较差并且光照条件也差，无人机不能实现精确悬停，仅提供姿态增稳，此时相当于姿态模式。

图 4-1　定位模式

(2) 姿态模式

姿态模式，在大疆无人机的操作说明中被称为“A 模式”。在该模式下不使用 GNSS/RTK 模块和视觉系统进行定位，无人机仅提供姿态增稳。实际操作中，无人机会出现明显的漂移，无法悬停，需要操作员通过遥控器来不断修正无人机的位置。姿态模式考验的是操作员对无人机的操控性。只有在 GNSS 卫星信号差或者指南针受干扰，并且不满足视觉定位工作条件时，无人机才会自动进入姿态模式。在一些紧急情况下，需要人为地切换到姿态模式。

姿态模式下无人机的操控难度将大幅度增加，如需使用该模式，务必熟悉该模式下无人机的行为并且能够熟练操控无人机，使用时切勿将无人机飞出较远距离，以避免因为距离过远失去对无人机姿态的判断从而造成风险。一旦被动进入该模式，则应当尽快降落到安全位置以避免发生事故。同时，应当尽量避免在 GNSS 卫星信号差以及狭窄空间中飞行，以免被动进入姿态模式，导致飞行事故。

(3) 运动模式

运动模式，大疆无人机的操作说明中被称为“S 模式”。在该模式下，无人机通过 GNSS 模块或下视视觉系统实现精确悬停；相比于定位模式，该模式下操作无人机时灵敏度更高、速度更快。该模式主要是为了满足部分熟练操作员体验竞速而设置的，不建议新手尝试。

除了上述三种常用的飞行模式外，大疆 Phantom4 RTK 无人机还支持地面站控制飞行模式。当飞行器需要直接执行接收地面站指令飞行时，就需要将遥控器上的拨挡开关调整至地面站控制模式挡位(“F 模式”)。

4.1.4　起降场地选取

(1) 常规航摄作业

根据无人机的起降方式寻找并选取适合的起降场地，常规航摄作业起降场地应满足以下基本要求：

① 距离军用、商用机场超过 10 km；

② 起降场地相对平坦，通视良好；

③ 远离人口密集区，半径 200 m 范围内不能有高压线、高大建筑物、重要设施等；

④ 附近没有正在使用的雷达站、微波中继、无线通信等干扰源，在不能确定的情况下，应测试信号的频率和强度，如对系统设备有干扰，需改变起降场地；

⑤ 无人机采用滑跑起飞、滑行降落的，滑跑路面条件应满足其性能指标要求。

(2) 应急航摄作业

在进行灾害调查与监测等应急性质的航摄作业时，在保证飞行安全的前提下，可适当降低对起降场地的要求。

4.1.5 飞行流程

以多旋翼无人机为例，一般无人机飞行作业流程如图 4-2 所示。

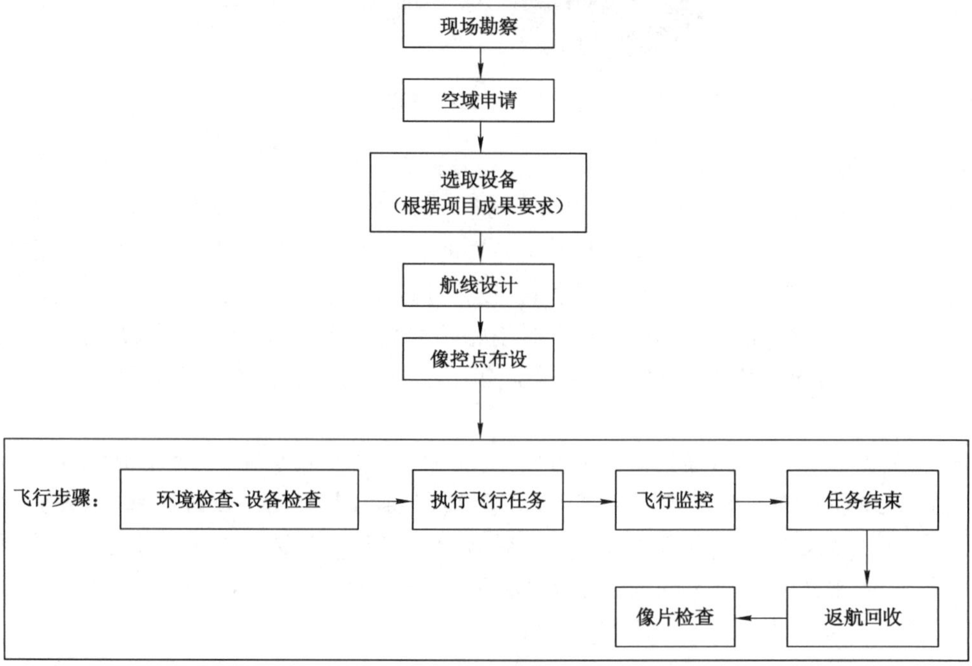

图 4-2 无人机飞行作业流程图

4.2 无人机操纵注意事项

4.2.1 飞行前检查

(1) 起降地点

无人机起飞要选择平坦且视野开阔的地方，也要计划好降落的地点。降落地点同样要求为空旷且没有人、动物、树木等障碍物的地点。同时，留意起降点附近的一些金属物，它们可能会干扰无人机指南针的正常工作。

(2) 飞行条件

在无人机作业前，应及时了解作业区域的气象信息，准确掌握天气情况，确保作业时风力、雨水等气象条件不会对无人机的飞行安全产生影响。无人机作业时，风力等级应低于无人机的抗风等级，雨天应修改或终止作业计划。无人机的飞行对能见度也有一定的要求。当能见度较低时，应保持无人机在视线范围内飞行。除气象条件外，还要注意查看作业区域是否为禁飞区、限飞区，掌握同一时间段内、同一地区的其他飞行作业计划，及时与相关部门联系和沟通，合法合规地进行飞行作业。

(3) 电池状态

要确保所有设备的电池都已充满电，包括遥控器的电池、移动设备的电池和无人机的电池等，对长时间作业的任务，还要准备好适合的充电设备。同样，还要检查电池的工作状态是否良好，对出现膨胀或者损坏的电池及时进行更换。

(4) 磨损程度

确保无人机及其他装置上没有可见的损坏，包括螺旋桨上是否有缺口，无人机外壳上是否有裂痕等。

(5) 零件固定

确保无人机的所有零部件紧紧固定且状态良好，尤其是螺旋桨。确保无人机在飞行过程中不会有部件脱落。

(6) 参数检查

通过软件检查无人机相关参数设置是否正确，包括无人机指南针是否需要进行校准，周边电磁干扰情况，GNSS 卫星信号是否正常，是否为无人机操作手常用的操作模式等。

4.2.2 飞行中的注意事项

① 遵循飞行空域选择。在选择飞行空域时，应遵守当地的航空管理法规和规定。确保所选空域适用于无人机飞行，并且已获得必要的飞行许可。同时，应避免在军事、航空、航空管制等敏感区域飞行。

② 保持通信联络畅通。无人机与遥控器之间的通信联络是飞行中至关重要的一环。在飞行前，应确保通信设备的正常运行，并选择合适的通信频率和信道。在飞行过程中，应时刻保持通信畅通，避免干扰和信号丢失。

③ 掌握飞行动态。在飞行过程中，应密切关注无人机的飞行动态，包括高度、速度、方向、姿态等。通过遥控器或地面站软件，实时监控无人机的飞行状态，并根据需要做出相应的调整和控制。

④ 遵守飞行活动行为规范。无人机飞行活动应遵循一定的行为规范和道德准则。在飞行过程中应避免干扰其他航空器的正常飞行，尊重他人的隐私和权益。同时，应保持对环境的保护意识，避免在敏感区域和生态保护区域飞行。

4.2.3 飞行事故分析

无人机的坠机，俗称“炸机”，是一个航空术语，一般来说是指由于操作不当或者机器故障等原因导致飞行器坠地，且飞行器损伤比较严重，影响了其内部结构，或飞行器摔碎、分解，导致飞行器完全无法飞行，如图 4-3 所示。坠地后，飞行器并无损伤的情况称为“摔机”，摔机后不影响飞行器内部结构，则仍可继续飞行。

导致坠机或摔机的主要原因包括：

① 飞行前没有仔细检查。如安装电池松动、螺旋桨安装不正确或不牢固都会导致飞行失败。在飞行前，确保通过转动来确认每个螺旋桨都是安全的，还需要正确连接电池到无人机，检查电池卡扣、锁扣是否牢固。另一个常见错误是遥控器的天线没有对准飞行器，导致无人机失去了控制信号。

(a)　　　　　　　　(b)

图 4-3　无人机"炸机"现场

② 定位系统未锁定。具备 GNSS 或 RTK 定位模式的无人机,需要连接多颗卫星才能确保飞行的精确性。如果在定位卫星数量不足的情况下贸然飞行,就会发生无人机漂移。因此,在无人机通电后,需要等待一段时间,待定位卫星数量和信号都满足要求后(飞行前锁定至少 7 颗定位卫星),才可以进行飞行作业。

③ 超视距飞行。大多数消费级无人机的设计目标是飞行距离能达到数千米远,但是超视距飞行的无人机比较危险。尽管可以使用应用程序显示无人机的飞行路线,但是如果平板等移动设备在飞行中死机或闪退,那么无人机操作员很难确定无人机当前的飞行状态。

④ 干扰。无人机只有在几乎没有干扰的情况下才能充分发挥其潜力。无人机很容易在城市或某些地方丢失信号,诸如信号塔附近等干扰环境,如果发生这种情况,则容易发生碰撞事故。一些无人机设计有可切换的操作频道,因此在起飞前务必检查哪个频道最适合本地区。

⑤ 人为操作失误。即使操作最新型的无人机,有时也会因为人为的错误操作而出现意外,所以需多练习飞行,并逐渐增加飞行次数,直至获得足够的信心进行安全飞行。

4.3　无人机操控

以大疆 Phantom 4 RTK 无人机为例,介绍多旋翼无人机的操控。

4.3.1　飞行器安装

4.3.1.1　移除云台锁扣

为了保护好云台和镜头,大疆系列无人机配备了云台锁扣,在无人机飞行之前需要按图 4-4 中箭头方向移除云台锁扣。

4.3.1.2　安装螺旋桨

多旋翼无人机为了保持平衡和能正常飞行,螺旋桨需具备不同的旋转方向(正反桨),大疆 Phantom 4 RTK 无人机有两对不同方向的螺旋桨:一对有黑圈的螺旋桨和一对有银圈的螺旋桨。将印有黑圈的螺旋桨安装到带有黑点的电机桨座上,将印有银圈的螺旋桨安装到没有黑点的电机桨座上。将桨帽嵌入电机桨座并按压到底,沿锁紧方向旋转螺旋桨至

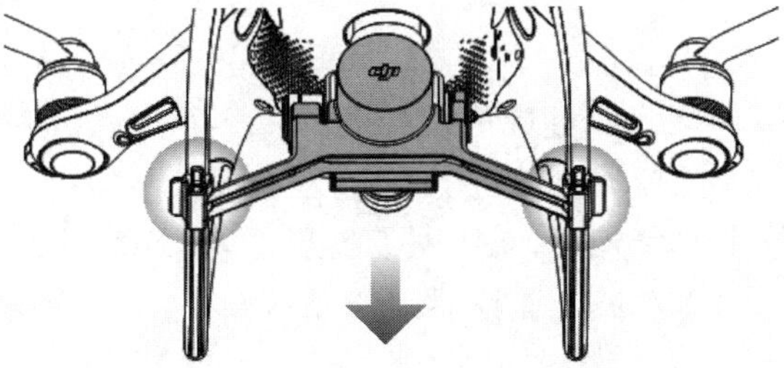

图 4-4　移除云台锁扣的方法

无法继续旋转，松手后螺旋桨就可以弹起锁紧，如图 4-5 所示。使用完毕拆卸时应注意保存，以免损坏。

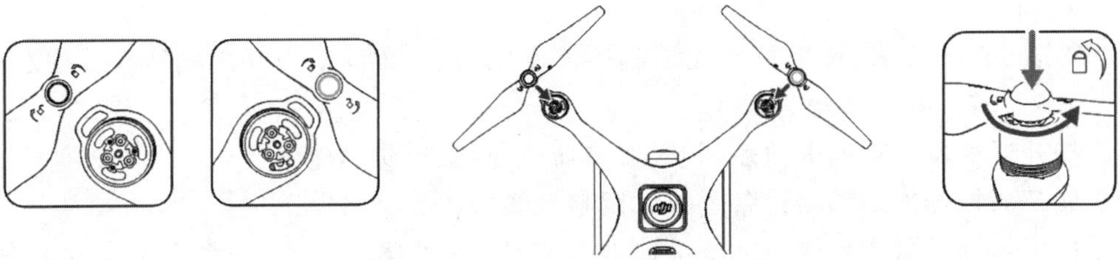

(a)　(b)　(c)

图 4-5　螺旋桨的安装

4.3.1.3　安装智能飞行电池

将电池以图 4-6 所示方向推入电池仓，直到听到“咔”的声音，要确保电池卡紧在电池仓内，避免出现虚连的情况。如果电池没有卡紧，会导致电源接触不良，可能会影响飞行的安全性，严重时会导致无人机空中断电坠落。因此，在电池安装完成后，无人机操作员必须检查电池安装情况。遥控器电池的安装如图 4-7 所示。

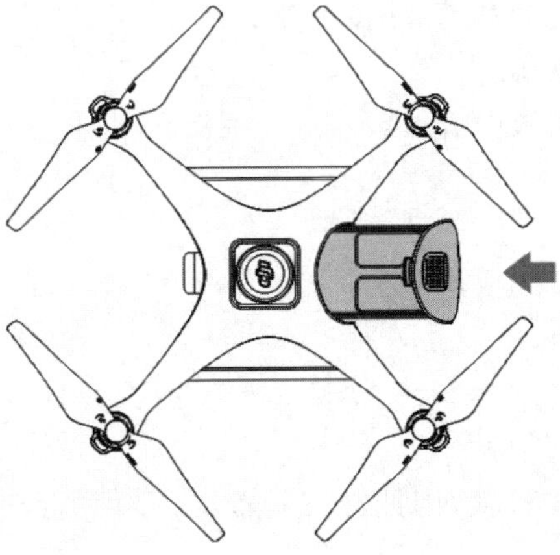

图 4-6　无人机电池的安装

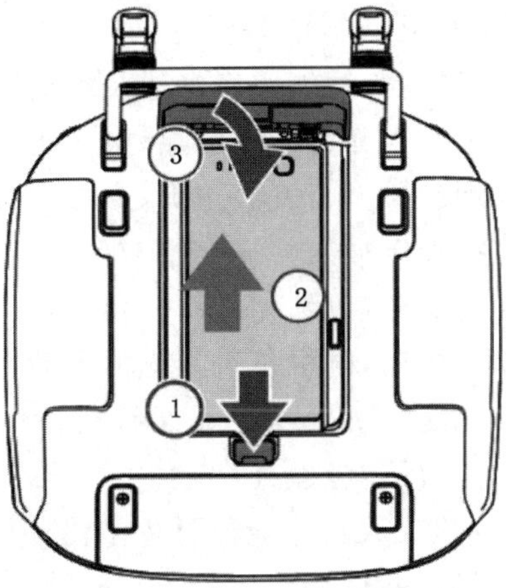

图 4-7　遥控器电池的安装

4.3.1.4 准备遥控器

(1) 带屏遥控器

大疆 Phantom 4 RTK 无人机标配的遥控器自带显示设备，准备遥控器的步骤为：打开遥控器后部的电池舱，装入遥控器电池，然后锁紧电池舱盖，如图 4-8 所示。如果需要使用无线网卡，则打开无线网卡舱盖，取出无线网卡扩展器，将 SIM 卡插入扩展器后再将无线网卡扩展器插入卡舱，关上舱盖。展开遥控器上的显示设备，并调整天线的位置。

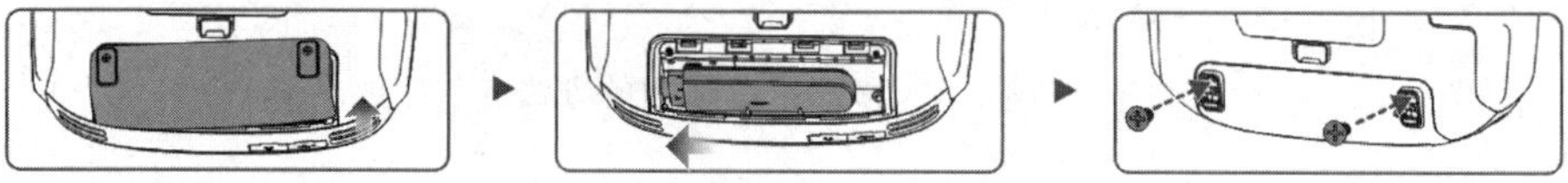

图 4-8　无线上网卡及 SIM 卡的安装

(2) 不带屏遥控器

大疆 Phantom 4 RTK 四旋翼无人机还可使用带有 SDK 开发功能的遥控器(没有自带的显示设备)，其准备的步骤为：

① 打开遥控器后部的电池舱，装入遥控器电池，然后锁紧电池舱盖；

② 展开遥控器上的移动设备支架并调整天线位置；

③ 按下移动设备支架侧边的按键以伸展支架，放置移动设备，调整支架确保夹紧移动设备；

④ 使用移动设备数据线将移动设备与遥控器 USB 接口连接。

4.3.2 飞行前准备

4.3.2.1 飞行前检查

在操作无人机飞行前，要对无人机各个部件进行相应的检查，无人机的任何一个小问题都有可能导致它在飞行过程中发生事故。因此，在飞行前应做好飞行检查，防止意外发生。飞行前检查的主要内容包括设备检查、飞行环境检查与禁飞区检查。

(1) 设备检查

无人机在飞行前需要对飞行器和地面控制站进行检查，主要包括：

① 遥控器、智能飞行电池及移动设备是否电量充足；

② 云台卡扣是否已解除，摄像头及视觉避障模块保护玻璃片是否清洁；

③ 螺旋桨是否安装正确；

④ 确保已插入数据存储卡；

⑤ 电源开启后，相机和云台是否正常工作；

⑥ 开机后，电机是否能正常启动；

⑦ 地面站 App 是否正常运行。

(2) 飞行环境检查

无人机在飞行作业的过程中受环境因素的影响较大，因此在飞行前必须对飞行环境进行仔细检查，排除隐患确保飞行安全。对飞行环境的要求包括：

① 恶劣天气下请勿飞行，如大风(风速五级及以上)、下雪、下雨、有雾天气等；

② 选择开阔、周围无高大建筑物的场所作为飞行场地，因为大量使用钢筋的建筑物会影响指南针工作，而且会遮挡 GNSS 信号，导致飞行器定位效果变差，甚至无法定位；

③ 无人机应尽量保证在视线内控制，远离障碍物、人群、水面等；

④ 不要在有高压线、通信基站或发射塔等区域内飞行，以免遥控器受到干扰；

⑤ 在海拔 6 km 以上飞行时，由于环境因素导致飞行器电池及动力系统性能下降，飞行性能将会受到影响，须谨慎飞行。

(3) 禁飞区检查

禁飞区包括机场限制飞行区和特殊飞行限制区域。在无人机地面控制站 App 软件中通常会在电子地图上显示禁飞区的位置和范围，并可以通过联网来更新禁飞区信息。因此，在无人机作业前要及时更新禁飞区数据库，以便及时掌握最新的禁飞区信息，做好飞行计划的调整或及时向有关部门进行飞行作业的特殊申报，避免影响无人机航测作业的飞行计划。地面控制站 App 软件中禁飞区的示意图如图 4-9 所示。

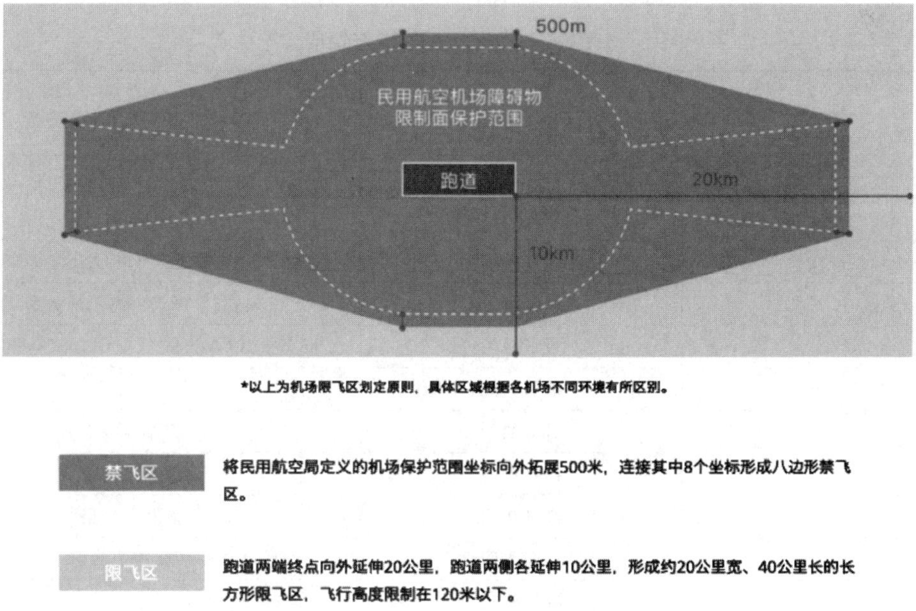

图 4-9　无人机禁飞区示意图

机场限制飞行区域包括禁飞区和限飞区。禁飞区为禁止飞行的区域，限飞区为限制飞行器飞行高度的区域。例如，新机场限制飞行区域图将民用航空局定义的机场保护范围坐标向外拓展 500 m，连接其中 8 个坐标，形成 8 边形禁飞区。跑道两端终点向外延伸 20 km，跑道两端各延伸 10 km，形成约 20 km 宽、30 km 长的长方形限飞区，飞行高度限制在 120 m 以下。

4.3.2.2　飞行器状态指示

大疆 Phantom 4 RTK 机身上包含机头 LED 指示灯以及飞行器状态指示灯。它们的位置如图 4-10 所示。

机头 LED 指示灯用于指示飞行器的机头方向，飞行器启动后将会显示红灯常亮。尾部

图 4-10　飞行器机头 LED 指示灯和状态指示灯

的飞行器状态指示灯指示当前飞控系统的状态。表 4-1 中介绍了不同的闪灯方式所表示的飞行控制系统状态。

表 4-1　飞行状态指示灯说明

正常状态		
指示灯闪烁模式	状态说明	含义
●●○······	红绿黄灯连续闪烁	系统自检
●○······	黄绿灯交替闪烁	预热
●······	绿灯慢闪	定位模式(P 模式),使用 GNSS 或 RTK 定位
●×2 ······	绿灯双闪	定位模式(P 模式),使用视觉系统定位
○······	黄灯慢闪	姿态模式(A 模式),无 GNSS 级视觉定位
●······	绿灯快闪	刹车
●······	黄灯快闪	遥控器信号中断
○······	红灯慢闪	低电量报警
○······	红灯快闪	严重低电量报警
○ • • • • • • •	红灯间隔闪烁	放置不平或传感器误差过大
○——	红灯长亮	严重错误
●○······	红黄灯交替闪烁	指南针数据错误,需要校准

4.3.2.3　无人机指南针校准

长时间未使用的无人机或长距离运输的无人机,经常需要重新校准指南针。以大疆 Phantom 4 RTK 无人机为例介绍无人机指南针校准的基本流程。

① 保证飞行器和遥控器通电开机,飞行器与遥控器之间建立通信连接;

② 启动无人机飞行控制的 App 软件,进入相机界面,打开设置菜单,在飞行器功能模块下进入指南针校准,飞行器状态指示灯黄灯常亮代表指南针校准程序启动;

③ 按照提示要求,水平旋转飞行器 360°,如图 4-11 所示;

④ 按照提示要求,使飞行器机头朝下,水平旋转 360°,如图 4-12 所示;

⑤ 完成校准,若飞行器状态指示灯显示红灯闪烁,表示校准失败,需重新校准指南针。

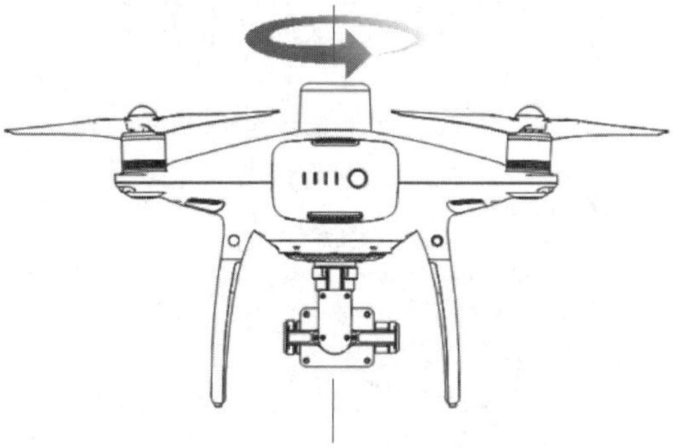

图 4-11　飞行器水平旋转 360°

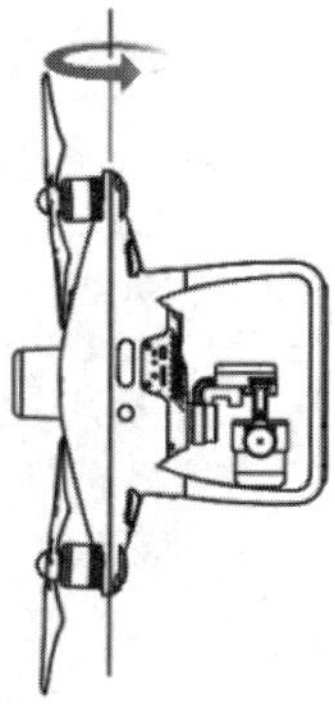

图 4-12　飞行器头朝下水平旋转 360°

4.3.2.4　视觉系统与红外感知系统及其校准

大疆 Phantom 4 RTK 无人机的视觉系统位于飞行器机身的前部、后部以及底部，由三组摄像头（图 4-13 中 1～3）和一组超声波传感器（图 4-13 中 4）模块组成。视觉系统为图像与超声波双结合的定位系统，通过视觉图像测距来感知障碍物和获取飞行器位置信息，同时通过超声波判断当前高度，从而保证飞行器的精确定位和安全飞行。红外感知系统（图 4-13 中 5）位于飞行器机身两侧，通过 3D TOF 红外测距来感知障碍物。

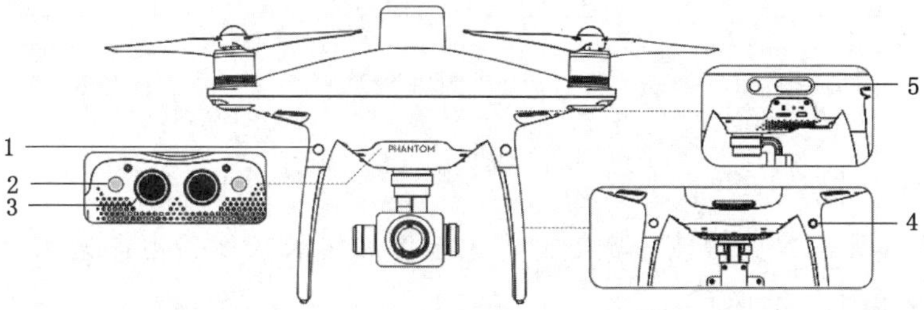

图 4-13　视觉系统与红外感知系统

（1）观测范围

视觉系统与红外感知系统的观测范围如图 4-14 所示。如有障碍物处于该观察范围以外，则飞行器无法有效躲避障碍物，此时应谨慎飞行。

注意在 P 模式下，当飞行速度小于 6 m/s 时，前后视觉系统均有效。而当飞行速度大于 6 m/s 时，仅朝向飞行器前进方向的视觉系统工作，请谨慎飞行。

（2）校准

视觉系统与红外感知系统出厂时已经校准，可直接使用。如果飞行器受到强烈碰撞，则有可能需要重新校准。DJI GS RTK App 将通知无人机操作员何时需要校准。将飞行器连接 DJI Assistant 2（固件升级软件），按图 4-15 所示步骤依次校准前视、后视及下视视觉系统。

4.3.3　飞行器操控

4.3.3.1　开关电源

对于大疆 Phantom 4 RTK 无人机来说，无论是飞行器还是遥控器，开关电源方式是相

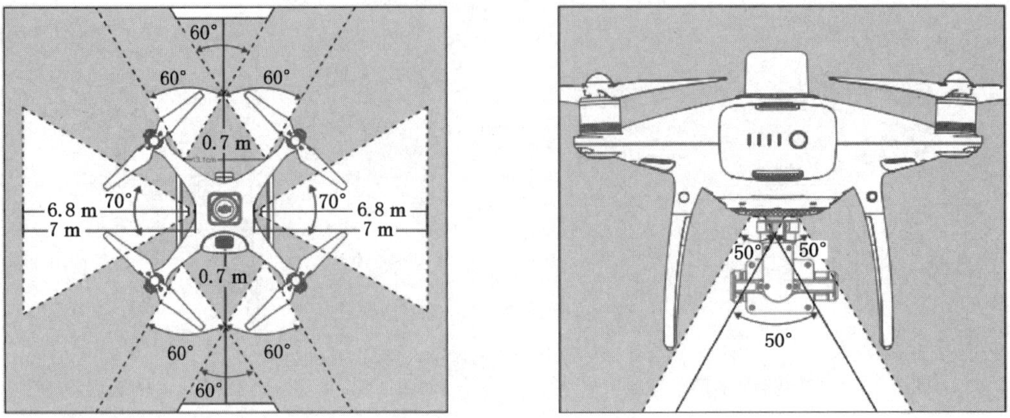

(a) (b)

图 4-14 视觉系统与红外感知系统观测范围

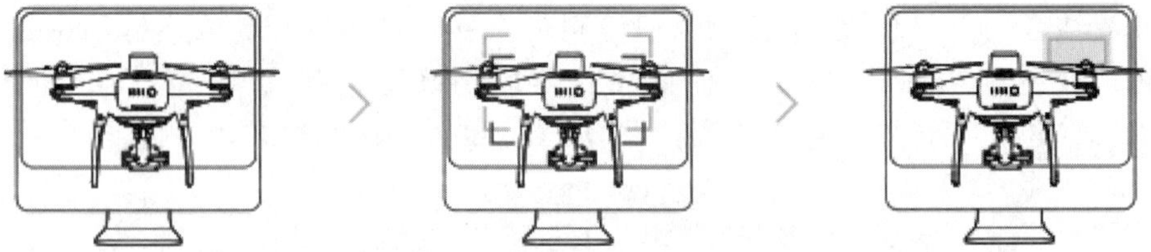

(a) 将飞行器面向屏幕 (b) 移动位置以对准方框 (c) 按照提示旋转飞行器

图 4-15 视觉定位校准流程

同的，具体的操作方法是先短按一次电源开关按键后再长按设备电源开关 2 s，即可实现开启或关闭电源，如图 4-16 所示。

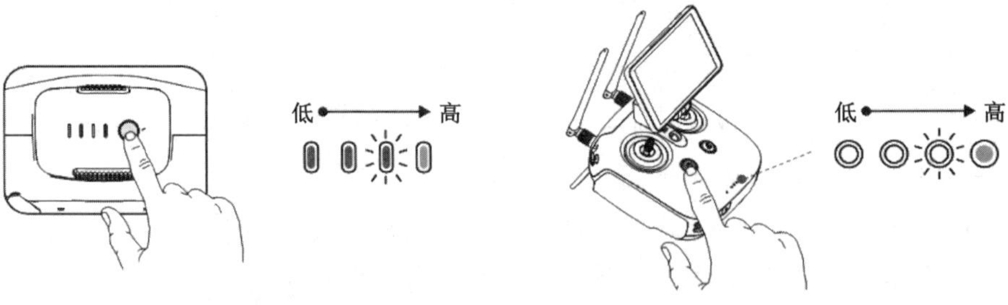

图 4-16 无人机和遥控器电源开关示意图

在具体操作过程中应当注意，为保障无人机作业安全，防止无人机处于无遥控控制状态，无人机启动时需先开启遥控器、后开启飞行器、关闭时先关闭飞行器、后关闭遥控器。

4.3.3.2 电机启停

大疆 Phantom 4 RTK 无人机的飞行器通电后，会对云台、相机以及电机进行自检，并开始搜索 GNSS 信号，当自检完成且 GNSS 信号满足起飞要求后，进入准备起飞状态，此时电机还未启动。

(1) 电机启动

启动电机的方法有两种：一种是在飞行任务界面中，通过滑动模块来启动电机，如图 4-17 所示；另一种是利用遥杆的组合操作来启动电机。摇杆操作的方法是同时快速地将左右摇杆向内侧斜下方拉，待电机启动后，立刻松开摇杆，如图 4-17 所示。

图 4-17　电机启动示意图

(2) 着陆停机

电机启动后，有两种着陆停机方式：一种方式是飞行器着陆之后先将左摇杆推到最低位置，然后执行掰杆动作，电机将立即停转，停转后松开摇杆，如图 4-18 所示；另一种方式是在飞行器着陆之后，将左摇杆推到最低位置并保持，3 s 后电机停转，如图 4-19 所示。

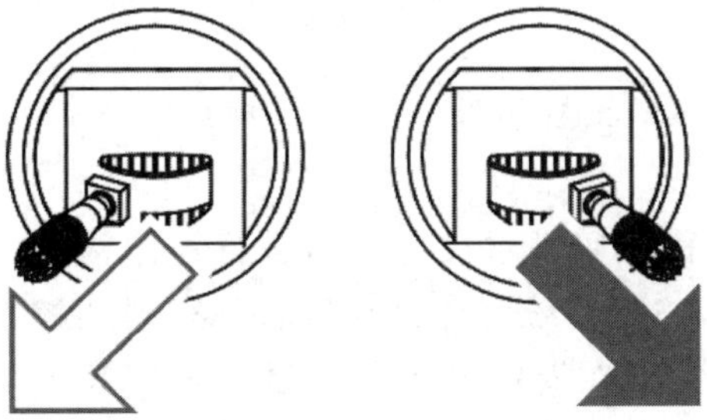

图 4-18　掰杆动作停机示意图

图 4-19　左摇杆最低位置停机示意图

(3) 空中停机

当无人机在空中作业时，如遇到紧急情况，为避免地面人员或财产受到无人机的严重威胁，可空中停止电机转动使飞行器坠毁在安全区域内，最大限度降低伤害。空中停机的方法是向内拨动左摇杆的同时按下返航“”键。

当空中停机的操作执行时，飞行器的电机将瞬间停止转动，飞行器将失去动力。因此，在无人机飞行作业过程中，无人机操作员应当谨慎操纵遥杆和其他功能按键，以防错误触发空中停机指令，造成更大的损害。

4.3.3.3　自动返航

大疆 Phantom 4 RTK 的飞行器具备自动返航功能。若起飞前成功记录了返航点，则当遥控器与飞行器之间失去通信信号时，飞行器将自动返回返航点并降落，以防止发生意外。大疆 Phantom 4 RTK 无人机为操作员提供了 3 种不同的返航方式，分别为智能返航、智能低电量返航、失控返航。

（1）返航点记录

起飞时或自动返航过程中，如果前视视觉系统开启且环境条件允许，当机头前方遇到障碍物时，飞行器将自行爬升躲避障碍物。当飞行器完成躲避前方障碍物后，将缓慢下降飞向返航点。为确保机头朝向，此过程中无人机操作员无法调整机头朝向，以及无法控制飞行器向左、右飞行。

（2）返航点更新

飞行过程中可以通过 DJI GS RTK App 更新返航点。可选择使用以下两种方案更新返航点：

① 以飞行器当前位置为返航点；

② 以遥控器当前位置为返航点。

需要注意的是，使用遥控器内置 GNSS 模块进行相关返航点功能设置时，请尽量确保 GNSS 模块上方无遮挡，并且四周无高大建筑物遮挡。

如果在飞行作业过程中需要更新返航点，操作如下：

① 运行 DJI GS RTK App，点击“飞行”。

② 点击设置“…”→无人机“”，在返航点设置中选择“”，此时飞行器的当前坐标将被更新为返航点。

③ 点击设置“…”→无人机“”，在返航点设置中选择“”，此时遥控器的当前坐标将被更新为返航点。

④ 返航点设置成功后，飞行器状态指示灯将显示绿灯快闪。

（3）失控返航

基于前视的双目立体视觉系统，可在飞行过程中实时对飞行环境进行地图构建，并记录飞行轨迹。当飞行器遥控信号中断超过 3 s 时，飞控系统将会自动接管飞行器的控制权，参考原飞行路径规划的线路，控制飞行器返航。如果在返航过程中无线信号恢复正常，无人机操作员还可以通过遥控器控制飞行速度和高度，且通过短按遥控器智能返航按键就可以取消返航。失控返航的过程如图 4-20 所示。

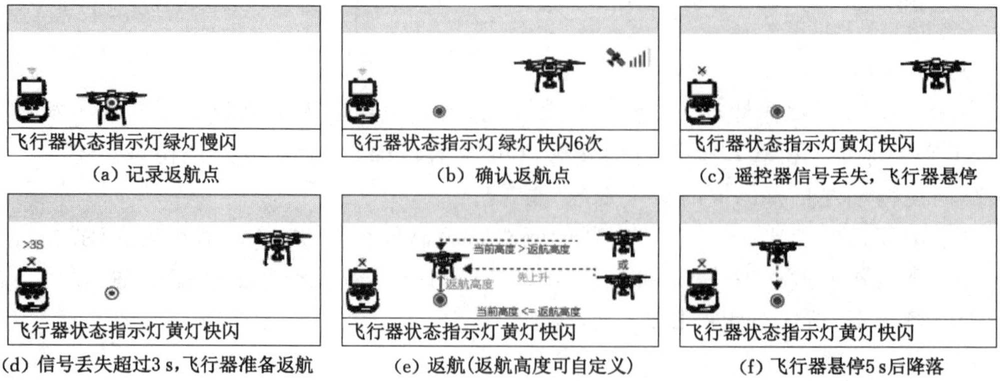

(a) 记录返航点　(b) 确认返航点　(c) 遥控器信号丢失，飞行器悬停

(d) 信号丢失超过3 s，飞行器准备返航　(e) 返航(返航高度可自定义)　(f) 飞行器悬停5 s后降落

图 4-20　失控返航的图解过程

(4) 智能返航

智能返航模式可通过遥控器智能返航按键启动,其返航过程与失控返航一致,区别在于无人机操作员可通过摇杆控制飞行器的速度和高度,躲避障碍物。启动智能返航后,飞行器状态指示灯仍按照当前飞行模式闪烁。智能返航过程中,飞行器可在最远 300 m 处观测到障碍物,提前规划绕飞路径,智能地选择悬停或绕过障碍物。如果障碍物感知系统失效,无人机操作员仍能控制飞行器速度和高度,通过遥控器上的智能返航按键退出智能返航后,无人机操作员可重新获得控制权。

(5) 智能低电量返航

智能飞行电池电量过低时,没有足够的电量返航,此时无人机操作员应尽快降落飞行器,否则飞行器将会直接坠落,从而导致飞行器损坏或者引发其他危险。为了防止因电池电量不足而出现不必要的危险,大疆 Phantom 4 RTK 主控将会根据飞行的位置信息,智能地判断当前电量是否充足。若当前电量仅足够完成返航过程,飞行器将自动返航。返航过程中可短按遥控器智能返航按键取消返航过程。智能低电量返航在同一次飞行过程中仅出现一次。

若当前电量仅足够实现返航,飞行器将强制下降,不可取消。返航和下降过程中均可以通过遥控器(若遥控器信号正常)控制飞行器。

图 4-21 为 DJI GS RTK App 飞控界面中飞行器智能电池的电量信息。

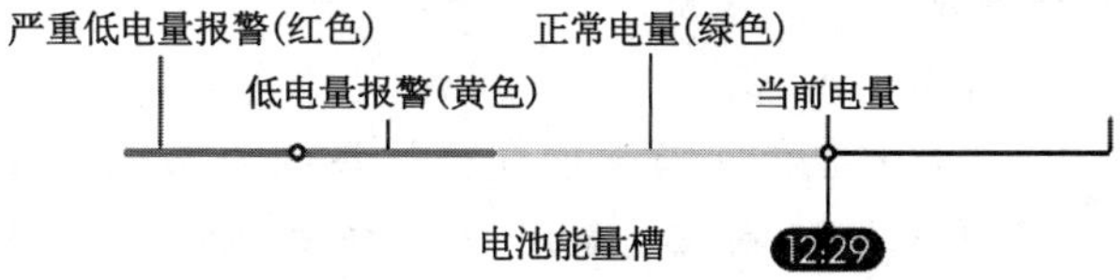

图 4-21　飞行器智能电池电量信息

电量指示与飞行器状态指示灯、App 界面提示和飞行动作之间的关系见表 4-2。

表 4-2　电池电量与飞行器状态指示灯、App 界面提示和飞行动作之间的关系

电量指示	含义	飞行器状态指示灯	DJI GS RTK App 界面提示	飞行
智能低电量返航	剩余电量仅足够安全返航	红灯慢闪	无	飞行器将自主返航并在返航点上方 2 m 处悬停等待操作员确认降落。操作员也可以在返航过程中重新获取控制权并自行降落。注意:重新获取控制权后将不会再次出现低电量报警返航提示
智能低电量降落	剩余电量仅足够从当前高度降落	红灯快闪	提示操作员,强制降落不可取消	飞行器将缓慢自行降落并停止电机
预计剩余飞行时间	当前电量所能支持的剩余飞行时间	无	无	无

飞行器自动下降过程中也可以推左摇杆使飞行器悬停，操控飞行器转移到更合适的地方再降落。电池能量槽上的颜色区间以及预计剩余飞行时间信息，将根据飞行器的飞行高度以及离返航点的距离动态调整。无人机操作员在电池设置中所设的低电量报警阈值，仅为低电量时的报警提示，并不会触发返航。

(6) 精准降落

飞行器在自动返航过程中，当到达返航点上方后开始匹配地面特征，一旦匹配成功，则开始执行精准降落，使飞行器能够精准回到起飞点。

在精准降落过程中，降落保护同时开始生效。飞行器仅在满足以下条件的情况下可实现精准降落：

① 飞行器仅在起飞时记录返航点，飞行过程中未刷新返航点。

② 飞行器起飞方式为垂直起飞，且起飞高度超过 7 m。

③ 地面环境未发生动态变化。

④ 地面环境纹理不是太少(例如雪地)。

⑤ 光线不是特别暗(例如晚上)或强光照射。

⑥ 降落过程中可使用遥控器进行控制的操作。

⑦ 下拉左摇杆可加大下降速度。

⑧ 上推油门摇杆或者采用其他方式拨动摇杆，都被视为放弃精准降落，飞行器将垂直下降，降落保护功能同时生效。

(7) 自动返航的注意事项

① 自动返航过程中，若光照条件不符合前视视觉系统需求，则飞行器无法躲避障碍物，但是无人机操作员可使用遥控器控制飞行器速度和高度。所以在起飞前务必先进入 DJI GS RTK App 的相机界面，选择设置“…”→无人机“”，设置适当的返航高度。

② 自动返航(包括智能返航、智能低电量返航和失控返航)过程中，在飞行器上升到 20 m 高度前，飞行器不可控。但无人机操作员仍可以终止返航以停止上升过程。

③ 若在飞行器距返航点水平距离为 5 m 范围内就触发返航，飞行器高度会在 30 m 以下或避障功能关闭，则飞行器将会从当前位置自动下降，而不会爬升至预设高度。

④ 当 GNSS 信号欠佳(3 格以下，GNSS 图标为灰色)或者 GNSS 不工作时，不可使用自动返航。

⑤ 返航过程中，当飞行器上升到 20 m 以后但是没达到预设返航高度前，若无人机操作员推动左摇杆，则飞行器将会停止上升并从当前高度返航。

(8) 返航避障的过程

当光照满足前视视觉系统工作条件时，飞行器可实现返航避障，具体过程如下：

① 飞行器可在最远 300 m 处观测到障碍物，提前规划绕飞路径，智能地绕过障碍物。

② 若机头前方 15 m 处检测出障碍物，飞行器将减速。

③ 减速至悬停后，飞行器将自行上升以躲避障碍物。在上升至障碍物上方 5 m 处后，飞行器停止上升。

④ 退出上升状态，飞行器继续飞往返航点。

需要注意的是，返航时的下降过程中，障碍物感知功能不生效，需要谨慎操作。当前视觉系统开启后，在智能返航过程中，为了确保机头朝向，操作者将无法使用遥控器调整机头朝向。返航过程中，飞行器无法自动躲避位于飞行器上方、侧方与后方的障碍物。

(9) 降落保护功能

飞行器自主降落过程中，到达返航点上方时，降落保护功能生效，飞行器具体表现为：

① 若飞行器降落保护功能检测到地面可降落，飞行器将直接降落。

② 若飞行器降落保护功能检测结果为不适合降落(例如下方为不平整地面或水面)，则飞行器悬停，等待无人机操作员操作；即使严重低电量报警时，飞行器检测到不平整的地面仍然会悬停，当电量为 0 时才开始下降，该过程中依旧可以控制飞行器其他方向的飞行动作。

③ 若飞行器降落保护功能无法检测到地面情况，则下降到离地面 0.3 m 时，DJI GS RTK App 将提示无人机操作员是否需要继续降落。无人机操作员确认安全后，点击确认或者拉油门摇杆到底保持 2 s，飞行器降落。

在下面的情况下，降落保护功能无法检测：

① 操作俯仰/横滚/左摇杆过程中不做检测(松开摇杆后满足检测条件则重新进入检测)。

② 飞行器定位不准确(例如发生漂移)。

③ 下视视觉系统标定异常。

④ 光线情况不满足下视视觉系统使用条件。

⑤ 在盲区前(距离障碍物 1 m)下视视觉系统仍未获得有效观测结果，则进入最后一种情况，飞行器降落到距离地面 0.3 m 时，悬停等待无人机操作员确认降落。

无人机在飞行作业过程中常会遇到三种需要返航的情况。一是作业任务完成后返航，二是电池低电量警报后返航，三是强制返航。

第一种情况下，当无人机操作员在飞行任务界面上确认任务完成后，飞行器将自动触发返航命令。

第二种情况下，当飞行器电池电量低于低电量警报值后，遥控器将发出低电量警报，此时无人机操作员可先停止作业任务，然后长按遥控器上的“智能返航”按键直至蜂鸣器发出“滴滴”响声，飞行器将激活智能返航功能；若未停止任务返航，当飞行器电池电量小于返航所需最低电量时，飞行器将强制自动执行返航操作。

第三种情况下，无人机在自由飞行模式下，操作员只要长按遥控器上的“智能返航”按键直至蜂鸣器发出“滴滴”响声，飞行器将激活智能返航功能。

无人机返航时，飞行器的返航指示灯白灯常亮表示飞行器正在进入返航模式，飞行器将返航至最近记录的返航点。在返航过程中无人机操作员仍可通过遥控器控制飞行。短按一次“智能返航”按键，将会结束返航命令，遥控器重新获得控制权(飞行器电池电量极低情况下触发无人机强制降落模式时除外)。

4.3.3.4　基础(自由)飞行操作

① 把飞行器放置在平整开阔的地面上，操作员站在机尾后方 2.3 m 处。

② 开启遥控器和飞行器的智能电池。

③ 启动飞行控制软件，打开相机界面。

④ 等待飞行器状态指示灯绿灯慢闪，飞行器进入准备起飞模式。执行拉杆动作，启动

电机;向上缓慢推动左摇杆,让飞行器平稳起飞。

⑤ 需要下降时,缓慢拉左摇杆使飞行器缓慢下降到平整地面。

⑥ 落地后将左摇杆拉到最低的位置并保持 3 s 以上,直至电机停转。

⑦ 停机后,关闭飞行器和遥控器电源。

4.3.3.5 执行作业任务的飞行操作

① 把飞行器放置在平整开阔的地面上,操作员站在机尾后方 2.3 m 处。

② 开启遥控器和飞行器的智能电池。

③ 启动飞行控制软件,打开相机界面。

④ 等待飞行器状态指示灯绿灯慢闪,飞行器进入准备起飞模式。

⑤ 调取所需执行的任务,点击执行命令,任务命令上传到飞行器后,弹出开始执行任务的界面,按照指示将滑块从左侧滑动到右侧后,电机会自动启动,无人机开始上升,开始执行作业任务。

⑥ 任务完成或需要更换飞行器电池时,长按"智能返航"按键,进入返航模式,无人机自动返回降落点,匀速下降直至降落到地面后电机停转。

⑦ 停机后,关闭飞行器和遥控器电源。

4.3.3.6 遥控器信号的最佳通信范围

操控飞行器时务必使飞行器处于最佳通信范围内。及时调整操作者与飞行器之间的方位、距离或天线位置,以确保飞行器总是位于最佳通信范围内。遥控器信号最佳通信范围示意图如图 4-22 所示。

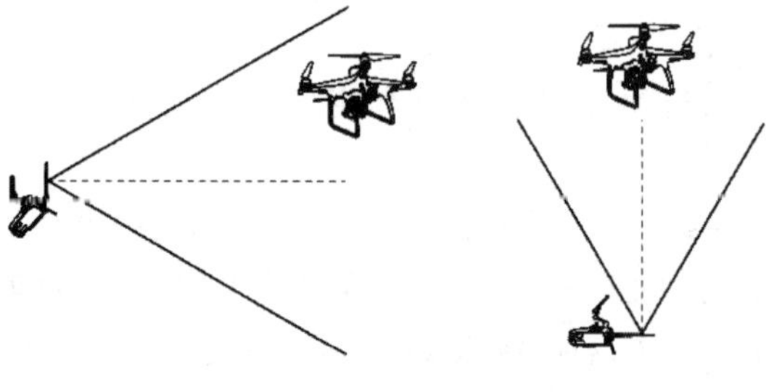

图 4-22 遥控器最佳通信范围示意图

4.4 无人机操纵技巧

4.4.1 无人机遥控器

4.4.1.1 遥控器的通道

"遥"是指远距离,"控"表示可以控制,"器"是指一个电子器件。无人机的遥控器就像电视机遥控器、空调遥控器一样,可以不用接触被控制的设备,而通过一个手持器件使用无线电与被控设备进行通信,从而达到对设备的控制,如图 4-23 所示。

多旋翼无人机的遥控器与飞行器之间通信的功能,需要两个部分配合完成,即发射器与接收机。遥控器上的控制杆操作形成指令信息,转化为无线电波信号并由遥控器上的发

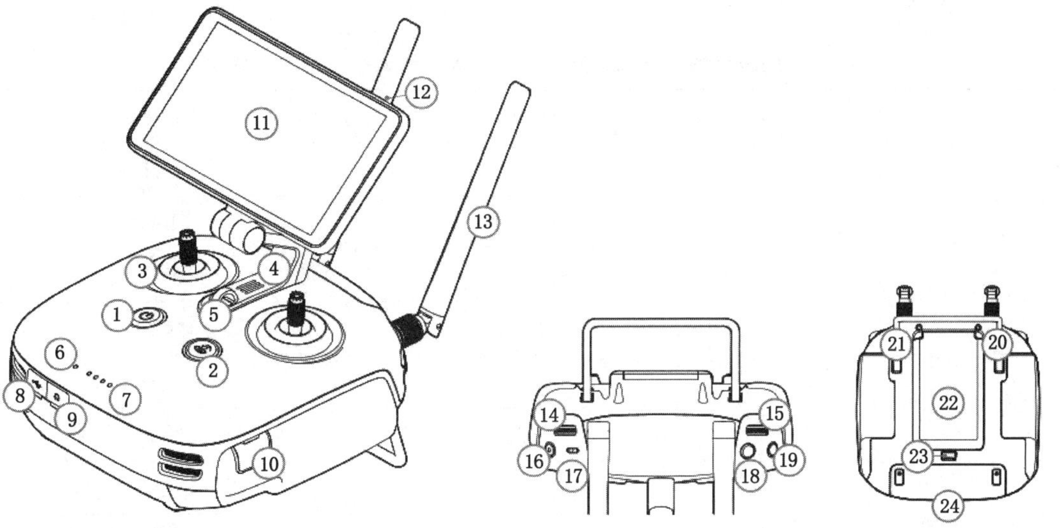

1—电源按键;2—返航按键;3—摇杆;4—扬声器;5—吊带挂钩;6—遥控器状态指示灯;7—遥控器电量指示灯;
8—USB-C 接口;9—3.5 mm 音频接口;10—microSD 卡槽;11—显示设备;12—屏幕开关;13—天线;
14—云台俯仰控制拨轮;15—多机控制切换转盘;16—录影按键;17—急停开关;18—拍照按键;19—预留按键;
20—C1 键(可自定义);21—C2 键(可自定义);22—电池仓盖;23—电池仓盖锁扣;24—上网卡仓盖。

图 4-23　大疆精灵 Phantom 4 RTK 无人机的遥控器

射器将信号发送给无人机上的接收机,接收机则通过接收无线电波信号读取遥控器上控制杆的指令信息,并转换为数字信号发送到无人机控制器中。控制器就可以根据接收的指令指挥无人机各个系统模块,完成相应的任务。例如,空中悬停、俯仰运动、翻滚运动、偏航运动、垂直运动,又或是任务设备开始数据采集等。

遥控器的通道是指遥控器可以控制的动作路数。例如,使用遥控器控制多旋翼无人机"上升与下降",那么这就是一个通道。对于多旋翼无人机,在控制过程中需要控制的动作路数包括横滚运动、俯仰运动、升降运动、偏航运动,因此需要 4 个通道。

多旋翼无人机的遥控器的 4 个主通道又被称为一翼三舵,分别是:① 副翼,用来操纵无人机的横滚姿态的运动变化,控制无人机的左移与右移;② 升降舵,用来操纵无人机的俯仰姿态的运动变化,控制无人机的前进与后退;③ 油门舵,用来操纵无人机的升降姿态的运动变化,控制无人机的上升与下降;④ 方向舵,用来操纵无人机的偏航姿态的运动变化,控制无人机的顺转与逆转。

4.4.1.2　遥控器的操纵模式

摇杆是无人机遥控器上用来操纵飞行通道的关键部件。常见的无人机遥控器上一般左、右横向布置两支摇杆,每支摇杆上分别有上下和左右两个舵面,每个舵面都与一个通道相对应。舵面与通道的配置关系不同,就形成了不同的操纵模式,目前应用最多的操纵模式包括美国手操纵模式、日本手操纵模式和中国手操纵模式。

(1) 美国手操纵模式

美国手操纵模式下,左侧摇杆的上下舵面为油门舵,左右舵面为方向舵;右侧摇杆的上下舵面为升降舵,左右舵面为副翼。美国手操纵模式下,遥杆的舵面操纵与无人机飞行动作的关系见表 4-3 和图 4-24。

表 4-3　美国手操纵模式下遥杆舵面操纵与无人机飞行动作的关系

遥杆位置	拨杆动作	飞行指令
左遥杆	向上拨杆	上升
	向下拨杆	下降
	向左拨杆	逆旋
	向右拨杆	顺旋
右摇杆	向上拨杆	前进
	向下拨杆	后退
	向左拨杆	左移
	向右拨杆	右移

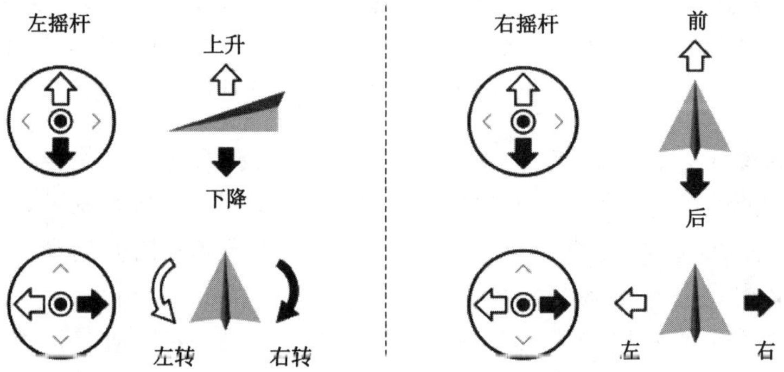

图 4-24　美国手操纵模式摇杆指令与飞行动作(Mode 2)

(2) 日本手操纵模式

日本手操纵模式下,左侧摇杆的上下舵面为升降舵,左右舵面为方向舵;右侧摇杆的上下舵面为油门舵,左右舵面为副翼。日本手操纵模式下,遥杆的舵面操纵与无人机飞行动作的关系见表 4-4 和图 4-25。

表 4-4　日本手操纵模式下遥杆舵面操纵与无人机飞行动作的关系

遥杆位置	拨杆动作	飞行指令
左遥杆	向上拨杆	前进
	向下拨杆	后退
	向左拨杆	逆旋
	向右拨杆	顺旋

表 4-4(续)

遥杆位置	拨杆动作	飞行指令
右摇杆	向上拨杆	上升
	向下拨杆	下降
	向左拨杆	左移
	向右拨杆	右移

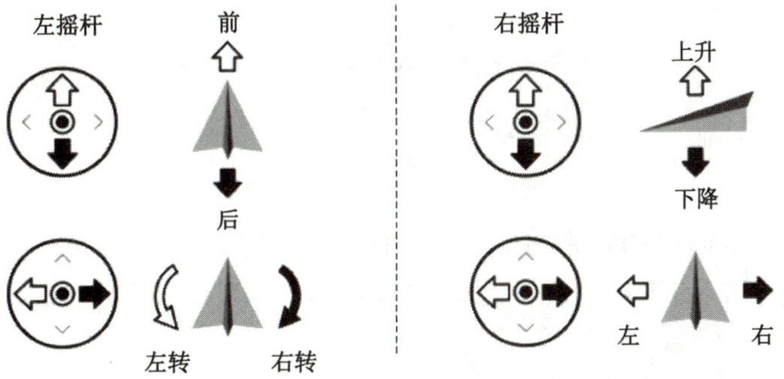

图 4-25　日本手操纵模式摇杆指令与飞行动作(Mode 1)

(3) 中国手操纵模式

中国手操纵模式下,左侧摇杆的上下舵面为升降舵,左右舵面为副翼;右侧摇杆的上下舵面为油门舵,左右舵面为方向舵。中国手操纵模式下,遥杆的舵面操纵与无人机飞行动作的关系见表 4-5 和图 4-26。

表 4-5　中国手操纵模式下遥杆舵面操纵与无人机飞行动作的关系

遥杆位置	拨杆动作	飞行指令
左遥杆	向上拨杆	前进
	向下拨杆	后退
	向左拨杆	左移
	向右拨杆	右移
右摇杆	向上拨杆	上升
	向下拨杆	下降
	向左拨杆	逆旋
	向右拨杆	顺旋

(4) 各种操纵模式的特点

美国手操纵模式下,控制飞行器姿态(俯仰和横滚)的两个舵面(升降舵与副翼)统一由右手进行控制,油门和方向的控制则在左手。一般情况下,建议无人机的飞行使用美国手操纵模式,因为在美国手操纵模式下,右手能够直接控制飞机的前后和左右的飞行,符合中

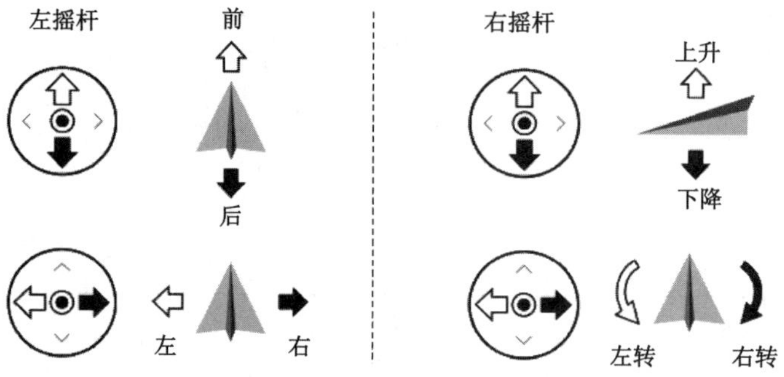

图 4-26 中国手操纵模式摇杆指令与飞行动作(Mode 3)

国人常用右手的习惯，所以操作也比较简单。

日本手操纵模式下，控制飞行器姿态(俯仰和横滚)的两个舵面(升降舵与副翼)分别由左手和右手进行控制，油门的控制在右手，方向的控制在左手。日本手操纵模式的遥控器适合需要大量精准控制的飞行情况，比如很多航模比赛队员都喜欢用美国手操纵模式的遥控器。

中国手操纵模式与美国手操作模式正好相反，因此有时也会被称为反美国手操纵模式。适合于常用左手控制飞行器姿态的无人机操作员，目前使用较少。

4.4.2 无人机操纵技巧

在进行无人机操纵练习时，应注意遥控器的打杆动作要柔和、轻推，避免打杆过猛、打错杆、带杆等危险动作的发生。飞行过程中，尽量控制飞行器不超出直径 2 m 的圆范围。为了提高操控水平，经过一段时间的飞行训练后可以尝试不使用定位模式，选择姿态或运动模式进行训练，但要注意安全。

(1) 上升、悬停、下降训练

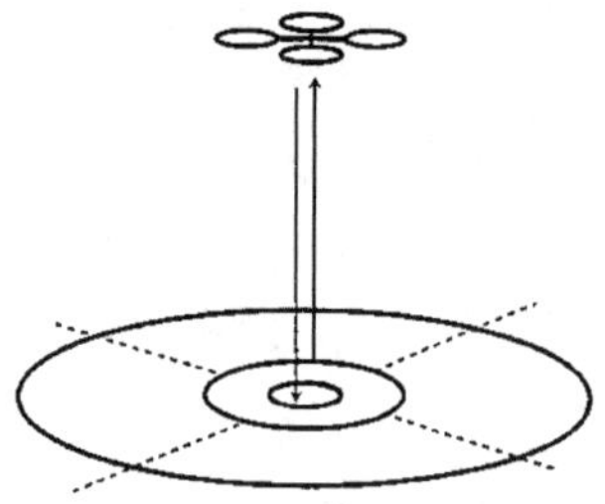

图 4-27 上升、悬停、下降训练

训练方法是将飞行器由 1 m 高度悬停开始，垂直上升至 3 m 高度后转入悬停 2 s，然后转入垂直下降过程，在 1 m 高度上停止下降并转入悬停，如图 4-27 所示。

训练要求是上升、下降的速度均匀，速率为 1 m/s，悬停时间为 2 s，飞行器不能超出直径为 2 m 的圆范围，无明显的大幅修正动作。

难点在于飞行器在上升和下降阶段由于受气流的影响，如果不操纵副翼和升降舵，只是单一加减油门，这个上升和下降的轨迹就会不垂直，所以需要及时修正飞行器姿态，这时打舵方向和舵量是保证垂直的关键。

(2) 四位悬停训练

训练方法是飞行器在 2 m 高度悬停 2 s 后，每悬停 2 s 原地旋转 90°(左右方向均可)直至完成对尾、右(左)侧位、对头、左(右)侧位，再回到对尾位置，如图 4-28 所示。

训练要求是悬停旋转时，高度不变，旋转过程中无人机无偏航，停止时角度正确，无提前或滞后现象，旋转速率为 90°/s，整个过程中无错误操舵的现象发生。

难点在于旋转的过程中，由于螺旋桨反扭矩的影响，在不操纵副翼和升降舵的时候会有偏航现象。而且，由于操纵者所面对的飞行器的视角不同，故需要操纵者及时调整思维，做出正确的判断和及时修正。

(3) 自转一周训练

训练方法是飞行器在 2 m 高度处悬停，然后绕自身重心点纵轴旋转 360°(左右方向均可)，如图 4-29 所示。

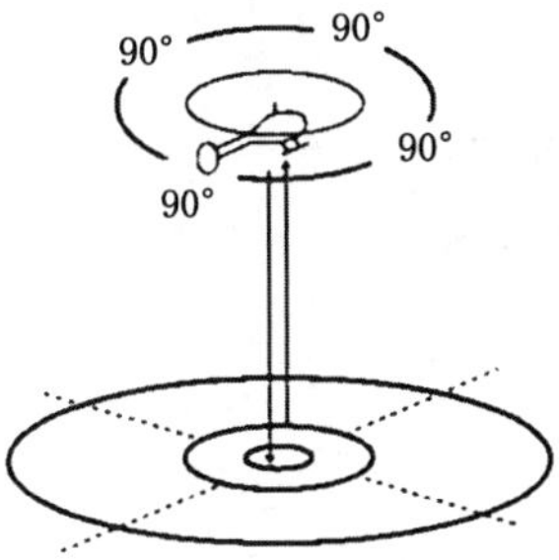

图 4-28　四位悬停训练

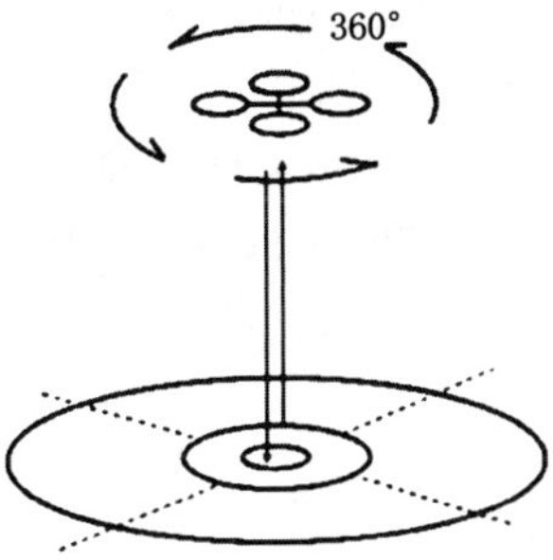

图 4-29　自转一周训练

训练要求是悬停旋转时高度不变，旋转速率为 90°/s，停止时无提前或滞后现象，过程中无错误操舵的现象发生，不能超出直径 2 m 的圆，调高不超过 0.5 m。

难点在于旋转的过程中，由于螺旋桨反扭矩的影响，在不操纵副翼和升降舵的时候会有偏航现象。而且，由于操纵者所面对的飞行器的视角不同，故需要操纵者及时调整思维，做出正确的判断和及时修正。

(4) 垂直矩形训练

训练方法是飞行器从 O 点起飞上升至 E 点悬停 2 s，向右平移 3 m 后至 A 点悬停 2 s，后垂直上升 5 m 至 B 点悬停 2 s，后向左平移 8 m 至 C 点悬停 2 s，后垂直下降 5 m 至 D 点悬停 2 s，后向右平移 3 m 至 E 点结束，返回降落起点，无人机飞行轨迹呈垂直矩形。

训练要求是平移时保持高度不变，上升、下降阶段保持垂直中心不变，无论是平飞还是升降，速度均匀(1 m/s)，悬停时无明显移动。

难点在于视觉差会引起整条航线偏移，上升、下降阶段由于要修正位置，这一段航线易产生停顿现象。

(5) 垂直三角形训练

训练方法是飞行器从 O 点起飞上升至 E 点悬停 2 s，向右运动至 A 点悬停 2 s，向左上方运动至 B 点悬停 2 s，向左下方运动至 C 点悬停 2 s，向右运动至 E 点结束，返回降落起点，无人机飞行轨迹呈垂直三角形。

训练要求是平移时保持高度不变，停止时动作干脆利落，上升、下降角度为 35°，无论是平飞还是升降，速度均匀(1 m/s)。

难点在于视觉差会影响整个线路的偏移，上升、下降与平移过程组合时，会造成航线呈阶梯状，需多加练习，总结不足之处加以改善。

(6) 机头向内盘旋一周训练

训练方法是飞行器从 O 点起飞上升至 E 点悬停，机头对向圆心 O 点，压副翼使飞行器横移,同时打方向舵使机头始终对向 O 点,控制升降舵保持合理的运动半径,绕 O 点旋绕一周回到起点,无人机飞行轨迹呈圆形。

训练要求是飞行高度保持不变,飞行速度为匀速(1 m/s),飞行器对 O 点距离保持不变,机头指向正确。

难点在于副翼的使用可能会受风的影响,不会是始终如一的风量,需要根据现实情况做出及时调整;升降舵的使用要根据飞行速度来确定风量。除了控制副翼和升降舵外,还需要保证机头始终指向 O 点,这时就需要合理地调整和分配思维,达到一心多用。

(7) 水平 8 字训练

训练方法是首先飞行器要有一定的前进速度,过 C 点后压副翼使其机头向转弯方向倾斜,然后拉升降舵使飞行器进行转弯,同时控制方向舵使机头始终朝着前进的方向,如图 4-30 所示。

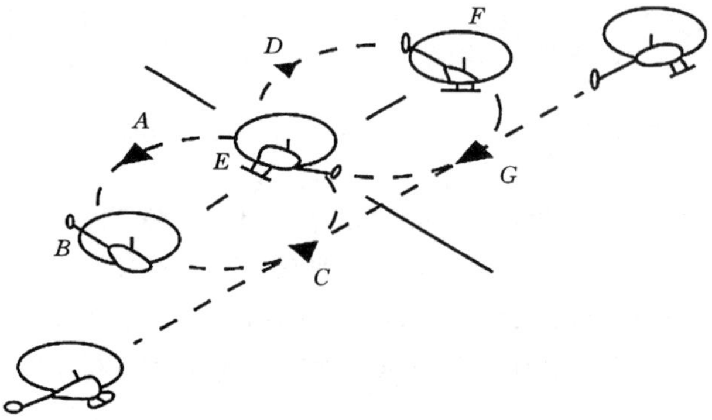

图 4-30 水平 8 字训练

训练要求是飞行速度均匀,左右转弯半径相等,高度保持不变。

难点在于刚开始练习时同一个方向的转弯会比较顺手,导致不太敢转向另一个方向,这样就会使飞行器进入侧滑状态,加重操纵者紧张的情绪而不能正确、及时地做出反应,使动作失败。另外,进入转弯时控制升降舵和副翼,与油门的配合不熟练也会使飞行器转弯时进入爬升状态,或者转弯完成时飞行速度也降低很多。所以水平 8 字飞行需要各舵面和油门相配合完成,各舵面和油门配合的合理性决定了水平 8 字飞行完成的准确度。

第 5 章　无人机摄影测量原理

5.1　航摄像片的几何特性

摄影测量通过量测像片获得地面目标的几何信息，需要确定像片和地面之间的几何投影关系。

5.1.1　中心投影成像

一个空间点按一定方式在一个平面上的构象，称为该空间点的投影。投影方式包括平行投影、中心投影两种，其中平行投影又分为垂直平行投影和倾斜平行投影。而航空摄影的影像都是以中心投影方式获得的，当投影射线会聚于一点时，称为中心投影。如图 5-1 所示三种情况均属于中心投影。投影射线的会聚点 S 称为投影中心。航摄像片是地面的中心投影。

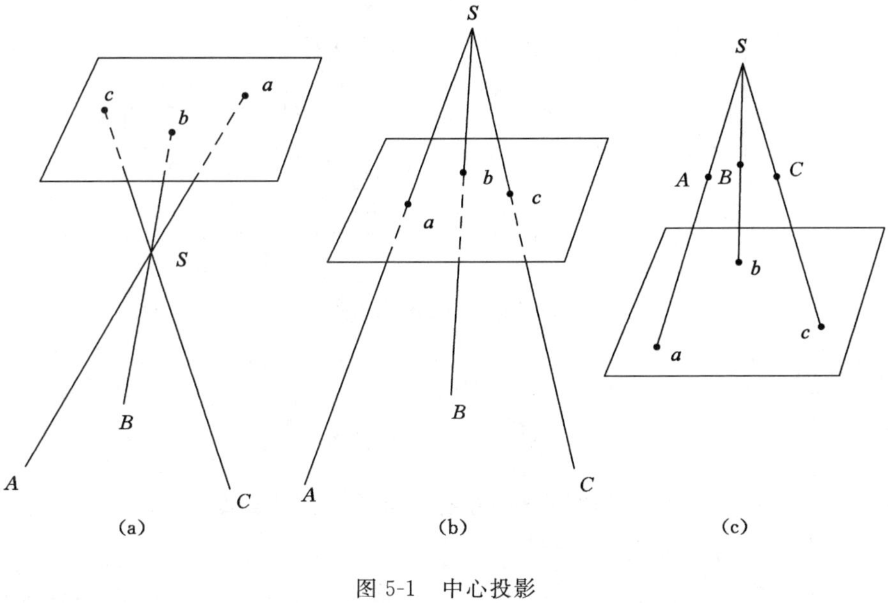

图 5-1　中心投影

5.1.2　像点位移

当像片倾斜、地面起伏时，地面点在航摄像片上的构像相对理想情况下的构像所产生的位置差异称为像点位移。像点位移可以分为两类：一类是由于像片倾斜所引起的像点位移，如图 5-2 所示，a、b、c 分别为地物 A、B、C 的像点，S 为投影中心，p 为像平面；另一类则是由于地形起伏引起的像点位移，如图 5-3 所示，E 代表真实地面，A、B 为地物点，A_0、B_0 是 A、B 在地平面上的投影点，P 为像平面，a、b、a_0、b_0 分别是 A、B、A_0、B_0 在像平面 P 上的投影。

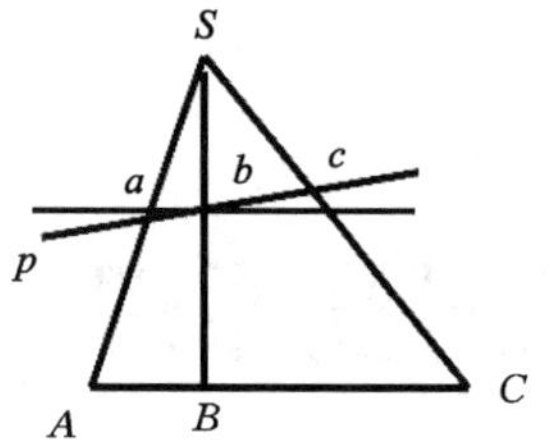

图 5-2　像片倾斜引起的像点位移

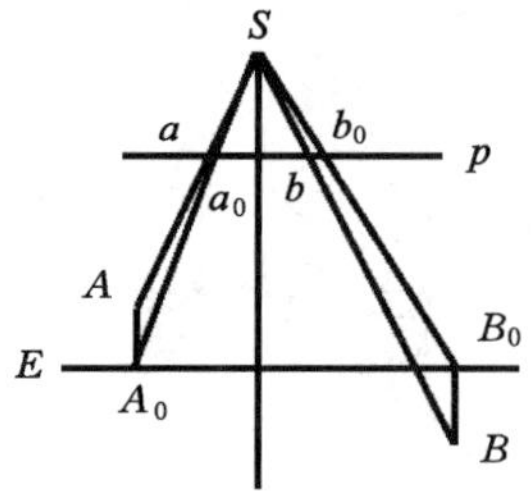

图 5-3　地形起伏引起的像点位移

5.1.3　像片重叠度

为了便于立体测图及航线间的接边，除航摄像片要覆盖整个测区外，还要求像片间有一定的重叠。同一条航线内相邻像片之间的影像重叠称为航向重叠，重叠部分长度与整个像幅长度的百分比称为重叠度，一般要求 60%以上。两相邻航带像片之间也需要有一定的影像重叠，这种重叠影像部分称为旁向重叠度，旁向重叠度要求 30%左右。

图 5-4 中 1、2、3 对应 3 张像片序号。根据重叠度的定义，重叠度的计算公式如下：

航向重叠度：

$$p = \frac{p_x}{L_x} \times 100\% \tag{5-1}$$

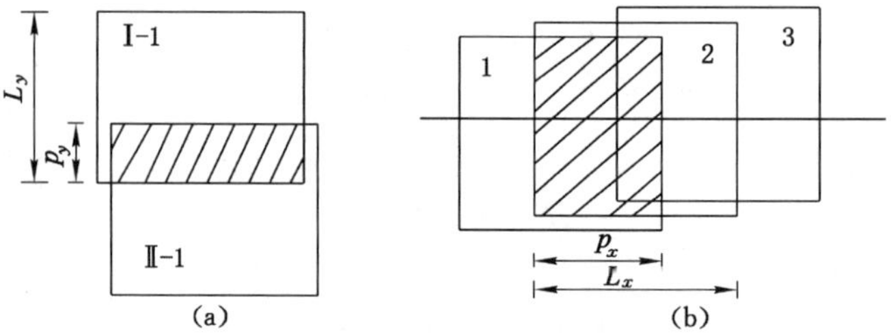

图 5-4　重叠度示意图

旁向重叠度：

$$p = \frac{p_y}{L_y} \times 100\% \tag{5-2}$$

式中　p_x——1 号像片与 2 号像片沿飞行方向的重叠部分的长度；

L_x——像片的像幅长度；

p_y——第一条航带上Ⅰ-1 号像片和Ⅱ-1 号像片沿垂直于飞行方向的重叠部分长度；

L_y——像片的像幅宽度。

5.2　航摄像片的内外方位元素

5.2.1　内方位元素

确定摄影机的镜头中心（严格地说，应该是镜头的像方节点）相对影像位置关系的参数，称为影像的内方位元素。内方位元素包括以下 3 个参数：像主点（主光轴在影像面上的垂足）相对影像中心的位置 x_0、y_0 以及镜头中心到影像面的垂距 f（也称为主距），如图 5-5 所示。对于航空影像，x_0、y_0 即像主点在框标坐标系中的坐标。内方位元素值一般由摄影机检校确定。

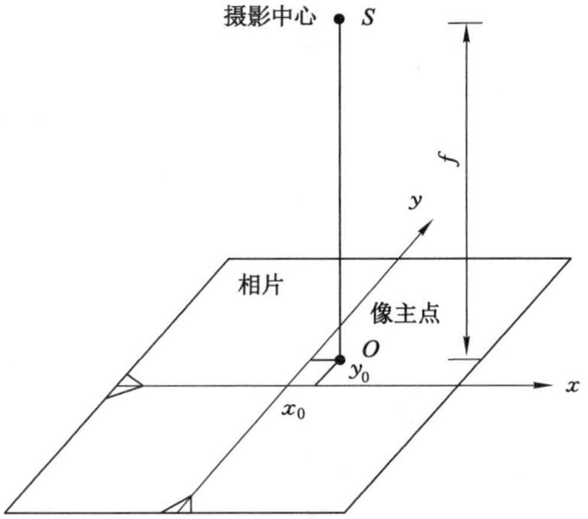

图 5-5　内方位元素

5.2.2　外方位元素

确定影像或摄影光束在摄影瞬间的空间位置和姿态的参数称为影像的外方位元素。一幅影像的外方位元素包括 6 个参数，其中 3 个元素称为外方位线元素，用于描述摄影中心 S 相对物方空间坐标系的位置 X_S、Y_S、Z_S；另外 3 个称为外方位角元素，用于描述影像面在摄影瞬间的空间姿态。

角元素有以下 3 种表达形式：

① 以 Y 轴为主轴的 φ-ω-κ 系统：以 Y 轴为主轴旋转 φ 角，然后绕 X 轴旋转 ω 角，最后绕 Z 轴旋转 κ 角。

② 以 X 轴为主轴的 φ'-ω'-κ' 系统：以 X 轴为主轴旋转 ω' 角，然后绕 Y 轴旋转 φ' 角，最后绕 Z 轴旋转 κ' 角。

③ 以 Z 轴为主轴的 $A.\kappa$ 系统：以 Z 轴为主轴旋转 A 角，然后绕 Y 轴旋转 ψ 角，最后绕 X 轴旋转 κ 角。

5.3　共线方程

5.3.1　摄影测量常用坐标系

摄影测量研究的是影像上的像点和地面上的物点之间的数学关系。那么在研究这种几何关系之前，首先应该将像点和物点用数学方法描述出来，即建立相应的坐标系统。

(1) 像平面坐标系(O-xy)

像平面坐标系是影像平面内的直角坐标系，用以表示像点在像平面上的位置。若摄影

中心为 S(图 5-6),摄影方向与影像平面的交点 O 称为影像的像主点。像平面坐标系的原点就位于像主点。对于航空影像,两对边机械框标的连线为 x 轴和 y 轴的坐标系称为框标坐标系,其与航线方向一致的连线为 x 轴,航线方向为正向,像平面坐标系的方向与框标坐标系的方向相同。

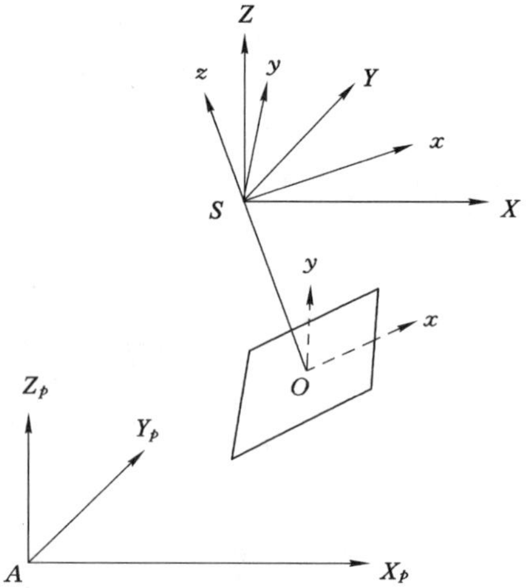

图 5-6　摄影测量常用的坐标系

(2) 像空间坐标系(S-xyz)

该坐标系是一种过渡坐标系,用来表示像点在像方空间的位置。该坐标系以摄站点(或投影中心)S 为坐标原点,摄影机的主光轴 S_0 为坐标系的 z 轴,像空间坐标系的 x 轴、y 轴分别与像平面坐标系的 x 轴、y 轴平行,z 轴坐标均为 $-f$,正方向如图 5-6 所示。

(3) 像空间辅助坐标系(S-XYZ)

该坐标系是一种过渡坐标系,以摄站点(或投影中心)S 为坐标原点。在航空摄影测量中通常以铅垂方向(或设定的某一竖直方向)为 Z 轴,并取航线方向为 X 轴(图 5-6),这样有利于改正沿航线方向累积的系统误差。

(4) 摄影测量坐标系(A-$X_pY_pZ_p$)

该坐标系是一种过渡坐标系,用来描述解析摄影测量过程中模型点的坐标。在航空摄影测量中通常以地面上某一点 A 为坐标原点,而它的坐标轴与像空间辅助坐标轴平行(图 5-6)。

(5) 物方空间坐标系(O-$X_tY_tZ_t$)

该坐标系为所摄物体所在的空间直角坐标系。测绘中所用的是地面测量坐标系(大地坐标系)。前面介绍的 4 种坐标系均为右手直角坐标系,而地面测量坐标系为左手直角坐标系,它的 X_t 轴指向正北方向,与大地测量中的高斯-克吕格平面坐标系相同,高程则以我国黄海高程系统为基准。在地球上一个小范围内讨论问题时,把 O-$X_tY_tZ_t$ 视为左手直角坐标系是允许的,但是当测区范围较大时,需顾及地球曲率的影响。

5.3.2　空间直角坐标系的旋转变换

像点空间直角坐标的旋转变换是指像空间坐标与像空间辅助坐标之间的变换。由高等数学知道，空间直角坐标的变换是正交变换，一个坐标系按某种顺序依次旋转 3 个角度即可变换为另一个同原点的坐标系。

设像点 a 在像空间坐标系中的坐标为$(x,y,-f)$，而在像空间辅助坐标系中的坐标为(X,Y,Z)，二者之间的正交变换关系可以用下式表示：

$$\begin{bmatrix} X \\ Y \\ Z \end{bmatrix} = \boldsymbol{R} \begin{bmatrix} x \\ y \\ -f \end{bmatrix} = \begin{bmatrix} a_1 & a_1 & a_1 \\ b_1 & b_2 & b_3 \\ c_1 & c_2 & c_3 \end{bmatrix} \begin{bmatrix} x \\ y \\ -f \end{bmatrix} \tag{5-3}$$

或

$$\begin{bmatrix} x \\ y \\ -f \end{bmatrix} = \boldsymbol{R}^{\mathrm{T}} \begin{bmatrix} X \\ Y \\ Z \end{bmatrix} = \begin{bmatrix} a_1 & b_1 & c_1 \\ a_2 & b_2 & c_2 \\ a_3 & b_3 & c_3 \end{bmatrix} \begin{bmatrix} X \\ Y \\ Z \end{bmatrix} \tag{5-4}$$

式中，$\boldsymbol{R}$ 为一个 3×3 阶的正交矩阵，由 9 个方向余弦组成。

由正交矩阵 $\boldsymbol{RR}^{\mathrm{T}}=1$ 的特点，可导出旋转矩阵中 9 个方向余弦之间有下列关系：

① 同一行（列）的各元素平方和等于 1。

② 任意两行（列）的对应元素乘积之和等于 0。

③ 旋转矩阵的行列式 $|\boldsymbol{R}|=1$。

④ 每个元素的值等于其代数余子式。

⑤ 每个元素的值为变换前后两个坐标轴相应夹角的余弦。

由式(5-4)可以看出，欲进行空间两个直角坐标系的转换，关键是如何确定一个正交矩阵 $\boldsymbol{R}$。以影像外方位角元素 φ、ω、κ 系统为例，对于上述两种坐标系之间的转换关系可以这样来理解，即像空间坐标系是像空间辅助坐标系（相当于摄影光束的起始位置）依次绕相应的坐标轴旋转 φ、ω、κ 3 个角度以后的位置。此时式(5-5)中的旋转矩阵 $\boldsymbol{R}$ 可表示为：

$$\begin{aligned} \boldsymbol{R} = \boldsymbol{R}_{\varphi}\boldsymbol{R}_{\omega}\boldsymbol{R}_{\kappa} &= \begin{bmatrix} \cos\varphi & 0 & -\sin\varphi \\ 0 & 1 & 0 \\ \sin\varphi & 0 & \cos\varphi \end{bmatrix} \begin{bmatrix} 1 & 0 & 0 \\ 0 & \cos\omega & -\sin\omega \\ 0 & \sin\omega & \cos\omega \end{bmatrix} \begin{bmatrix} \cos\kappa & -\sin\kappa & 0 \\ \sin\kappa & \cos\kappa & 0 \\ 0 & 0 & 1 \end{bmatrix} \\ &= \begin{bmatrix} a_1 & a_2 & a_3 \\ b_1 & b_2 & b_3 \\ c_1 & c_2 & c_3 \end{bmatrix} \end{aligned} \tag{5-5}$$

把 $\boldsymbol{R}_{\varphi}\cdot\boldsymbol{R}_{\omega}\cdot\boldsymbol{R}_{\kappa}$ 的乘积结果列出后，可得：

$$\begin{cases} a_1 = \cos\varphi\cos\kappa - \sin\varphi\sin\omega\sin\kappa \\ a_2 = -\cos\varphi\sin\kappa - \sin\varphi\sin\omega\cos\kappa \\ a_3 = -\sin\varphi\cos\omega \\ b_1 = \cos\omega\sin\kappa \\ b_2 = \cos\omega\cos\kappa \\ b_3 = -\sin\omega \\ c_1 = \sin\varphi\cos\kappa + \cos\varphi\sin\omega\sin\kappa \\ c_2 = -\sin\varphi\sin\kappa + \cos\varphi\sin\omega\cos\kappa \\ c_3 = \cos\varphi\cos\omega \end{cases} \tag{5-6}$$

由式(5-6)可以看出，如果已知一幅影像的 3 个姿态角元素 φ、ω、κ 就可以求出 9 个方向余弦，也就知道了像空间坐标系转换到像空间辅助坐标系的正交矩阵 $\boldsymbol{R}$，从而可以实现这两种坐标系的相互转换。

5.3.3 共线条件方程推导

航空摄影的影像投影方式为中心投影，所有的投影射线都要经过投影中心 S，其成像方式决定了影像上的每个像点都要遵循像点、设站点、对应物点三点共线的几何特性。根据此特性，可以得出共线条件方程。该方程是摄影测量处理方法的重要理论基础。

图 5-7 中，S 为投影中心，其物方空间坐标系的坐标为(X_S,Y_S,Z_S)，点 A 为地面任意物点，在物方空间坐标系中坐标为(X_A,Y_A,Z_A)。点 a 为物点 A 对应的像片上的像点，在像空间坐标系下的坐标为(x,y,$-f$)，该像点在像空间辅助坐标系下的坐标为(X_a,Y_a,Z_a)。航空摄影中像点 a、投影中心 S、物点 A 三点共线，借助像空间辅助坐标(X_a,Y_a,Z_a)的过渡，利用式(5-3)可推算出：

$$x_a = \frac{1}{\lambda}[a_1(X_A - X_S) + b_1(Y_A - Y_S) + c_1(Z_A - Z_S)] \tag{5-7}$$

$$y_a = \frac{1}{\lambda}[a_2(X_A - X_S) + b_2(Y_A - Y_S) + c_2(Z_A - Z_S)] \tag{5-8}$$

$$-f = \frac{1}{\lambda}[a_3(X_A - X_S) + b_3(Y_A - Y_S) + c_3(Z_A - Z_S)] \tag{5-9}$$

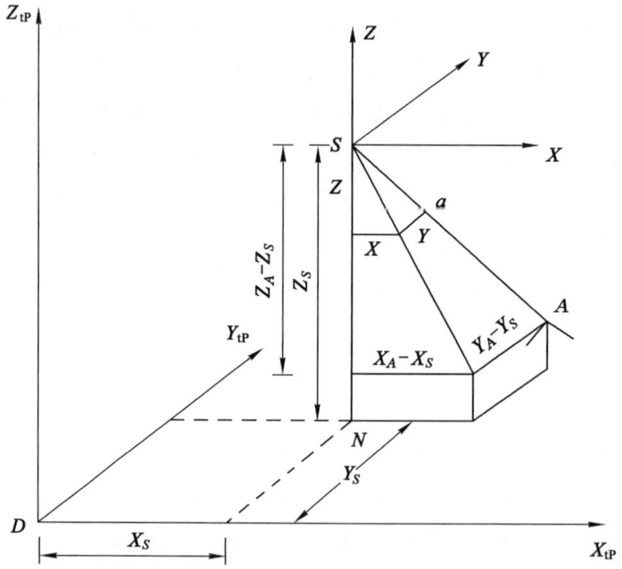

图 5-7 共线条件方程

由一个物点 A(X_A,Y_A,Z_A)，推广到任意物点坐标(X,Y,Z)，即可得到共线条件方程：

$$\begin{cases} x = -f\dfrac{a_1(X - X_S) + b_1(Y - Y_S) + c_1(Z - Z_S)}{a_3(X - X_S) + b_3(Y - Y_S) + c_3(Z - Z_S)} \\ y = -f\dfrac{a_2(X - X_S) + b_2(Y - Y_S) + c_2(Z - Z_S)}{a_3(X - X_S) + b_3(Y - Y_S) + c_3(Z - Z_S)} \end{cases} \tag{5-10}$$

式中　(x,y)——像点的像平面坐标；

f——主距；

(X_S,Y_S,Z_S)——摄站点的物方空间坐标；

(X,Y,Z)——物点的物方空间坐标；

a_i、b_i、$c_i(i=1,2,3)$——3 个外方位角元素组成的 9 个方向余弦。

共线条件方程在摄影测量中具有广泛的应用：

① 单张像片后方交会，可利用共线条件方程求解像片的外方位元素。假如，已知一张像片上 3 个以上不在同一条直线上的像点坐标及其对应的物点坐标，则根据共线条件方程可求得该像片的外方位元素。

② 空间前方交会，可利用共线条件方程求解地面点坐标。假如，已知相邻两张像片的外方位元素、同一个地物点在两张像片上的像点坐标，可以根据共线条件方程求解地面点坐标。

5.4　立体像对定向和立体测量

在摄影测量中，利用单幅影像一般不能确定物点的空间位置。要获得物点的空间位置，一般需要利用两幅相互重叠的影像构成的立体像对，它是立体摄影测量的基本单元，由其构成的立体模型是立体摄影测量的基础。对于由两幅影像构成的立体像对，完成定向需要两个步骤，首先是确定两张像片之间的相互位置关系，称为相对定向；其次，确定立体像对里两张像片在实际物方空间坐标系之间的位置关系，称为绝对定向。通过相对定向，两张像片构成的立体像对，成为一个相互位置关系确定的一体化模型，这个模型可以放大缩小、平移、旋转，但是模型内部点之间的相对关系不发生变化。再通过绝对定向，将模型经过旋转、平移、缩放转换到物方空间坐标系中。

5.4.1　立体像对和像点测量

5.4.1.1　人眼成像的原理

人用双眼观察景物可以判断其远近，得到景物的立体效应，这种现象称为人眼的立体视觉。人类在观看外界事物时，先是通过双眼接收由光所搭载的物体信息，把信息传递到大脑后，再经神经中枢处理，形成最终的视觉效果。

人眼底部视网膜正中的黄斑区对光学信号敏感度最高，对物体的成像也最清晰。光信号会在视网膜上变换、滤波、编码，以神经信号的方式传输给视觉神经系统和中枢神经系统。人眼的双目视觉指的是观察一个外界物体时，其影像分别在两眼视网膜的黄斑区内成像并转变为神经信号，沿视觉神经系统传输到大脑，大脑的高级中枢神经系统会把左、右眼所接收的两个视觉信号进行比对和分析，最后融合成一幅完整且富有立体感的画面。由于人的两只眼睛存在间距，因此对于同一景物，左、右眼在视网膜上的成像是有差异的，这个差异称为双眼视差，从而形成立体视觉。

如图 5-8 所示，当双眼凝视 A 点时，两眼的视轴交于 A 点，此时两光线交向角为 r，当双眼观察 B 点时，交向角为 $r+\mathrm{d}r$。左眼 O_1 和右眼 O_2 的间距为 b_r。A 点在左、右眼的构像分别是 a、a'，B 点的构像分别是 b、b'。由于交向角差异的存在，左眼像距 ab 和右眼像距 $a'b'$

不相等，其视差 $dr=ab-a'b'$，即生理视差。生理视差与 A、B 两点的高差 dL 及 A 点到观测者的垂直高度 L 有关，它通过视神经网络传递到大脑皮层，从而帮助人判断事物的远近。

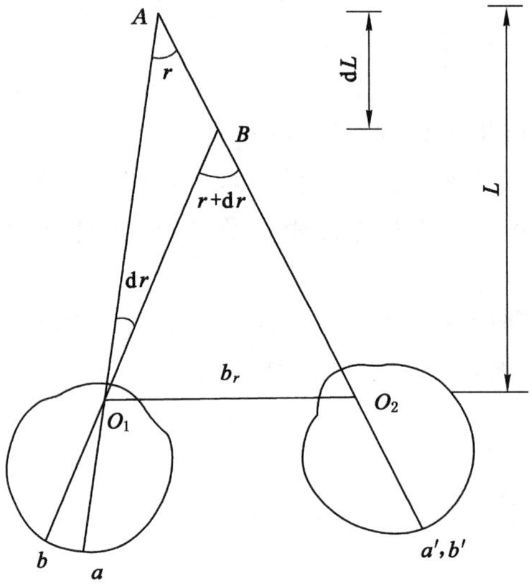

图 5-8　立体视觉原理

5.4.1.2　人造立体视觉

根据人眼成像的原理可知，如果能满足以下条件即可形成人造立体：

① 由两个不同摄站点摄取同一景物的一个立体像对；

② 一只眼睛只能观察像对中的一张像片，即双眼观察像对时两眼分别只能观察一张像片，这一条件称为分像条件；

③ 两眼各自观察同一景物的左、右影像点的连线应与眼基线近似平行；

④ 像片间的距离应与双眼的交会角相适应。

摄影测量中，将一条航线相邻两张具有重叠度的像片称为一个立体像对。该立体像对恰好满足人造立体影像的特点。如果能恢复摄影瞬间影像的位置和姿态参数，假设人眼从上往下观察两张像片，就可以产生人造立体视觉，如图 5-9 所示。如果恢复了摄影瞬间地面三维立体，那么此时通过生理视差看到的人造立体应该与真实的三维世界是完全一致的。在这个人造三维立体中可以实现立体测量，直接获取对应地物的坐标信息。

5.4.1.3　立体观测

人造立体实现的必要条件是分像，保证左、右眼分别看左像片和右像片。摄影测量中，常见的立体观察方法主要有三种方式：互补色法、光闸法和偏振光法。

(1) 互补色法

光谱中两种色光混合在一起成为白色光，这两种色光称为互补色光。常用的互补色是品红色与蓝绿色(习惯简称红色与绿色)。在暗室中，如图 5-10 所示，在左方投影器中插入红色滤光片，投影在成影面上的影像为红色影像。在右方投影器中插入绿色滤光片，在成影面上得到的影像是绿色的。如果观察者戴上左红右绿的眼镜进行观察，由于红色镜片只透过红色光，而绿色光被吸收，所以通过红色镜片只能看到左边的红色影像，看不到右边的

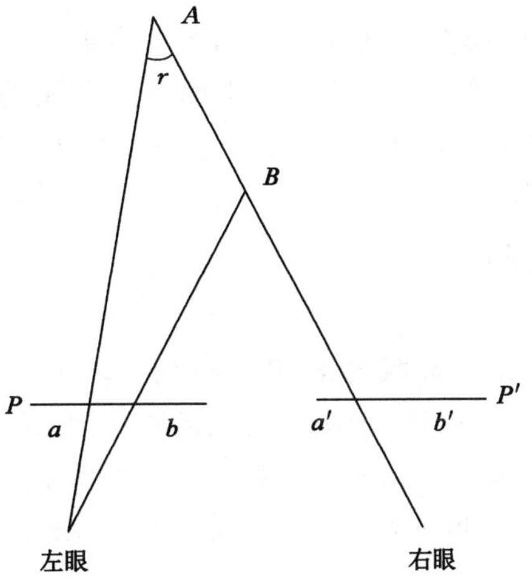

图 5-9　人造立体

绿色影像。同理，绿色镜片只能透过绿色光，也只能看到右边的绿色影像，而看不到左边的红色影像，从而达到一只眼睛只看到一张影像的"分像"目的，观察到地面立体模型。

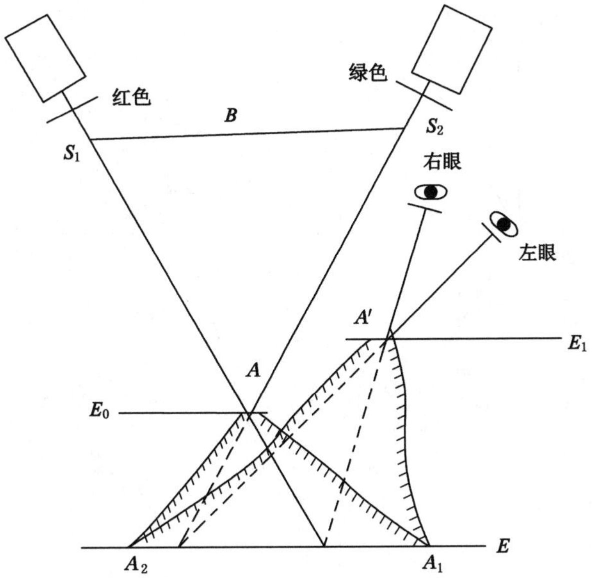

图 5-10　互补色法

（2）光闸法

光闸法立体观察，是在投影的光线中安装光闸。两个光闸相互错开，即一个打开，另一个闭上。人眼观察时要戴上与投影器中光闸同步的光闸眼镜，这样一只眼睛就只能看到一张影像。由于影像在人眼中的构像能保持 0.15 s 的视觉暂留，这样光闸启闭的频率只要大于每秒 10 次，人眼中的影像就会连续，构成立体视觉。光闸法的优点是投影光线的亮度很少损失，缺点是振动与噪声不利于工作。

（3）偏振光法

基于光的偏振理论，利用偏振光滤光片将向各个方向振动的光波梳去一部分，使剩余的一部分光沿着一个规定方向前进，如果将两块偏振方向相同的滤光片摆在光路上，就会起到阻光的作用。观测者戴上一副偏光镜，保证左、右眼分别各看一个光路中的影像。该方法在3D电影领域应用广泛。

5.4.2 立体模型相对定向

（1）相对定向元素

立体像对的相对定向就是恢复摄影时相邻两张像片的相互关系，使同名光线对对相交。相对定向的方法有两种：一种是单独法相对定向，该方式每次都是两两像片单独形成模型，其定向元素包括 $\varphi_1,\kappa_1,\varphi_2,\omega_1,\kappa_2$；另一种是连续法相对定向，以左影像为基准，计算右影像相对左影像的位置关系，定向元素包括 $B_Y,B_Z,\varphi_2,\omega_2,\kappa_2$。

（2）共面条件方程

图5-11表示一个立体模型实现正确相对定向后的示意图，图中 m_1,m_2 表示模型点 M 在左右两幅影像上的构像。S_1m_1,S_2m_2 表示一对同名光线，它们与空间基线 S_1S_2 共面，这个平面可以用3个矢量 $\boldsymbol{R}_1,\boldsymbol{R}_2$ 和 $\boldsymbol{B}$ 的混合积表示，即

$$\boldsymbol{B}\cdot(\boldsymbol{R}_1\times\boldsymbol{R}_2)=0 \tag{5-11}$$

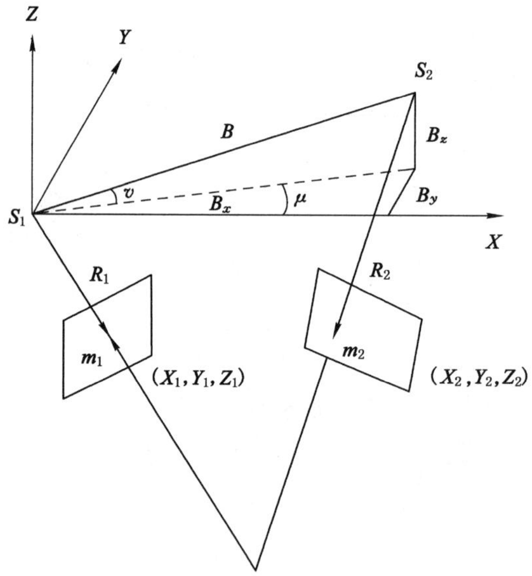

图5-11 共面条件

式(5-11)改用坐标形式表示时，就是一个三阶行列式等于零的共面条件方程：

$$F=\begin{vmatrix} B_x & B_y & B_z \\ X_1 & Y_1 & Z_1 \\ X_2 & Y_2 & Z_2 \end{vmatrix}=0 \tag{5-12}$$

式中，(X_1,Y_1,Z_1)和(X_2,Y_2,Z_2)为像点 a_1、a_2 在像空间辅助坐标系下的坐标；(B_X,B_Y,B_Z)

为两张像片投影中心 S_1 和 S_2 的距离 B 在 X、Y、Z 三个轴方向上的分量。

以连续法相对定向为例，以左边像片的像空间坐标系作为立体像对像空间辅助坐标系，左像片的投影中心 S_1 的坐标为(0,0,0)，右像片的投影中心 S_2 的坐标为(B_X,B_Y,B_Z)。

由于连续法像对定向中像空间辅助坐标系是左边像片的像空间坐标系，则像点 a_1 的像空间辅助坐标可以表示为如下形式：

$$\begin{bmatrix} X_1 \\ Y_1 \\ Z_1 \end{bmatrix} = \begin{bmatrix} x_1 \\ y_1 \\ -f \end{bmatrix} \tag{5-13}$$

其中，像点坐标(x_1,y_1,$-f$)可以直接通过立体测量获得。假设右边像片相对于左边像片的旋转角度分别为 φ,ω,κ，则：

$$\begin{bmatrix} X_2 \\ Y_2 \\ Z_2 \end{bmatrix} = \boldsymbol{R}\begin{bmatrix} x_2 \\ y_2 \\ -f \end{bmatrix} = \begin{bmatrix} a_1 & a_1 & a_1 \\ b_1 & b_2 & b_3 \\ c_1 & c_2 & c_3 \end{bmatrix}\begin{bmatrix} x_2 \\ y_2 \\ -f \end{bmatrix} \tag{5-14}$$

式(5-14)中右边像片的像点坐标(x_2,y_2,$-f$)可以直接通过立体测量获得，$\boldsymbol{R}$ 是含有 φ,ω,κ 的旋转矩阵，因此该公式中的未知数有 3 个。

通过以上推导可以发现，对于式(5-11)，未知数有 6 个：B_X、B_Y、B_Z、φ、ω、κ，而 B_X 参数不会影响立体像对两张像片之间的相互位置关系，仅影响相对的缩放比例，因此可以放到绝对定向变换中统一考虑，将此参数做归一化($B_X=1$)处理后式(5-11)中的未知数就只剩下 5 个未知数：B_Y、B_Z、φ、ω、κ。

按照共面条件方程的原理，每一对同名像点可以列一个共面方程。相对定向共有 5 个参数，因此共需要至少 5 对同名像点。同时，由于该方程需要通过泰勒级数展开为线性方程，逐步迭代求解，所以一般情况下同名像点个数必然远多于 5 对。

5.4.3　立体模型绝对定向

一个立体像对经过相对定向建立立体模型，是以像空间辅助坐标系作为基准坐标系，并将立体模型纳入该坐标系。模型的比例尺是任意的，模型的相对位置关系已经确定，但是模型的绝对位置关系未确定。要确定立体模型任意一个物点在实际物方坐标系中的正确位置，需要把模型点的摄影测量坐标转换为物方空间直角坐标系的坐标。这需要借助地面已知控制点，将像空间辅助坐标系和实际物方空间直角坐标系建立变换关系，称为绝对定向。绝对定向在数学上实际上就是一个不同原点的三维空间相似变换问题。

(1) 空间坐标的相似变换方程

相对定向完成后，可以求得任意模型点的像空间辅助坐标，接下来需要将模型点的像空间辅助坐标变换为物方空间坐标。必须通过将像空间辅助坐标系经过三维空间相似变换转换到物方空间坐标系中。这两个坐标系之间转换需要考虑绕 3 个坐标轴旋转的角度 φ,Ω,κ,3 个平移量 ΔX、ΔY、ΔZ，以及一个缩放比例因子 λ。

另外，由于地面测量坐标系是左手系，而像空间辅助坐标系是右手系，为了使这两个坐标系 X 轴夹角不至于太大，往往采用一个地面摄影测量坐标系作为过渡坐标系，该坐标系与地面测量坐标系之间 X、Y 轴互相对调。因此在绝对定向的时候，先将已知的地面控制点的地面测量坐标系坐标变换为地面摄影测量坐标，然后根据控制点的地面摄影测量坐标完成绝对定向，最后将经绝对定向后的任意模型点的地面摄影测量坐标反变换为地面测量坐标。

假设任一模型点的像空间辅助坐标系中的坐标为(X,Y,Z)，该点的地面摄影测量坐标为(X_{tp},Y_{tp},Z_{tp})，空间相似变换可用下式表示：

$$\begin{bmatrix} X_{\varphi} \\ Y_{\varphi} \\ Z_{\varphi} \end{bmatrix} = \lambda \begin{bmatrix} a_1 & a_1 & a_1 \\ b_1 & b_2 & b_3 \\ c_1 & c_2 & c_3 \end{bmatrix} \begin{bmatrix} X \\ Y \\ Z \end{bmatrix} + \begin{bmatrix} \Delta X \\ \Delta Y \\ \Delta Z \end{bmatrix} \tag{5-15}$$

式中，λ为缩放系数；a_i、b_i、$c_i$$(i=1,2,3)$为角元素$\varphi,\Omega,\kappa$的旋转矩阵的9个参数；$\Delta X$、$\Delta Y$、$\Delta Z$为两个坐标系原点的平移量。

(2) 绝对定向的解算

绝对定向解算实际上是要确定空间相似变换的7个待定参数，至少需要列出7个方程。根据式(5-15)，一个地面控制点可以列出3个方程，那么在航空摄影测量中至少需要2个平面控制点和1个高程控制点。若有多余控制点，便可以通过最小二乘法原理解算出更精确的变换参数。

5.5 解析空中三角测量

解析空中三角测量指的是用摄影测量解析法确定区域内所有影像的外方位元素。在传统摄影测量中，是通过对点位进行测定来实现的，即根据影像上量测的像点坐标及少量控制点的大地坐标，求出未知点的大地坐标，使得每个模型中已知点增加到不少于4个，然后利用这些已知点求解影像的外方位元素，因而解析空中三角测量也称为摄影测量加密。

空中三角测量按平差时所采用的数学模型的不同，可以分为航带法空中三角测量、独立模型法空中三角测量和光束法空中三角测量三种。对于航带法，其所求解的未知数少，计算方便、快速，但是不如光束法和独立模型法严密，因此主要用于为光束法提供初始值和低精度的坐标加密。独立模型法理论较严谨，精度较高，未知数、计算量和计算速度也介于光束法和航带法之间。光束法理论最为严谨，加密成果的精度较高，但是需要求解的未知数多，计算量大，计算速度较慢。

当前，高精度空中三角测量的加密普遍采用光束法区域网平差，低空无人机影像常用的平差方法也属于传统的光束法平差手段。

5.5.1 基本思想

光束法区域网平差是以一张像片组成的一束光线作为平差的基本单元，以中心投影的共线方程作为平差的数学模型，以相邻像片公共交会点坐标相等、控制点的内业坐标与已知的外业坐标相等为条件，列出控制点和加密点的误差方程式，进行全区域统一平差计算，解求出每张像片的外方位元素和加密点的地面坐标，如图5-12所示。

光束法区域网平差主要内容如下：

① 各影像外方位元素和地面点坐标近似值确定。

② 从每幅影像上的控制点和待定点的像点坐标出发按每条光线的共线条件方程列出

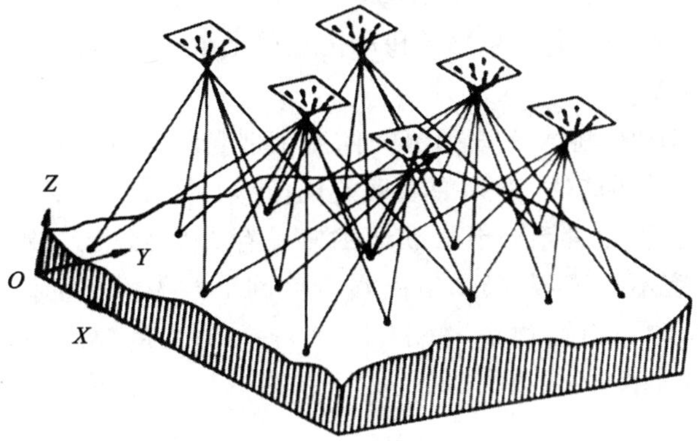

图 5-12　光束法区域网平差示意图

误差方程式。

③ 逐点法化，建立改化法方程，按循环分块的求解方法求解其中的一类未知数，通常是先求得每幅影像的外方位元素。

④ 空间前方交会求得待定点的地面坐标，对于像片公共连接点，取其平均值作为最后成果。

光束法区域网平差以像点坐标作为观测值，理论严谨，但是对原始数据的系统误差十分敏感，只有在较好地预先消除像点坐标系统误差后才能得到理想的加密成果。所以，无人机拍摄的影像，要消除畸变差，消除影像上像点坐标的系统误差。

目前全自动处理的空中三角测量软件一般是利用影像自动匹配出航向和旁向的像点，将全区域中各航带网纳入比例尺统一的坐标系统，拼成一个自由的区域网，然后确立每张像片的外方位元素和地面点坐标的概略位置。最后根据外业的控制点，逐点建立误差方程式和改化法方程式，求解出每张像片的外方位元素和加密点的地面坐标。

5.5.2　误差方程和法方程的建立

同单张影像空间后方交会一样，光束区域网平差以共线条件方程式为基本数学模型，影像坐标观测值是未知数的非线性函数，因此需要经过线性化处理后才能用最小二乘法原理进行计算。同样，线性化过程中需要给未知数提供一套初始值，然后逐渐趋近地求出最佳解。所提供的初始值越接近最佳值，收敛的速度越快。

5.5.3　光束法平差的类型

无人机摄影测量一般搭载 GNSS 系统，记录了影像摄影瞬间初始外方位元素。在基于光束法平差数学模型中按照有无使用 GNSS 数据和野外控制点可以将平差类型分为自由网平差、控制网平差和联合平差。

(1) 自由网平差

自由网平差简单可以理解成所有的匹配点的像点坐标一起进行平差，其中像点坐标为等全观测。其实现过程如下：

① 根据影像匹配能够生成像片外方位元素和地面点坐标的近似值。

② 建立误差方程和改化法方程。

③ 依据最小二乘法准则，解算出每张像片的外方位元素和待定点地面坐标。

④ 根据平差后解算出的外方位元素和待定点的地面坐标，可以反算每一个物点对应的像点坐标，求得像点残差。

⑤ 给定像点残差阈值，将大于该阈值的像点全部删除后继续建立误差方程和改化法方程进行平差解算，以此循环迭代，直到像点残差阈值满足要求。

由于无人机低空摄影测量系统航摄获取的影像存在像幅小、像对多、基线短、旋偏角较大、姿态不稳定、重叠度不规则等问题，所以在自由网平差中阈值的限定要求相应扩大。参照《低空数字航空摄影测量内业规范》(CH/Z 3005—2010)的要求，最大残差应不超过 3/4 个像素，中误差为 2/3 个像素。

(2) 控制网平差

控制网平差是将控制点和匹配点的像点进行平差，但是由于控制网平差中的像点坐标不是观测值，需要对控制点在整个区域网中的权重比进行设置。通过控制网平差计算出外方位元素和待定的地面坐标值，以及对应的控制点地面坐标。

(3) 联合平差

联合平差是结合 GNSS、IMU 数据和控制点数据一起进行平差。在平差的时候需要对 GNSS/IMU 数据和控制点数据分别设置权重。

对于以上 3 种平差方式，目前在实际生产中，自由网平差是整个空中三角测量流程中必不可少的一步，需要对所有的像点进行平差剔除；而对于控制网平差，引入控制点可以明显提高平差精度，应用也较为广泛，但是受实际条件限制；联合平差在无人机摄影测量中通常结合 GNSS 数据进行平差，也可以适当提高精度。

5.5.4 解析空中三角测量的精度分析

解析空中三角测量的任务是解决目标点的空间定位问题，定位精度包括理论精度和实际精度。理论精度是通过将待定点坐标改正数视为随机变量，在最小二乘法平差计算中求出坐标改正数的方差、协方差，以此得到平差精度。实际精度是利用野外控制点作为检查点，将平差计算的该点坐标与野外实测坐标比较，其差值视为真误差，由真误差计算坐标精度。

无人机低空摄影测量中常利用理论精度中的单位权中误差、实际精度中参与平差的控制点中误差和独立检查点的中误差衡量精度。

第 6 章　像片控制点测量

6.1　像片控制点概念与分类

像片控制点(可简称“像控点”),是指符合航测成图的各项要求的测量控制点,是航空摄影空中三角测量和测图的基础,其点位的选择、点的密度和坐标、高程的测定精度直接影响摄影测量数据后处理的精度。

像片控制点分为三种类型:

① 像片平面控制点:野外只需联测平面坐标,简称平面点。

② 像片高程控制点:只需联测高程点,简称高程点。

③ 像片平高控制点:野外需同时测定点的平面坐标和高程,简称平高点。生产中,为了方便确认控制点的性质,一般用 P 代表平面控制点,G 代表高程控制点,N 代表平高控制点,V 代表等外水准点。

插图中以“○”表示平面控制点,“●”表示高程控制点,“◉”表示平高控制点,“ ⊗”表示水准点,“□”表示像主点。

引点及支导线点的编号采用本点编号和点名后加注数字的形式表示。例如“P17-1”中,P17 为本点编号,1 表示引出点的序号。

6.2　无人机航摄像片控制点的布设方案

像片控制测量的布点方案是指根据成图方法和成图精度在像片上确定航外像片控制点的分布、性质、数量等各项内容所提出的布点规则,是体现成图方法和保证成图精度的重要组成部分。

6.2.1　低空无人机与传统航摄的区别

传统航摄像控点布设方式有全野外布点、航线网布点、区域网布点及特殊情况布点,不但要求控制点多,工作量大,而且实施起来比较困难。无人机相比于传统航摄具有机动快速、操作简便、影像分辨率高等特点,在小范围测绘中,信息获取快速,但是在数据处理上又存在以下特点:

① 无人机影像像幅小,航线间距小,影像分辨率高,数据量大,加大内业、外业工作量及数据处理难度。

② 航迹不规则,无人机容易受到气流剧烈变化影响,易导致影像倾角过大,影像倾斜方向不规律;偏离预设航线飞行,造成航向重叠度和旁向重叠度不规则,对连接点的提取和布

设增加了难度，使得影像匹配难度大，精度低。

因此，传统航摄采用的航向3条基线布设一个平高点，航区按四排平高点布设控制点，即在6片重叠区(一个由3条相邻航线×2个相邻像对构成的“块”布设1个平高控制点)布设控制点的方式不适合无人机航测。但无人机航摄按照控制点的布设方案仍然分为全野外布点方案和非全野外布点方案两类。

6.2.2 全野外布点方案

全野外布点是指正射投影作业、内业测图定向和纠正作业所需要的全部控制点均由外业测定的布点方案。这种布点方案精度要求较高，但外业工作量大，只在少数情况下使用。

全野外布点方案按成图方法不同，一般分为综合法全野外布点方案和立测法(全能法)全野外布点方案。综合法全野外布点方案又分为隔片纠正布点法和邻片纠正布点法；全能法全野外布点方案又可以分为单模型和双模型布点形式。

(1) 全野外布点方案使用情况

全野外布点方案常用于特殊要求或特殊地形，或小面积测图，适用于下列情况：

① 航摄像片比例尺较小，而成图比例尺较大，内业加密无法保证成图精度；

② 用图部门对成图精度要求高，采用内业加密不能满足用图部门需求；

③ 用图时间紧迫，而航测外业在人力、物力、时间等方面又具有冲突条件；

④ 由于设备限制，航测内业暂时无法进行加密工作。

(2) 用于像片纠正的布点方案

① 隔片纠正布点：隔号像片的测绘面积的四角各布设一个平面控制点，如图6-1所示。

② 邻片纠正布点：在测绘面积的四角各布设一个高程控制点，如图6-2所示。

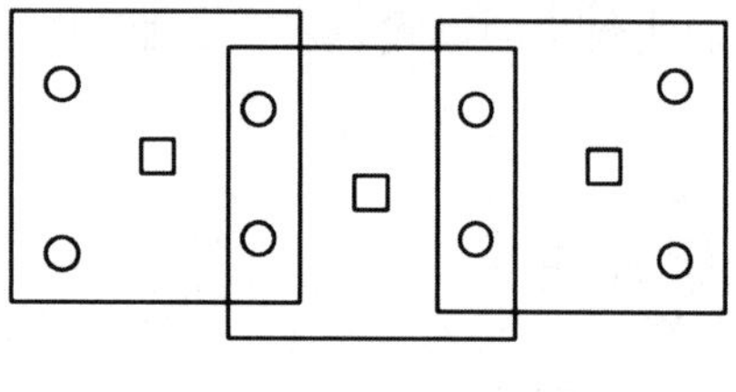

图6-1 隔片纠正布点图

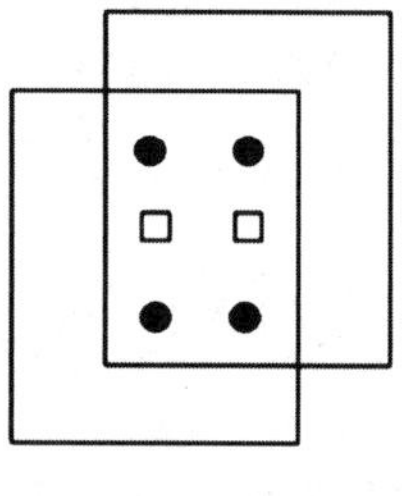

图6-2 邻片纠正布点图

6.2.3 非全野外布点方案

非全野外布点是指正射投影作业、内业测图定向和纠正作业所需的像片控制点主要由内业采用空三加密所得，野外只测定少量的控制点作为内业加密的基础。这种布点方案可以减少大量的野外工作量，提高作业效率，充分利用航空摄影测量的优势，实现数字化、自动化操作，是目前生产部门主要采用的一种布点方案。

采用非全野外布点时，外业只需测定少量的控制点作为内业进行加密的基础，内业在此基础上，通过加密作业可以求得内业测图所需的全部绝对定向点或纠正点的平面位置和高程。因此，作为加密基础的外业控制点必须精度高、位置准确、成果可靠，而且应满足不同加密方法提出的各项要求。

加密是指在控制点稀少而不能满足测图定向和纠正的情况下，内业采用某些仪器和计算手段，通过对立体模型的测量，精确地测定另一部分控制点，以满足测图定向和纠正的需要。目前加密的方法主要是解析空中三角测量，又称为电算加密。

非全野外布点方案通常有航线网布点与区域网布点两种方案。

(1) 航线网布点

航线网布点应满足航线网的绝对定向和航带网变形放正，有六点法与五点法布设形式。

① 六点法：标准布点形式，适用于山地及高山地的测图，如图 6-3 所示。

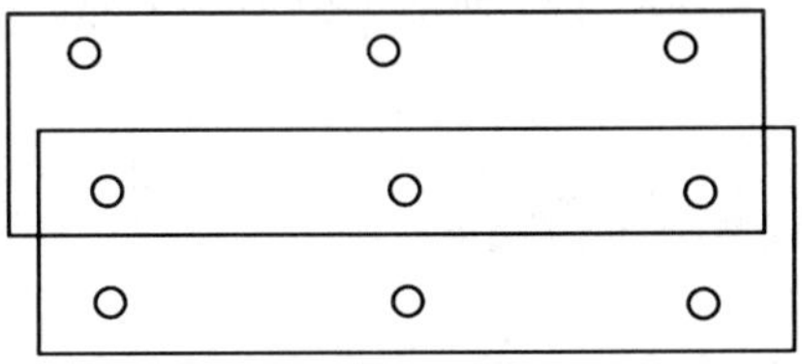

图 6-3　六点法布点图

② 五点法：在航线首末各布设一对平高控制点，而在航线中央只布设 1 个平高控制点，位置可设在像片的上方或下方，如图 6-4 所示。

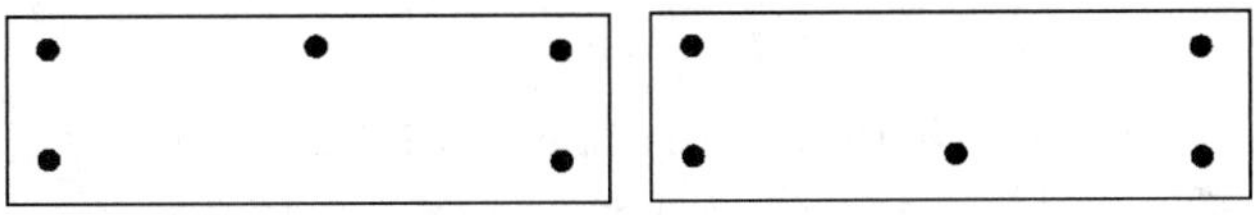

(a)　(b)

图 6-4　五点法布点图

(2) 区域网布点

区域网布点方案一般适用于 1∶500～1∶2 000 大比例尺地形图测绘。

① 当区域网用于加密平面控制点时，可沿周边布设 6 个或 8 个平高控制点，如图 6-5 所示。

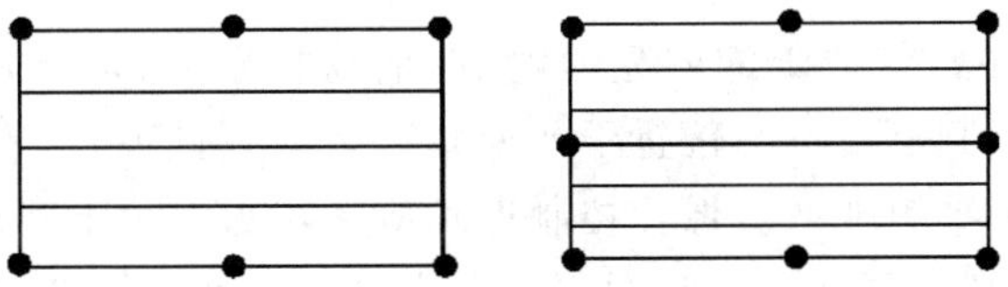

(a)　(b)

图 6-5　区域网布点图

② 当区域网用于加密平高控制点时，采用如图 6-6 所示布点方案。

选择布点方案时主要应考虑地形类别、成图方法和成图精度，但是也要考虑其他方面的实际情况，如航摄比例尺，航摄像片的质量，测区的地形条件，仪器设备及技术条件，以及内业、外业任务的平衡情况等，这样才能选出较好的布点方案。

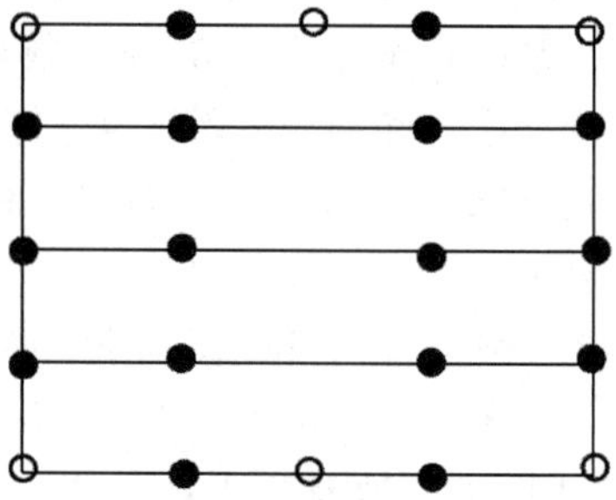

图 6-6 区域网布点图(平高控制点)

6.3 像片控制点测量的流程

随着航空摄影测量在各个测绘应用领域的普及,关于影像像片控制点的测量任务在各生产单位也日趋增加,而像片控制点在航测数字化成图过程中也起到非常重要的作用。像片控制测量的流程如下。

(1) 根据航测区域确定像片控制点

像片控制点的精度和数量直接影响航测数据后处理的精度,所以像片控制点的布设和选择应当尽量规范、严格、精确。

对于不带 RTK 或 PPK(Post-Processing Kinematic,GPS 动态后处理差分)功能的无人机,对像片控制点的要求很高,需要在航带附近布设较密的像片控制点,以保证其相对位置的精确性。而带 RTK、PPK 功能的无人机,对像片控制点的数量要求相对不带该功能的无人机就少很多了,RTK、PPK 功能使得飞机在作业的时候相对位置准确,有 POS 数据来支持其执行任务过程中的可靠性。

(2) 野外布设像片控制点

布设像片控制点之前要做好准备工作,首先要查看航测区域的地质地貌条件,肉眼较好辨别的区域是农田、乡村小道居多,还是公路、水泥路居多,准备油性喷漆、标靶(木板或者硬纸板)。

像片控制点应选在影像清晰的明显地物点、地物拐角点、接近正交的线状地物交点或固定的点状地物上。当刺点目标与位置不能兼顾时,以目标为主。高程点选在局部高程变化较小且点位周围相对平坦地区。像片控制点均应在相邻像片上清晰可见。

如果是带状测区,则需要在带状区域的左右侧布点,可以按照 S 形路线布点。左右侧指航测区域内,并不是没有航线的地方,每一侧的临近点位距离按照 GSD 和实际情况而定。

如图 6-7 所示,一般水泥路、沥青路等乡村公路上,可利用油性喷漆画“L”字形标记,注意“L”字形标记一定要够宽,最起码宽 5 cm,以便内业时可在像片上精确刺点,画完“L”字形标记后在旁边标记点号。

注意,油性喷漆比水溶性喷漆效果好,水溶性喷漆容易被水冲淡,标记的痕迹容易淡化,而导致内业像片看不清楚,所以喷漆选油性较好,且保证喷“L”字足够宽。

测点的时候要测“L”字标记的中间,记得每次做完像片控制点拍 2～4 张不同角度的照

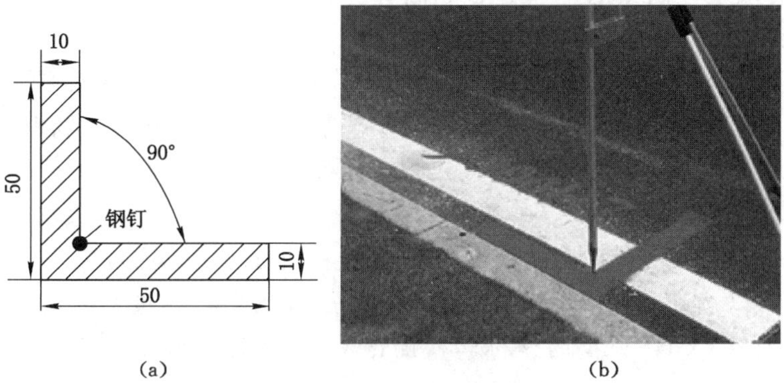

图6-7　喷漆做像片控制点

片,最好有参照物。以便内业处理找点方便。做点的要求如下:

① 做点的地方尽量平坦、水平,不要选在有高差的斜坡上。

② 做点的地方如果有高差,应把点做在高处,如楼房的楼顶角上,因为航拍会产生高楼的阴影角度,不能把楼顶角下的坐标作为像片控制点坐标。

③ 测点的位置要在"L"字与外框的四个交叉角处,而不能测中心位置,以方便刺点。

④ 尽量利用已有的地面标识来作为像片控制点,如斑马线、人行道等在航拍照片上清晰可见的地方。

如图6-8所示,标靶板的效果比手工做的木板的效果要好得多,黑白相间的黑色使得内业刺点的时候更加准确,所以建议用标靶板作为像片控制点。一般在田埂、小路、土质田地上用钉子固定标靶板作为像片控制点,并标上点号。

图6-8　标靶板作为像片控制点

6.4　像片控制点测量

像片控制点测量是指根据像片上内业的布点方案,在实地根据影像的灰度和形状找到并确定像片控制点的位置,测量并记录该点平面坐标及高程。像片控制点测量方法有如下几种:

① 用国家控制网作为像片控制点。

国家控制网又称为基本控制网,即在全国范围内按照统一的方案建立的控制网。它是全国各种比例尺测图的基本控制网。它首先用精密仪器、精确方法测定,然后进行严格的数据处理，最后求定控制点的平面位置和高程。国家控制网具体分为一、二、三、四这四个等级，而且是由高级向低级逐渐加以控制。

控制点也认为是已知点，即已测定高程值的点。控制点分为平面控制点和高程控制点。平面控制点又分为三角点、导线点、GNSS点等多种类型。高程控制点按观测方法可分为水准点和三角高程点，按等级分为一、二、三、四级。

② 采用仪器测量像片控制点。

主要测量仪器有RTK及全站仪。这些仪器精度也是不同的，RTK一般是厘米级精度。而全站仪可以达到毫米级精度。用RTK方法进行测量，通过GNSS进行定位，连接基准站(已知点)或者CORS站实时坐标转换测得像片控制点，可以从任意固定点起算，之后将WGS坐标转换到CGCS2000坐标。

随着GNSS技术的飞速进步和应用普及，它在城市测量中的作用越来越重要。当前，利用多基站网络RTK技术建立的连续运行卫星服务综合系统(CORS)已成为城市GNSS应用的发展热点之一。CORS系统是卫星定位技术、计算机网络技术、数字通信技术等高新科技多方位、深度结合的产物。CORS系统由基准站网、数据处理中心、数据传输系统、定位导航数据播放系统、用户应用系统组成。各基准站与监控分析中心间通过数据传输系统连接成一体，形成专用网络。

③ 使用传统测量方法或通过其他资源获得像片控制点。

到相关测绘地理档案馆查阅已有资料，如1∶1 000地形图，在图上量取固定点做起算也可以，但是此方法精度不高。

第 7 章　无人机外业数据采集

7.1　作业前的准备工作

7.1.1　现场踏勘

现场踏勘能够帮助无人机操作员和测量人员及时地了解航测区域内地形、社会、人文等方面的情况。在现场踏勘过程中,需要完成的主要任务有:

① 掌握航测区域的地形与地貌信息。

② 了解航测区域内高大建(构)筑物、高压线、无线电干扰源等地物的分布、位置及数量。

③ 掌握航测区域周边的重要设备、场所和交通信息。

④ 了解航测区域内与生产和生活有关的各方面情况。

7.1.2　资料收集与分析

7.1.2.1　资料收集

收集航测区域的有关资料,有助于无人机航测方案进行合理的规划和设计,资料的内容主要包括:大地测量资料、地图图纸或图件资料、航摄资料、气象资料以及各种文献资料等。

(1) 大地测量资料,包括:

① 航测区域及周边的基础控制点成果(表)及点之记、布网图、路线图等。

② 必要时,还需收集大地水准面成果等。

③ 其他相关资料(已有像控资料等)。

(2) 地图图纸或图件资料,包括:

① 航测区域内可供设计、调绘及数据采集参考使用的,且与成图比例尺相同或更大比例尺的地形图、数字线划图、数字正射影像图及其他相关的图纸、图件数据等。

② 航测区域内的行政区划图、交通图、水利图、人文环境等各种专题信息资料。

(3) 航摄资料,包括:

① 数字影像数据和位置姿态数据。

② 航测区域的航摄略图,包括航摄分区划分、航线分布、图幅分幅等。

③ 航测区域的影像结合图。

④ 航摄仪的鉴定表。

⑤ 航摄质量的验收报告。

⑥ 其他有关资料。

7.1.2.2 资料分析

结合航测区域的踏勘情况，对收集到的资料进行整理和分析，主要包括：

① 分析控制点的分布、等级、空间基准、精度等，分析利用已有控制点的可能性，并制定利用方案。

② 分析地图资料的覆盖范围、施测年代、施测单位、作业依据、坐标系统和高程基准、比例尺、成果精度等，分析并确定资料的使用方法及可供使用的程度。

③ 对航摄成果验收报告进行分析，分析航摄资料的基本情况，包括航摄单位、航摄时间、航摄比例尺、航高、航线方向、重叠度、航摄分区范围、航测区域覆盖范围、航摄仪参数、航摄资料鉴定结论等，分析利用的可能性和利用方案。

7.1.2.3 影响飞行的环境因素

在进行外业航摄数据采集前，需要依据已知的航测区域资料和相关数据对无人机系统的性能进行评估，分析飞行环境是否能够满足无人机飞行的要求。其中，影响无人机飞行的因素主要包括：

① 海拔。航测区域的海拔应满足无人机的作业要求，无人机飞行的高度应该大于当地的海拔和航高。

② 地形、地貌条件。地形和地貌主要影响无人机航摄影像的质量，对于地面反光强烈的地区，如沙漠、大面积的盐滩、盐碱地等，在正午前后不宜进行航摄。对于陡峭的山区和高密集度的城市地区，为了避免阴影，则应在当地正午前后进行摄影。

③ 风力和风向。地面的风向决定了无人机起飞和降落的方向，空中的风向对飞行平台的稳定性影响很大，尽量在风力较小时进行航测。

④ 电磁和雷电。航空器与地面站之间通过电台传输数据，要保证导航系统及数据通信链路的正常工作，不受干扰。

7.2 无人机航测设计

7.2.1 航测区域范围的确定

根据项目航测区域范围和收集的资料，确定实际采集范围。一般会根据地形特点和建筑物大小及分布情况，实际采集范围需要外扩一个航高，保证最终的成果范围满足项目覆盖范围。

7.2.2 采集设备选择

结合航测区域地形地貌特征、地面分辨率要求和设备性能指标，选择航空摄影所需设备。

(1) 飞行平台选择一般遵循的原则

① 同等条件下优先采用无人机，确有需要时可选用有人机。

② 中心城区、大片建筑区域，优先选用多旋翼无人机。

③ 平原、山区、大面积空地和建筑稀少区域，低地面分辨率采集时优先选择垂起固

定翼。

(2) 倾斜相机的选择应满足的要求

① 各相机的内方位元素和相机畸变参数已精确测定。

② 带有曝光信号反馈装置的无人机，能稳定输出和记录曝光脉冲。

③ 各相机之间的相对位置和姿态关系需要刚性稳定。

7.2.3　航摄分区划分

划分航摄分区应遵循以下原则：

① 分区界线应与航测区域界线一致。

② 地物最高点满足重叠度要求。

③ 地物最低点满足地面分辨率要求。

④ 难以满足重叠度和地面分辨率要求时，应分区摄影。

⑤ 满足分辨率与重叠度要求，且能够确保航线的直线性的情况下，分区的跨度应尽量扩大，能完整覆盖整个摄区。

⑥ 同一垂直影像地面分辨率区域，多个不连续区域之间距离在 1.5 倍航高范围内的，可划分为一个分区。

7.2.4　分区基准面高度确定

依据分区地形起伏、飞行安全条件等确定分区基准面高度，一般应选取分区内低点高程为基准面高度。

7.2.5　航线覆盖要求

摄区、分区按外扩一个航高布设航线。

7.2.6　航线敷设方法

航线敷设应遵循以下原则：

① 航线按摄区范围特征直线敷设。

② 摄影区域有水域时，航线应尽量避免垂直影像的像主点落水。

③ 对于建筑物低矮、稀疏区域，可根据大部分建筑物分布、朝向以及地形敷设。

④ 对于建筑物高大、密集区，宜纵横交叉敷设或加大航向和旁向重叠度。

7.2.7　比例尺与航高的确定

摄影比例尺是指像片上的线段 l 与地面上相应的水平距离 L 的比值。

$$\frac{1}{m}=\frac{l}{L}=\frac{f}{H} \tag{7-1}$$

$$H=\frac{f}{m} \tag{7-2}$$

式中，H 为相对于航测区域平均水平面的高度，即相对航线高度(简称航高)或实际飞行高度；f 为物镜中心到像平面的垂直距离，摄影比例尺的选定取决于测图比例尺，大体与测图比例尺相同。

在做航摄计划时，可根据表 7-1 推算摄影比例尺，再根据选定的相机确定主距 f，由式(7-1)推算航高。

表 7-1 摄影比例尺、相机分辨率、测图比例尺的关系

比例尺类型	摄影比例尺	测图比例尺
大比例尺	1∶2 000～1∶3 500	1∶500
	1∶3 500～1∶7 000	1∶1 000
	1∶7 000～1∶14 000	1∶2 000
中比例尺	1∶14 000～1∶20 000	1∶5 000
	1∶20 000～1∶32 000	1∶10 000
小比例尺	1∶25 000～1∶60 000	1∶25 000
	1∶50 000	1∶50 000

此外，如果把式(7-1)中的 l 看作一个像元大小 a(表示一个像素的长度)，则 L 就是像片的地面分辨率 GSD(也称为地面采样距离)，则式(7-1)也可以写成：

$$\frac{1}{m}=\frac{a}{\mathrm{GSD}}=\frac{f}{H} \tag{7-3}$$

因此，还可以用相机的像元大小和像片分辨率来推算航高：

$$H=f\frac{\mathrm{GSD}}{a} \tag{7-4}$$

以大疆 Phantom 4 RTK 无人机为例，其相机的像元大小 a 为 2.41 μm，相机的主距 f 为 8.8 mm，若需要采集地面分辨率 GSD 为 2.74 cm 的像片，则航高为：

$$H=f\frac{\mathrm{GSD}}{a}=8.8\ \mathrm{mm}\times\frac{2.74\ \mathrm{cm}}{2.41\ \mu\mathrm{m}}\approx 100\ \mathrm{m} \tag{7-5}$$

如果是为了完成测图任务而进行的无人机航测，就需要根据任务设计的地形图比例尺来计算 GSD。这里引入 DPI 的概念。DPI 是每英寸的像素数，在打印地图时，打印机的分辨率通常设置为 300 dpi，那么可推算打印的地图中：

1 英寸＝300 个像素

1 英寸＝2.54 cm

1 像素＝2.54 cm/300≈0.008 467 cm

若地形图的比例尺为 1∶500，则地图上一个像素代表 0.008 467 cm×500≈4.23 cm。4.23 cm 就是 1∶500 地形图所需的 GSD。

以此类推，1∶1 000 地形图的 GSD 为 8.47 cm，1∶2 000 地形图 GSD 为 17.93 cm。

在实际作业中，需要考虑地形图的误差，通常选取 GSD 理论值的 2 倍以保障作业精度，如 1∶500 地形图的作业中，建议选取的 GSD 为 2.12 cm。那么，根据式(7-4)可计算出航高应为 78 m。

通常相机的主距和像元是固定的，因此航高越高，地面的分辨率就会越大。由于航高是相对于航测区域的平均水平面，因此地形的起伏会使不同航摄点上像片的 GSD 会存在差异，也会引起重叠度的变化，造成内业数据处理困难。所以，无人机应按预定行高飞行，其差异一般不得大于 5%，同一航线内摄影站的行高差异不得大于 50 m。如果航测区域范围内地形起伏很大，应考虑采用变高飞行的作业方法或对航测区域进行分割。

这里需要注意，如果无人机起飞点的高程与航测区域平均高程不同，就会引起实际飞

行高度(航高)与设计航高不一致,如果差别过大,会对航测结果产生重大影响。所以,这里引入任务相对高度的概念,任务相对高度是以起飞点为基准,无人机飞行的航线对于起飞点的高度。假如,某次航测任务中设计航高为 100 m,而起降点选择在航测区域中某一高楼楼顶,大楼的高度为 35 m,则相对任务高度就是 75 m,表示从起飞点上升 75 m 就可以到达相对于整个航测区域 100 m 的航线高度。

7.2.8　飞行速度

飞行速度的设置应符合航向重叠度、最小曝光间隔、相机快门速度和飞行安全的要求,不宜设置为飞行器标称最大速度。

飞行速度决定了采集的效率,但是飞行速度受相机成像时间间隔的限制,例如大疆 Phantom 4 RTK 无人机相机的成像的最小间隔为 2.5 s,在飞行高度为 100 m、重叠度为 90%的情况下,经过软件计算,无人机飞行的最大速度为 3 m/s。除了相机成像时间间隔,最大飞行速度还会受到航高影响,航高越高,相邻两个摄像点的间距(距离)越大,在成像间隔(时间)不变的情况下,就需要无人机以更快的速度移动。

7.2.9　航测时间的选择

航摄时间的选择应遵循以下原则:

① 选择最有利的气象条件,避开风、雨、雪、雾等影响安全飞行和数据质量的天气。

② 航摄时间根据太阳高度角和阴影倍数确定。

③ 沙漠、戈壁、森林、草地、大面积的盐滩、盐碱地,在当地正午前后各 2 h 内不应摄影。

④ 陡峭山区和高层建筑物密集的大城市应在当地正午前后各 1 h 内摄影,条件允许时可实施云下摄影。

7.3　飞行质量要求

7.3.1　航线设计的基本要求

① 垂直影像倾角一般不大于 6°,最大应不大于 10°。

② 垂直影像旋角一般不大于 25°,在确保影像航向和旁向重叠度满足要求的前提下最大不应大于 35°。

③ 航向重叠度不应低于 60%,旁向重叠度不应低于 40%。

④ 航线弯曲度不应大于 1%,当航线长度小于 5 000 m 时,航线弯曲度最大不大于 3%。

⑤ 航高保持同一航线上相邻像片的航高差不应大于 30 m,最大航高与最小航高之差不应大于 50 m,实际航高与设计航高之差不应大于 50 m。

⑥ 摄区、分区覆盖保证应符合航摄设计要求。

⑦ 各项飞行记录完整、齐全。

7.3.2　影像质量要求

① 像片重叠度、倾角、旋角、摄区边界等符合设计要求。

② 影像色彩饱和度适中,层次丰富,反差适中,清晰度高。

③ 影像曝光适当，无明显云雾、云影、烟、大面积反光、物点等缺陷。虽然存在少量缺陷，但应不影响模型重建和测绘。

④ 影像像素分辨率正确。

7.3.3 航摄成果的补摄要求

① 航摄影像出现绝对漏洞、相对漏洞及其他严重缺陷时必须及时补摄。

② 漏洞补摄必须满足项目要求。

③ 应采用前一次航摄飞行的同型号倾斜数字航摄仪补摄。

④ 补摄航线的两端应至少超出漏洞外一条基线。

7.4 无人机航测任务规划

7.4.1 无人机航测任务规划概述

无人机航测任务规划是依据地形和执行任务的环境，结合无人机的性能、到达时间、耗能、飞行区域等约束条件，规划出一条或多条自出发点到目标点最优或次优的航迹，保证无人机能够完成飞行任务，安全地返回起降点。

任务规划可以分为 2 个部分。首先是飞行空域规划，根据既定任务，结合环境限制与飞行约束条件，整体上制定出最优参考路径；其次是飞行过程中的规划，根据飞行过程中遇到的突发状况，如地形损耗气候变化、未知因素等，局部动态调整飞行路径或改变动作任务。

下面以大疆 Phantom 4 RTK 无人机为例，详细介绍无人机任务规划的方法和过程。

7.4.2 无人机航测任务规划软件

DJI GS RTK App 是大疆专门为测绘航拍开发的用于规划作业区域及航线、设置各项参数、实时查看飞行器作业状态的一款软件，应用在大疆 Phantom 4 RTK 无人机上，软件集成在无人机遥控器中，无需单独下载安装。

7.4.2.1 主界面

图 7-1 是 DJI GS RTK App 的主界面。

图 7-1　DJI GS RTK App 的主界面

（1）规划|飞行

点击“规划”，可选择摄影测量或航点飞行的作业类型，然后进入规划界面，进行规划。

点击“飞行”，进入相机界面或地图界面，可查看飞行器状态、设置参数，调用并执行作业。

(2) 飞行器连接状态

○显示是否连接飞行器。

(3) 菜单

点击“≡”可以打开菜单，执行任务管理，查看用户信息、飞行器信息，设置通用参数等。

:任务管理，在此查看作业进度、已规划的作业及导入的 KML 文件。

:用户信息，在此查看已登录账户的用户信息。

:飞行器信息，在此查看已连接的飞行器信息。

:通用设置，点击打开通用设置菜单，可进行参数单位设置、网络诊断、Android 系统设置等。

7.4.2.2　规划界面

在 App 主界面上点击“规划”，在选择规划方式后进入任务规划界面，如图 7-2 所示。

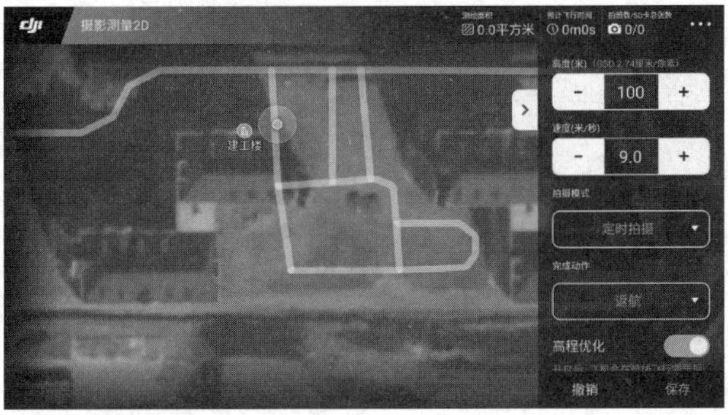

图 7-2　任务规划界面

(1) 主界面

dji:轻触此按键，返回主界面。

(2) 作业类型

:显示当前进行规划的作业类型。

(3) 规划信息

显示当前所规划的作业区域面积、预计飞行时间以及拍照数。

(4) 更多设置

•••:点击打开设置菜单，可设置飞行器各部分及遥控器相关参数。详见相机界面介绍。

(5) 定位

:点击可使当前地图显示以当前遥控器位置为中心。

(6) 地图模式

:点击可切换地图模式为标准、卫星或夜晚。

(7) 作业参数设置

点击地图添加作业区域边界点后会显示参数设置列表。

① 飞行高度：执行作业时飞行器的飞行高度。

② 飞行速度：执行作业时飞行器的飞行速度。用户所设的飞行速度将无法超过飞行速度上方显示的最大速度。此最大速度为 App 根据当前作业参数计算出能够满足拍照要求的最大飞行速度。

③ 任务相对高度：设置起飞点相对于拍摄场景的高度。实际作业高度则为飞行高度与任务相对高度之差。务必正确设置相对高度值，否则将影响重叠度，从而影响作业效果。

④ 完成动作：完成作业后飞行器的动作，可选择返航、悬停、降落、返回第一个航点等。

⑤ 相机设置：包含照片比例、白平衡、测光模式、云台角度、快门优先及畸变修正。测光模式默认为平均测光模式，以更加符合测绘应用场景的需求。若开启畸变修正，由于经过处理，所拍摄的像片质量可能低于未开启畸变修正时的图片质量。建议需要使用原片进行后处理时，关闭此选项。

⑥ 重叠度设置：包含旁向重叠度、航向重叠度及边距设置，边距设置是航线的最外侧航线与规划的航测区域边界线之间的水平距离。若规划的航测区域边界没有外扩，则航线外扩的边距可以设置为 0.5 倍航高的距离。若航测区域边界已经外扩，可选择自动设置。

（8）地图缩放

⬍：点击显示滑块，滑动可放大或缩小地图显示，或者用两只手指同时在屏幕地图界面上向外（放大）或向内（缩小）划动。

（9）航线方向

⊙：添加区域边界点并设置参数后系统将自动生成航线。此时点击此图标并拖动可调整已生成航线的方向，点击图标后可在弹出的菜单中进行微调。

以上说明以摄影测量为例，其余作业类型例如仿地飞行、大区分割等，其界面元素与摄影测量类似。对于摄影测量 3D（五向飞行），地图上还将显示数字 1.5，点击可预览各个航线。1 表示正射航线，2.5 表示四个方向的倾斜航线。

7.4.2.3 相机界面

在 App 主界面上点击“飞行”后进入相机界面，如图 7-3 所示。轻触左下角的缩略图，可以切换相机窗口与地图窗口。

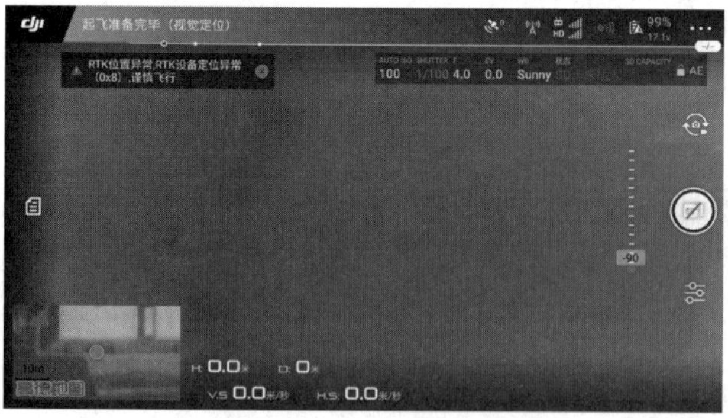

图 7-3 相机界面

（1）主界面

dji：轻触此按键，返回主界面。

（2）飞行器状态提示栏

：显示飞行器的飞行模式和各种警示信息。

(3) 智能飞行电池电量

：实时显示当前智能飞行电池剩余电量及可飞行时间。电池电量进度条上的不同颜色区间表示不同的电量状态。当电量低于报警阈值时，电池图标变成红色，提醒您尽快降落飞行器并更换电池。

(4) RTK/GNSS信号强度

：若开启RTK且RTK正常工作，则显示此图标。右上角为获取的卫星数。下方为RTK状态，共有2种：FIX表示差分数据解算完成，飞行器可以使用RTK定位，仅在此状态下飞行器方可起飞；FLOAT表示正在解算差分数据，需等待显示为FIX。

：若RTK未工作，则显示此图标，表示当前获取的GNSS卫星数及信号强度。

(5) RTK数据源状态

使用RTK功能时显示此图标。配合网络RTK服务或D.RTK 2移动站使用时的显示会有所不同。

：使用网络RTK服务时的RTK信号强度。

：与网络RTK服务器的连接异常。

：使用D.RTK 2移动站时的RTK信号强度。

：与D.RTK 2移动站的连接异常。

(6) 遥控及图传链路信号强度

：显示遥控器与飞行器之间遥控及图传信号的强度。

(7) 障碍物感知功能状态

：用于显示障碍物感知功能是否正常工作。

(8) 相机参数

显示相机当前拍照/录像参数及剩余可拍摄容量。

(9) 电池设置按键

99%：实时显示当前智能飞行电池剩余电量。点击进入设置菜单。

(10) 更多设置

点击“•••”打开设置菜单，可设置飞行器各部分及遥控器相关参数。

•••：飞行器参数设置，主要包括返航点设置、返航高度、高度限制、距离限制及高级设置。

RTK：RTK设置，主要包括RTK功能开关、RTK服务类型及对应的参数设置。

：感知设置，主要包括启用视觉避障系统、显示雷达图及视觉高级设置。

：遥控器设置，主要包括遥控器校准、摇杆模式及对频。

HD：图传设置，主要包括信道模式和扫频图。

：智能飞行电池设置，可设置低电量报警阈值，查看电池信息。当飞行时发生电池放电电流过高、放电短路、放电温度过高、放电温度过低、电芯损坏异常情况时，界面会实时提示。

：云台设置，主要包括云台模式、高级设置、水平微调及云台自动校准。

•••：通用设置，主要包括地图设置、航线显示及查找飞行器。

(11) 自动曝光锁定

AE:点击按键可锁定当前曝光值。

(12) 拍照/录影切换按键

:点击该按键可切换拍照或录影模式。

(13) 拍照/录影按键

/:点击该按键可触发相机拍照或开始/停止录影,录影时按钮下方会显示时间码表示当前录影的时间长度。按下遥控器上的拍照/录影按键也可进行拍照/录影。

(14) 作业进度

:显示摄影测量作业进度百分比及拍照张数。

(15) 拍摄参数按键

:点击该按键可设置拍照与录影的各项参数。例如相机的ISO、快门、曝光补偿参数,以及录影的视频字幕(OSD信息)、连续自动对焦(手动飞行拍照时有效)等参数。

(16) 任务控制按键

显示不同阶段控制任务的按键,主要包括调用、执行、暂停或结束任务等。

(17) 飞行状态参数

H:飞行器与返航点垂直方向的距离。

D:飞行器与返航点水平方向的距离。

V.S:飞行器垂直方向的飞行速度。

H.S:飞行器水平方向的飞行速度。

(18) 地图缩略图标

点击该图标快速切换至地图界面。地图界面的图标,与规划界面功能相同。

(19) 作业列表

:点击可查看已规划的作业区域、进行中的作业及导入KML文件。在顶部下拉菜单中点击规划或进行中的作业,可调用作业;点击KML文件可查看和编辑文件中的数据,并使用该数据规划摄影测量的作业区域。

(20) 障碍物提示

若开启避障功能,则显示检测到的障碍物信息。前方障碍物信息将显示在屏幕上部,后方障碍物信息将显示在屏幕下部。红色、橙色、黄色、绿色依次指示由近到远的障碍物,数值表示最近处的障碍物与飞行器的相对距离。

7.4.2.4 航测任务规划

(1) 任务类型

在主界面点击"规划",弹出规划方式界面(图7-4),选择航线类型。

① 摄影测量2D。用于规划正射摄影的航线,默认情况下云台为$-90°$(竖直向下)。

② 摄影测量3D(井字飞行)。用于规划倾斜摄影的航线,航线为两条在平面上相互垂直的航线(云台角度默认为$-60°$)。

③ 航带飞行。用于规划带状区域或沿河流、道路、输电/通信线路进行航测的任务规划,以中心线向两侧可设置左右外扩距离和带状长度的切割距离,默认情况下云台为$-90°$(竖直向下)。

④ 摄影测量3D(五向飞行)。用于规划倾斜摄影的航线,航线为一条正射摄影(云台角

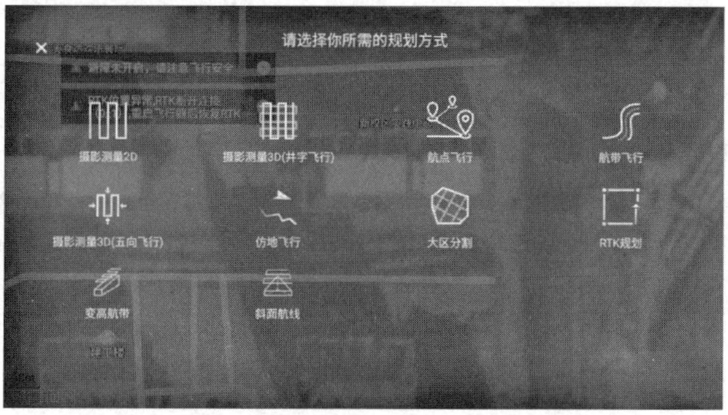

图 7-4　选择任务类型界面

度默认为−90°)的航线和 4 条倾斜摄影(云台默认为−60°)的航线,正射航线和倾斜航线的重叠度可以分别设置,航摄数据的效果与五镜头相机形似。

⑤ 仿地飞行。地形起伏会引起地面分辨率的波动,仿地飞行就是在任务规划时,导入事先生成的数字地面模型(DSM)数据文件,在任务规划时加入地形因素,使无人机相对于地面的高度始终与航高相差很小,从而使航摄影像的地面分辨率保持一致。导入的数字地面模型(DSM)可以通过正射采集与快速建模来生成。

⑥ 大区分割。大疆 Phantom 4 RTK 无人机的电池续航能力有限,当航测区域的面积较大时,无人机与起降点的距离较远,因此作业过程中大量能量将消耗在长距离的起降过程中,降低了无人机的作业效率,若按照一定的角度和边长对航测区域进行分割后使每个分区面积都很小,在每个航测区域范围内选择适合的起降场地或采用多架飞机同时作业,就会提高作业效率。

(2) 摄影测量 2D/3D 任务规划

① 手动绘制任务范围。以摄影测量 2D 为例,点击摄影测量 2D 的图标后,进入规划界面。

a. 增加航点(航测区域边界点):可以在地图界面中点击一次,可增加 1 个航点,当标记出 3 个以上航点后,软件会根据任务参数自动生成默认航线。

b. 调整航点位置:按住航点并拖动,可以调整边界点的位置,航测区域的形状及航线会随之发生改变。点击一下航点,会弹出航点微调的界面,如图 7-5 所示。点击上、下、左、右的箭头图标,可按 0.5 m 的距离调整航点位置,点击中间的撤销图标,可取消微调操作的结果,点击“上一个”或“下一个”,可切换微调的航点,点击“取消”或者地图空白处则退出航点微调界面且微调操作不执行,点击“确定”则保存微调结果并退出航点微调的界面。

c. 删除航点:双击航点或者在旁点微调界面中点击“🗑”,则可以删除该航点。

d. 调整航线方向:按住“⊙”后,任意转动航线方向;或者

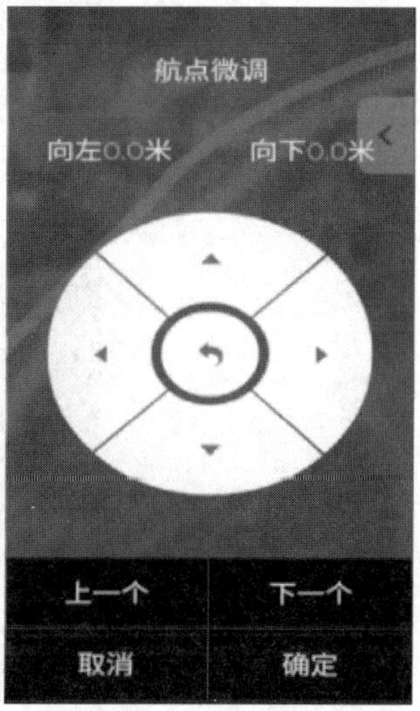

图 7-5　航点微调

点击“⊙”弹出调整航向界面，点击“＋”或“－”，可调整 1°的基本角度精确调整航线方向。航线方向应尽量与航测区域的整体走向一致，也可以根据预估的飞行时间来调整。

任务范围设置完成后，在规划界面的状态栏上会自动显示测绘面积、预计飞行时间和拍照数量/SD 卡总张数信息，如图 7-6 所示。

图 7-6　任务规划后的航线任务信息

② 导入航测任务范围 KML 数据文件的任务规划。在一些实际生产项目中，航测区域范围已经提前在其他电子地图软件（如奥维地图、水经注微图等）中进行了设计，航点的位置精度远高于手动绘制。因此，可以将航测区域范围转为 KML 格式的文件导入 DJI GS RTK App 软件。具体的操作流程如下：

a. 拷贝数据。在遥控器内存卡内的 DJI 目录下建立以 KML 命名的子文件夹。将航测任务范围的 KML 数据拷贝到相应的 KML 文件夹目录下。

b. 导入数据。将内存卡插回遥控器，点击主界面上的“≡”打开菜单，点击左下角的“⚲”，从 KML 文中选中航测任务范围的 KML 数据并导入数据。

c. 调用 KML。点击“▤”，在 KML 文件中选择导入的航测任务范围名称，点击查看。界面跳转至地图界面并展示任务范围，如图 7-7 所示，点击编辑命令，选择任务类型（测量方式）后如图 7-8 所示，进入任务参数设置。

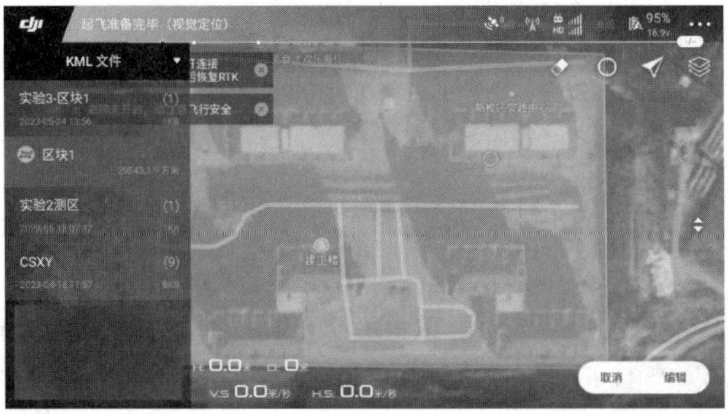

图 7-7　导入 KML 文件

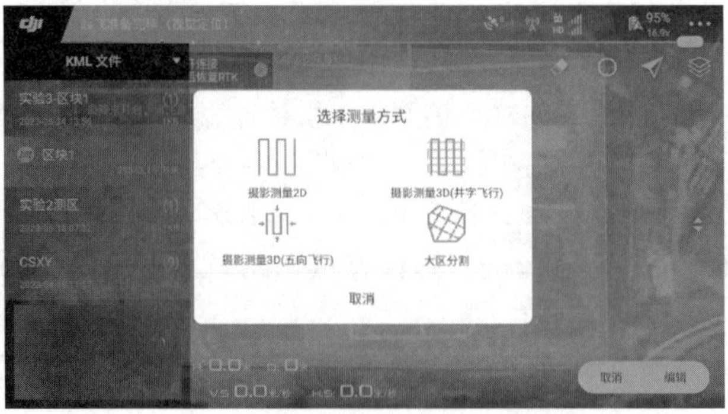

图 7-8　选择任务类型

③ 任务参数设置。绘制或导入航测区域后，在航线编辑状态下点击界面右侧的“<”图标，可以弹出任务参数设置窗口，操作者可以完成对航线参数的编辑和修改。

a. 设置航高。DJI GS RTK App 可以根据航高变化自动计算出地面分辨率，因此操作者可根据航测技术方案中地面分辨率的要求来设置航高，通过高度上的“＋”“－”或点击高度值输入具体数字的方式来修改航高，如图 7-9 所示。

图 7-9　设置航线高度

b. 设置飞行速度。DJI GS RTK App 默认的飞行速度为 7.9 m/s，同时软件会根据航线高度和航向重叠度，自动计算最大飞行速度，实际速度情况可根据作业时的天气情况进行调整，无风或风速较小的情况下实际飞行速度可设置为接近最大飞行速度，当风速较大时飞行速度应略低。这里需注意，地面的风速与空中的风速并不完全一样，有时地面的风速很小，但是高空中的风速却很大，因此作业前务必要掌握航测区域的天气状况。通过速度上的“＋”“－”或点击速度值输入具体数字的方式来修改飞行速度，如图 7-10 所示。

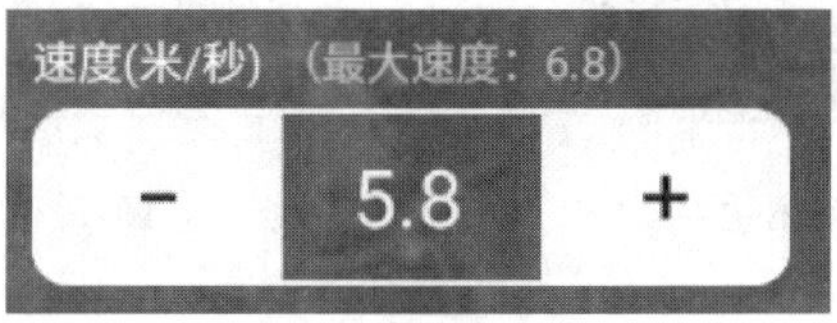

图 7-10　设置航线速度

c. 设置拍摄模式。DJI GS RTK App 提供了两种拍摄模式，分别是定时拍摄与定距拍摄，定时拍摄就是行器经过一定的时间间隔就拍摄一张像片，即固定时间拍摄；而定距拍摄就是飞行器经过一定的飞行距离拍摄一张像片，即固定距离拍摄。一般情况下默认为定时拍摄。点击“▼”可以调整拍摄模式，如图 7-11 所示。

d. 设置完成动作。完成动作是指飞行器在作业完成后下一步所需要执行的任务，点击“▼”可以调整完成动作，如图 7-12 所示。DJI GS RTK App 中有四种完成动作：

图 7-11　设置拍摄模式

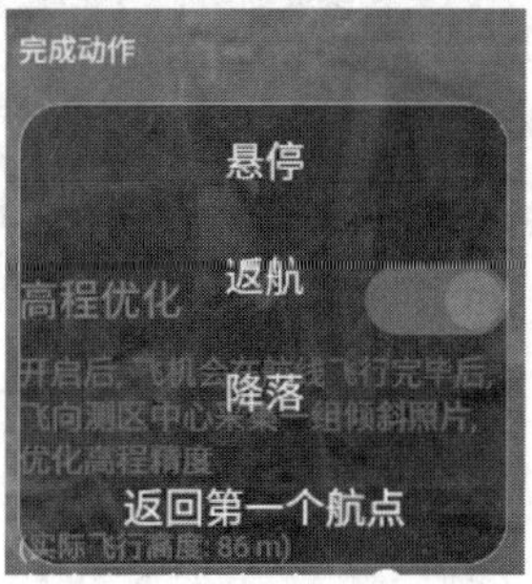

图 7-12　返航动作设置

·悬停：飞行器在作业完成后，会悬停在任务结束点上，等待操作员的下一步指令。

·返航：飞行器在作业完成后，会根据返航点位置和返航高度设置，自动执行返航命令，返回到降落点上。

·降落：飞行器在作业完成后，会在任务结束点上开始下降，直至降落到地面。

·返回第一个航点：飞行器在作业完成后返回到航线的第一个任务点上悬停，等待操作员的下一步指令。

为了作业安全起见，一般会设置完成动作为“返航”。

e. 设置高程优化。高程优化是大疆无人机摄影测量2D航向规划的特有功能，在开启高程优化后，无人机会在航线飞行完成后飞向测序中心采集一组倾斜照片，用于内业数据处理时优化高程精度。点击“”可以开启或关闭高程优化功能，如图7-13所示。

f. 设置任务相对高度。

任务相对高度默认为0 m，如起飞点高差较大（位于楼顶、山顶等），可求出起飞点与航测区域平均高程之间的高差，进而求出航高相对于起点的任务相对高度。通过任务相对高度上的“＋”、“－”或点击高度值输入具体数字的方式来修改飞行速度，如图7-14所示。

图7-13 设置高程优化

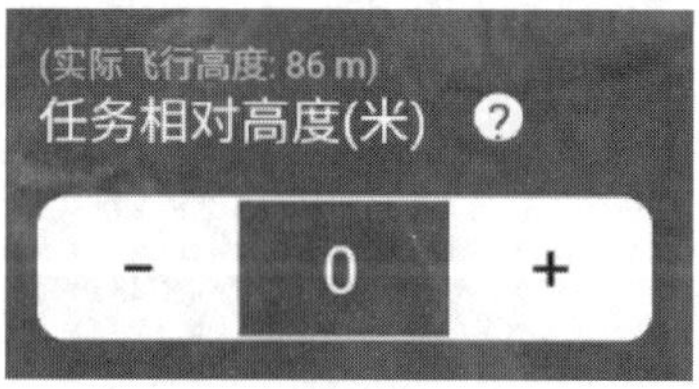

图7-14 设置任务相对高度

g. 相机设置。

·照片比例：DJI GS RTK App中，照片长宽比设置值包括4∶3或3∶2，一般情况下航测作业选择4∶3的长宽比，点击“▼”可切换设置，如图7-15所示。

·白平衡：根据航测作业当天的天气和航测区域地理环境，选择晴天、阴天、水面、农田四种不同的模式，点击“▼”可切换设置，如图7-16所示。

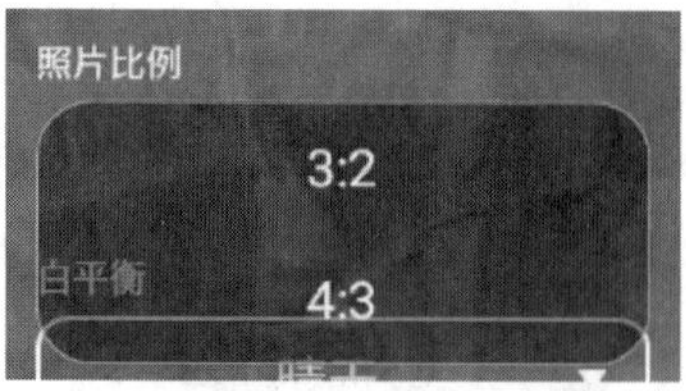

图7-15 设置照片比例

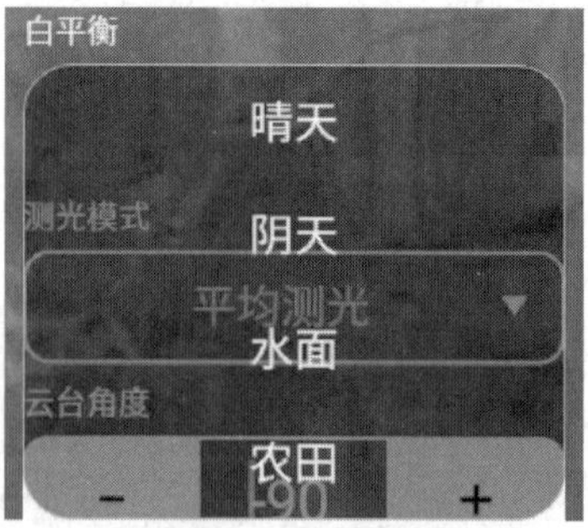

图7-16 白平衡设置

·测光模式：包括平均测光和中央测光，默认选择平均测光，能够使像片的色彩和亮度更均匀，点击“▼”可切换设置，如图7-17所示。

图 7-17　测光模式设置

· 云台角度：摄影测量 2D 任务模式下，云台角度注意保证为－90°；在摄影测量 3D 任务模式下，针对不同的建筑物高度、密度，可以调整云台角度，以提升最终效果。如果建筑物相对于飞行高度和建筑物密度较低时，建议倾斜航线的云台角度值为－60°。如果建筑物高度较高且比较密集，可适当减小云台角度，比如可设置为－50°。通过云台角度上的“＋”、“－”或点击角度值输入具体数字的方式来修改云台角度，如图 7-18 所示。

图 7-18　云台角度设置

· 快门优先：无人机航测过程中，飞行器在快速移动，会产生运动模糊，使拍摄物体模糊变形。所以在能保证曝光的前提下，可采用快门优先模式，减少运动模糊。设置的快门要快于安全快门值，才能保证较小的运动模糊。这里的运动模糊的数值等于快门时间乘以飞行速度。要保证较好的精度，一般情况下运动模糊要小于 0.5 倍 GSD。以大疆 Phantom 4 RTK 无人机为例，飞行高度为 100 m 时，GSD 为 2.74 cm，若飞行速度为 7 m/s，安全快门时间应短于 1/510 s，此时可设置为 1/640 s 以上的快门值，保证较好的拍摄精度。具体的快门设置参考表 7-2。点击“”，可以开启或关闭快门优先功能，开启后点击“▼”可切换快门的设置，如图 7-19 所示。

表 7-2　不同航高、飞行速度下安全快门时间与快门设置

重叠度	航高/m	飞行速度/(m/s)	安全快门时间/s	快门设置
旁向:70% 航向:80%	50	3	1/438	500
	100	7	1/511	640
	150	11	1/536	640
	200	13	1/475	500
	250	13	1/380	400
	300	13	1/633	400
	350	13	1/814	320
	400	13	1/712	240

· 畸变修正：作业时，为了保证像片质量，便于后期的数据处理，关闭畸变纠正功能，以

图 7-19　快门设置

提高精度。点击“”，可以开启或关闭畸变修正功能，如图 7-20 所示。

图 7-20　畸变修正设置

h. 重叠度设置。

重叠度设置不合理，可能导致内业处理失败，并且需要补拍。对于大多数情况下的摄影测量 2D 像片采集，推荐旁向重叠度 70%，航向重叠度 80%；摄影测量 3D(井字飞行)推荐旁向重叠度为 80%，航向重叠度为 80%；摄影测量 3D(五向飞行)推荐正射航线的航向重叠度为 80%，正射航线的航向重叠度为 80%，斜射航线的旁向重叠度为 50%，斜射航线的航向重叠度为 60%。

需要注意，根据地形调整重叠，相机应尽可能保持在地形、地物上的恒定高度以确保所需的地面分辨率 GSD。若航测区域的高差较大，应增大重叠度以保证建模效果。以大疆 Phantom 4 RTK 无人机为例，如果重叠度 P 在 75%以下，要保证高差不超过 $(2P-1)\cdot H$；如果重叠度在 75%以上，要保证高差不超过 $0.5H$。以作业高度 100 m 为例，重叠度为 70%，则高差不超过(2×70%－1)×100 m，即 40 m，重叠度为 80%则高差不超过 50 m。以上的数据为极限值，作业时不能超过上述数值。也可以利用无人机对航测区域进行正射数据采集，通过快速成图的方法生成航测区域的 DSM 数据，再将 DSM 数据导入 DJI GS RTK App 软件，执行仿地飞行作业。

通过重叠度上的“＋”、“－”或点击重叠度数值输入具体数字的方式来修改重叠度，如图 7-21 所示。

边距在默认情况下可按照自动设置，或点击“▼”切换手动设置，通过边距上的“＋”、“－”或点击边距值输入具体数字的方式来修改重叠度，如图 7-22 所示。

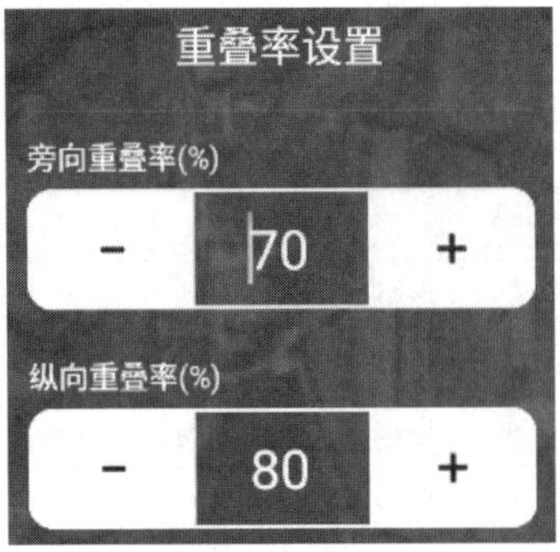

图 7-21　重叠度设置

图 7-22　航线边距设置

h. 保存任务规划。

点击“保存”，输入任务规划作业的名称后任务规划完成，如图 7-23 所示。

图 7-23　保存任务规划作业

④ 摄影测量 3D 与摄影测量 2D 的任务规划区别。

a. 选择摄影测量 3D(井字飞行)的任务规划，与摄影测量 2D 相比较，有两点不同：一是，摄影测量 3D(井字飞行)任务模式中没有高程优化的功能开关；二是，摄影测量 3D(井字飞行)任务模式中默认情况下摄影测量 3D(井字航线)的斜射云台角度设置为－60°。

b. 选择摄影测量 3D(五向飞行)的任务规划，与摄影测量 2D 相比较，有三点不同：一是摄影测量 3D(五向飞行)任务模式中没有高程优化的功能开关；二是摄影测量 3D(五向飞行)任务模式中默认情况下摄影测量 3D(井字航线)的斜射云台角度设置为－60°；三是摄影测量 3D(五向飞行)任务模式中可以为正射航线和倾斜航线分别设置航高、飞行速度、重叠度。

(3) 航带飞行任务规划

① 手动绘制航带。

如图 7-24 所示，可以在地图界面中点击一次，可增加一个航点(航带中心线上的拐点)，当标记出 2 个以上航点后，软件会根据任务参数以航带中心线为轴，自动生成左右外扩的航测区域。在弹出的航带设置界面中可以修改左右外扩的距离以及航带切割距离。航带切割的默认长度为 2 km，当规划的航带中心线长度大于分割长度时，航带将会自动分割成 2 个甚至是多个航带，便于提高航测的作业效率。

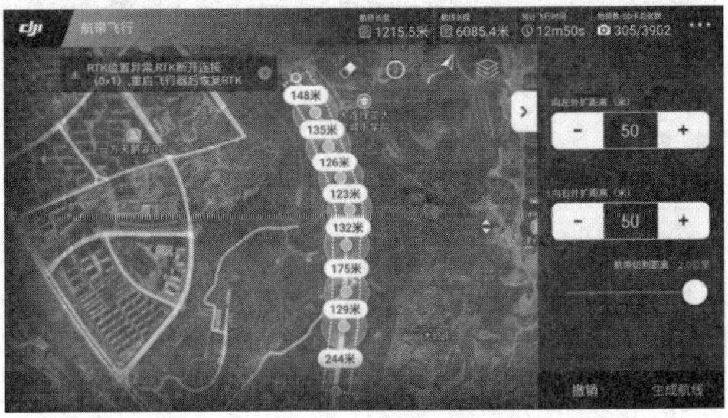

图 7-24　绘制航带

航带飞行的任务规划模式下，只能用双击航点的方式来删除航点，无法调整航点的位置。

② 任务参数设置。

航带设置完成后，点击“生成航线”。进入航带飞行的任务参数设置界面，如图 7-25 所示。航带飞行任务规划的模式下，参数设置与摄影测量 2D 基本形同，增加的功能包括：

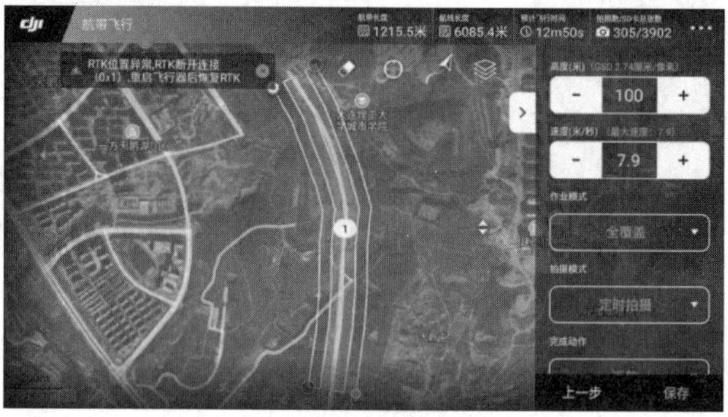

图 7-25　航带任务参数设置

a. 作业模式设置：包括全覆盖模式和高效率模式，默认为全覆盖模式，数据精度和建模、成图的效果更好。

b. 航线包含中心线设置：开启该功能时，有一条航线与中心线的轨迹重合；关闭该功能时，航带被视为一个狭长的航测区域生成航线。

点击“保存”，输入任务规划作业的名称后，任务规划完成，如图 7-26 所示。

图 7-26　生成航带任务的航线

(4) 仿地飞行任务规划

① 仿地飞行数据准备。

仿地飞行需要准备的数据包括数字地面模型数据(DSM)和任务范围线数据(KML)。

a. 数据拷贝。在遥控器内存卡内的 DJI 目录下分别建立以 DSM 和 KML 命名的两个子文件夹。将 KML 数据拷贝到相应的 KML 文件夹目录下。在 DSM 文件夹下再建立一个子文件夹，将 DSM 数据拷贝进去。

b. 导入数据。将内存卡插回遥控器，点击“≡”可以打开菜单，点击左下角的“▯”，分别从 KML 文件导入飞行范围，从 DSM 文件导入 DSM 数据。

c. 打开仿地飞行任务规划。返回主界面，点击左下角“规划”，在任务方式界面选择“仿地飞行”，进入仿地飞行的任务规划界面，如图 7-27 所示。

图 7-27　仿地飞行任务规划界面

d. 选择 DSM 数据文件。在仿地飞行任务规划的界面右侧，选择之前导入的 DSM 数据文件，然后点击规划航点，进入航点规划界面。点击屏幕上的“DSM”，在弹出的 DSM 文件(面)的界面中选择对应的 DSM 数据。

e. 仿地飞行的任务参数设置。仿地飞行的任务参数设置与摄影测量 2D 基本一致，多了仿地精细度功能设置，默认为 10 m。注意，仿地飞行任务模式中，飞行高度为飞机相对于 DEM 模型的高度，考虑到航测区域内植被、高压线、通信塔等障碍物，仿地精细度不能设置过低，要把航飞安全放在第一位，建议结合航飞效率来设置。

任务参数设置完成后保存任务即可。

(5) 大区分割任务规划

大区分割任务可以采用手动绘制任务范围，也可以从 KML 文件导入范围，方法与摄影测量 2D 方式相同，不再赘述。任务范围绘制完成后，可对任务区域进行划分，并能够调节分割面积(分割面积在 0.2～1 km^2 之间)及分割角度，如图 7-28 所示。自动分割完成后，可以对子任务进行合并或拆分。同时选中相连的几个子块，点击“合并选中地块”进行合并；选中已被自动合并或者手动合并的子块，点击“拆分选中地块”对已合并区域进行拆分通过对子任务的合并或拆分，满足实际飞行需求，如图 7-29 所示。

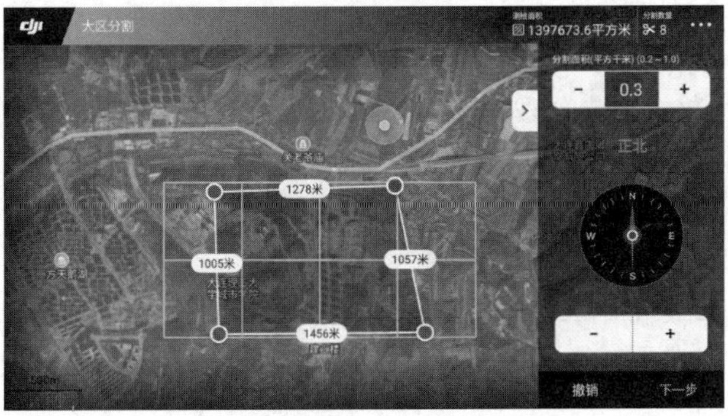

图 7-28　大区分割任务规划界面

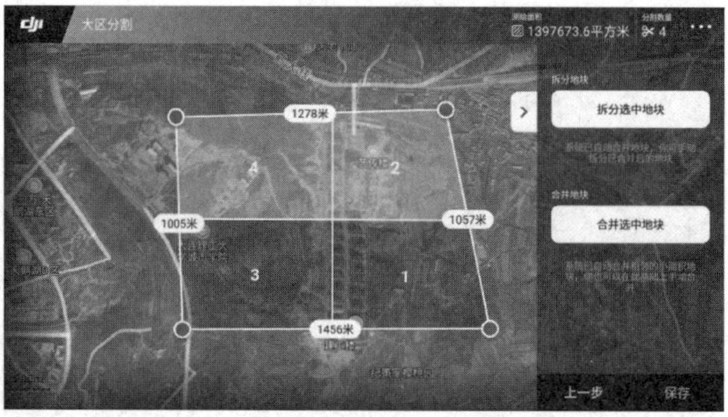

图 7-29　大区分割与合并设置

大区分割设置完成后，点击“保存”，对大区分割任务命名后点击“参数设置”，可以对各个分区的任务参数进行规划，如图 7-30 所示。任务参数的设置方法与摄影测量 2D 方式相同，注意大区分割任务中参数设置是统一的，所有的子块都会按照相同的任务参数执行作业，无法对每一个子块单独进行参数设置。

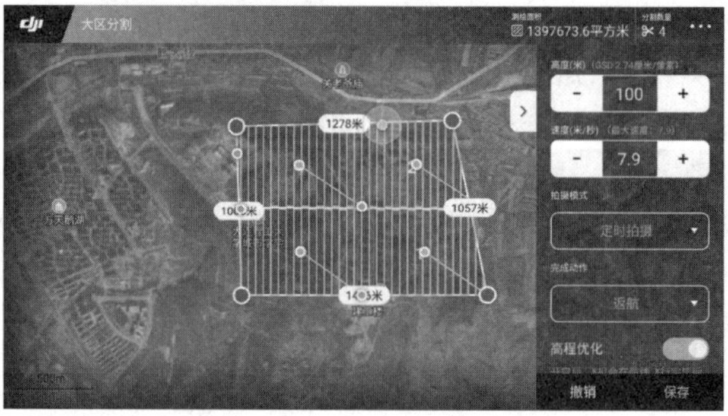

图 7-30　分区任务参数规划设置

7.5　无人机航测数据采集

7.5.1　无人机航测数据采集前的准备

7.5.1.1　硬件系统检查

在出发进行航测数据采集作业之前要对设备做好检查，其中硬件系统的检查包括检查电池、飞行器及其他相关测绘仪器设备的数量、型号及其功能是否完好。可以根据任务制作硬件检查清单，以免发生遗漏。表 7-3 为一台飞行器作业时设备信息检查表。

表 7-3　航测作业设备信息检查表

名称	数量	备注
飞行器/台	1	检测各部件完好性
螺旋桨/对	4	2 对备份

表 7-3(续)

名称	数量	备注
遥控器/台	1	
Micro SD 卡/个	2	读写速度≥15 MB/s,传输速度为 Class10 及以上或达到 UHS.1 评级
飞行器电池/个	若干	根据实际作业情况配置
遥控器电池/个	若干	根据实际作业情况配置
充电器/套	1	包含电源适配器、智能飞行电池管家、智能电池充电管家
SD 卡读卡器/个	1	
数据线/条	2	Micro USB 数据线 1 条、USB.C 数据线 1 条
GNSS 接收机/台	1	含电池 2 块
三脚架/只	1	
对中杆/根	1	
靶标	若干	
喷漆	若干	

注意,如果航测作业的区域为异地,当需要空运无人机时,应当注意空运电池的携带须知。

(1) 小型电池设备(电池能量低于 100 W・h)

通过手提行李箱最多可携带独立电池 20 件,可携带装有电池的设备(基于个人用量);禁止托运独立电池,可托运装有电池的小型设备(基于个人用量)。

大疆的御 Mavic 系列、精灵 Phantom 系列、晓 Spark 系列无人机属于小型电池设备。

(2) 中型电池设备(电池能量为 100～160 W・h)

通过手提行李箱最多可携带独立电池 2 件,可携带装有电池的设备(基于个人用量);禁止托运独立电池,可托运装有电池的中型设备(基于个人用量)。

大疆的悟 Inspire 系列、部分经纬 Matrice 系列无人机属于中型电池设备。

(3) 大型电池设备(电池能量＞160 W・h)

禁止通过手提行李箱及托运携带电池。大疆的 MG 系列(农业无人机)、部分经纬 Matrice 系列无人机属于大型电池设备。

7.5.1.2　软件系统检查

(1) 设备固件更新检查

出发前对无人机设备固件进行更新避免执行任务期间由于更新固件导致浪费航测时间。注意,无人机电池要逐块升级。

(2) 缓存任务区域地图

打开 DJI GS RTK App 对任务区域地图进行缓存避免由于任务区域没有网络对航线规划及飞行安全造成必要影响。

(3) 提前规划任务区域

通过 DJI GS RTK App 或利用谷歌地图制作航测区域 KML 文件,提前规划任务航线,节省现场任务规划时间。

(4) 查询航测区域天气预报及交通工具情况

提前通过天气预报软件掌握航测区域天气情况，如航测当天的光照是否充足，风力是否影响飞行作业的安全，是否有雨雪天气，气温是否过低或过高，随时根据天气情况调整作业计划，保障作业效率和飞行安全。当测序范围较大而需要转换无人机起降场地时，需要提前掌握好航测区域的交通路线情况，合理规划好作业转场过程中行驶的路线，节约作业转场的时间，提升作业效率。

(5) 网络 RTK 信息覆盖范围查询

在 DJI GS RTK App 通用设置菜单中，查询任务区域网络 RDK 覆盖情况。查询时注意 FindM 数据关闭。如航测区域没有网络 RTK 覆盖，可通过 GNSS 接收机临时搭建地面基准站，为飞机提供差分数据。

7.5.2 航测作业前检查

7.5.2.1 航测时间及飞行场地检查

(1) 航测时间的选择

在飞行之前要检查天气情况，选择光线充足的天气进行航测。在阴天飞行时，光线柔和均匀比较有利于航测。在光线不充足的情况下，可手动进行相机参数设置，增大光圈数值或提高 ISO，也可以降低快门速度。任务过程中要适时调整相机参数，以适应较长的时间跨度。

(2) 起飞场地选择

起飞点推荐选择空旷无遮挡的航测区域中央场地，这样可以获得良好的 GSS 信号、通信距离、网络信号及开阔的视野。

尽量避免在高层建筑物中间或者在有树木等遮挡物的地点起飞，因为无人机将无法获得足够的 GSS 信号，这会导致无人机无法精准悬停，会随风飘移，还会影响返航点的定位精度，增大了自动返航时撞上建筑物或树木的风险。

尽量避免在楼顶或桥梁等由钢筋混凝土构成的表面起飞，因为指南针容易受到干扰。如果无法规避，可以尝试把无人机架高悬空起飞。

(3) 飞行空域检查

无人机的飞行路线要远离建筑物、信号塔、变电站等。因为 WiFi、信号塔、电站等设备会干扰无人机通信链路，从而造成飞行器失控及 RTK 失锁。又因为建筑物多数为钢筋混凝土结构，也容易对无人机的指南针造成干扰。无人机在多重干扰下极易发生失控、撞击等事故。

可打开图传设置界面通过扫平图查看起飞点是否有无严重干扰(当干扰严重时红色占比较多)，如图 7-31 所示。如果干扰情况严重，则应当更换起飞场地。

首先可先将飞机起飞，飞至任务高度。然后通过无人机回传画面，观察测区内情况。如果航测区域内没有超出任务高度的障碍物，则可正常进行测绘作业。如发现高于航测区域高度的障碍物，要及时调整作业航线。如果没有地图或者在狭小地块周边为高大建筑物，可预先通过无人机对航测区域四周飞行，得到航测区域范围后再进行航线设置。

7.5.2.2 通电前检查

通电前检查飞行器以及其配套设备状态。检查飞行器电池和遥控器电池电量是否充

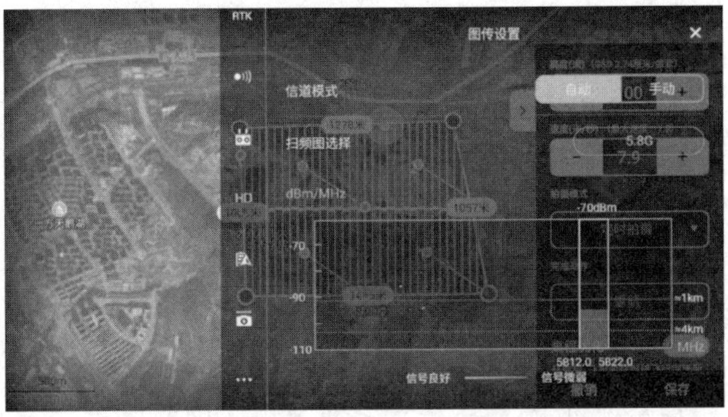

图 7-31　图传信号设置

足；检查 SD 卡；检查视觉系统摄像头是否清晰无污点；检查螺旋桨是否正确安装。

注意：

① 务必在电源开启前拆卸云台锁扣，防止通电后云台自检过程中损伤机械部件。

② 起飞前将飞行器放置在平坦开阔的地面上，不能在电源开启后再触碰云台。

7.5.2.3　通电后检查

起飞时需将无人机放置在平坦的地面上，地面需干净整洁无砂石。先开启飞行器电源，再开启遥控器电源。如果云台电机异常，可能是由于飞行器放置在凸凹不平的地面或草地上，地面物体碰到了云台或云台受到过大外力作用（例如被碰撞或被掰动），导致云台不能自检通过。

(1) 智能电池

开启智能电池后，进入飞行界面中智能电池信息模块查看电池信息，查看电池循环次数，对于大于 100 次的电池，要减少作业时间提高电池报警值。当无人机可以搭载多块智能电池时，如大疆经纬 M300 RTK、大疆悟 Inspire 2 等，电池之间的循环次数要接近，最好成对使用。

(2) 遥控器

出厂时，遥控器与飞行器内置的接收机已完成对比，通电后可继续使用。如更换遥控器，需要重新对频才能使用。如使用一控多机功能，需要将所有飞行器与同一个遥控器完成对频才能使用。

遥控器对频的步骤：

① 开启遥控器，确保显示设备运行 App，然后连接飞行器电源。

② 点击“飞行”进入相机界面，点击“•••”。首先选择对频设备为“飞行器”，然后点击“单机对频”或“多机对频”，最后点击“开始对频”。App 显示对话框，遥控器状态指示灯蓝灯闪烁，并且发出“嘀嘀”的提示音，表示遥控器进入对频状态。

③ 使用合适的工具按下飞行器对频按键，松开按键并等待数秒。

④ 对频成功，遥控器指示灯及飞行器对频指示灯均为绿灯长亮。若指示灯未从红绿闪烁变为绿灯长亮，则对频失败，需重新进入对频状态进行对频。

⑤ 若选择“多机对频”，则重复上述步骤依次完成所有飞行器（最多 5 架）与遥控器的对频操作，最后点击“结束对频”。

(3) Micro SD 卡检查

不能使用低速劣质的 Micro SD 卡。Micro SD 卡的读写速度≥15 MB/s，传输速度为 Class10 及以上或达到 UHS.1 评级。劣质卡或低速卡会导致拍摄过程中丢失像片。如果 Micro SD 卡中照片数量较多，建议格式化内存卡，可以尽量避免内存不足或影像写入错误等问题的发生。

7.5.2.4 软件检查

(1) 模块状态检查

如图 7-32 所示，在飞行器自检模块中查看 App 是否有异常提醒，检查各系统模块是否正常，注意飞机及遥控器电池电量。检查遥控器模式，遥控器模式错误会导致严重事故。如有异常，可在飞行器参数设置→高级设置→传感器菜单中检查传感器状态，如图 7-33 所示，如发现加速度计或陀螺仪参数异常，需重启飞行器，如多次重启仍有问题，应返厂维修。

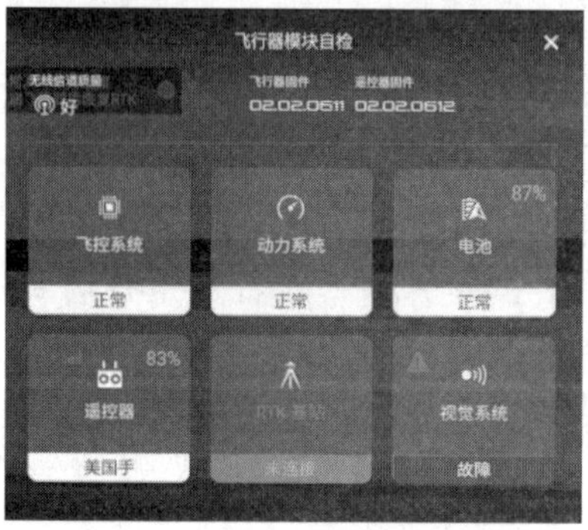

图 7-32 飞行器模块自检

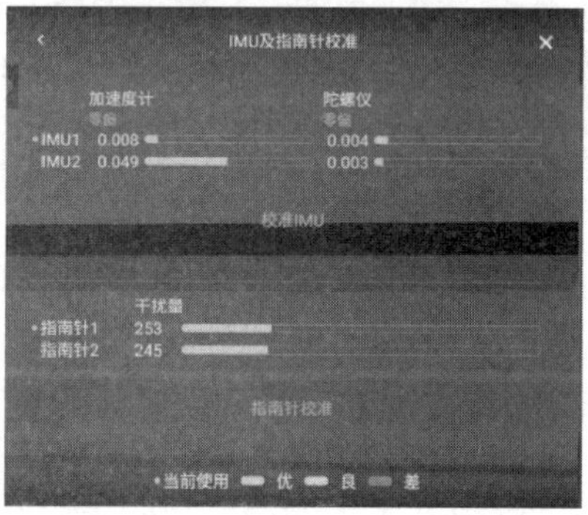

图 7-33 查看传感器状态

(2) 飞行高度及飞行距离限制

如图 7-34 所示，最大飞行高度限制要大于航线高度，最大飞行距离限制要大于最远航点到返航点的距离。若限高和限距小于航线高度和最远航距，任务将不能正常上传至飞行器。

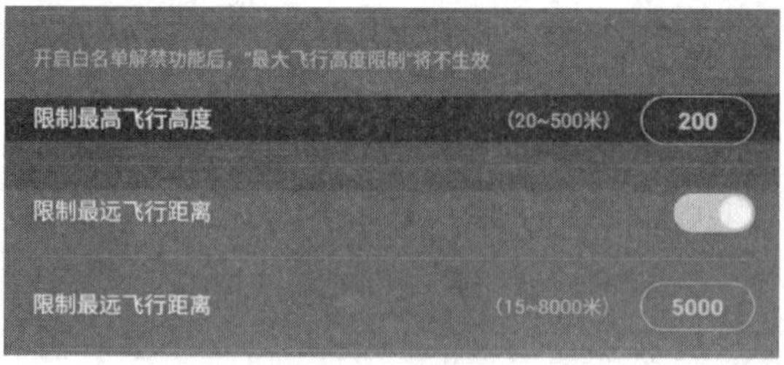

图 7-34 飞行高度及飞行距离设置

(3) 检查遥控器模式

遥控器模式错误(无人机操作员习惯的模式与飞行器当前的操作模式不符)会导致严重的飞行事故。如果遥控模式错误，需要在遥控器设置→摇杆模式中选取正确的遥控模式，如图 7-35 所示。

7.5.2.5　飞行参数设置

（1）RTK 功能设置

使用飞行器 RTK 定位功能时，注意当 RTK 模块异常时，手动关闭飞行器 RTK 定位功能并切换回 GNSS 模式使用，起飞后再开启 RTK 开关，导航系统将继续使用 GNSS。

① RTK 服务类型选择。

大疆 Phantom4 RTK 无人机提供了 3 种 RTK 服务类型，如图 7-36 所示。大疆 Phantom4 RTK 无人机内置千寻定位服务，在航测区域内如果已覆盖千寻 CORS 网络，就可以使用。使用网络 RTK 服务的好处是实现了即开即用，无需单独建设基站或连接本地的 Cors 网络基站，十分方便。如果需要使用地方 CORS 服务，可在大疆 Phantom4 RTK 无人机的自定义网络 RTK 服务中输入地方 CORS 参数，连接完成后即可使用。

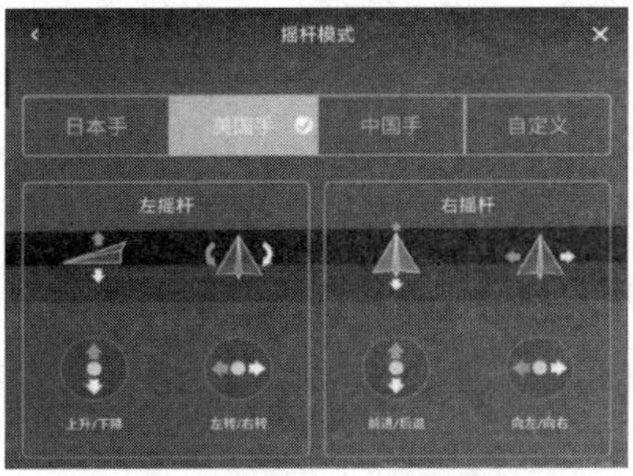

图 7-35　设置摇杆模式

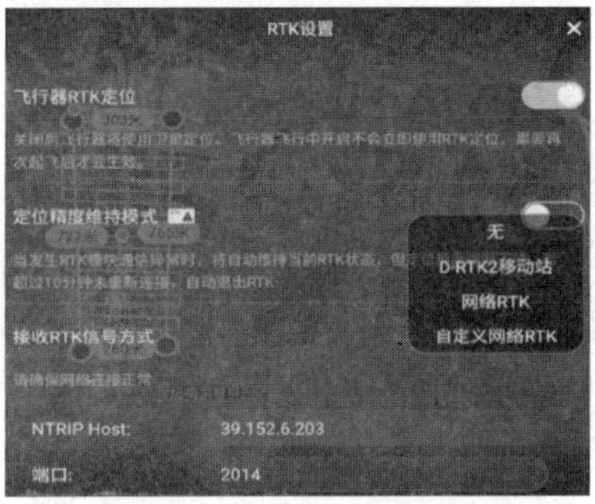

图 7-36　RTK 服务类型选择

使用网络差分服务需要有网络或 CORS 信号覆盖，在没有信号覆盖的地方可以使用 D. RTK2 GNSS 接收机作为差分基准站。D. RTK2 是通过 OuSync 图传将差分信号发送至遥控器，再通过遥控器的通信链路将差分数据发送至飞行器。整个过程不需要移动网络支持，只要保证遥控器与飞行器之间的信号畅通，就能提供实时的差分服务。

由于大疆 Phantom4 RTK 无人机通过遥控器将差分信号传送给飞行器，需要在飞行过程中保证数据链路通畅才能解算出厘米级精度的定位数据。在山区、高楼等区域作业时会因为遥控信号、网络信号遮挡等原因，导致 RTK 失锁，从而影响了定位精度。此时可以使用大疆的云 PPK 解算服务。大疆云 PPK 解算服务不需要架设基站，而是通过使用云基站数据进行差分解算。云 PPK 解算可以使用网络 RTK 基站，其解算结果与网络 RTK 坐标系统一致，这种方式的优点是无需基站，实现了即开即用。云 PPK 解算服务同时也支持 D. RTK2 基站数据或者第三方基站数据上传至云平台进行解算。

② RTK 坐标系设置。

如果选择网络 RTK 功能及网络 PPK 服务，可以选择 CGCS2000 和 WGS84 两种坐标系。如果选用其他差分方式，其坐标系统与选用的差分系统有关。例如选用 DRTK2，其坐标系与输入已知点坐标系一致；选用自定义网络 RTK，则坐标系与连接的 CORS 是一致的。

（2）返航参数设置

① 设置返航点。

当大疆 Phantom4 RTK 无人机通电后，GNSS 信号首次达到四格及以上时，将会自动记录飞行器当前的位置为返航点(起飞点即返航点)。记录成功后，飞行器状态指示灯将快速闪烁若干次。返航点是飞行器出现失控或者是完成作业后返回的位置，对于飞行安全非常重要。返航点被记录后，如果是移动了飞机的位置并起飞或者是处在移动平台上(如车辆或者船艇)起飞时，在降落前要注意更新返航点。可通过 DJI GS RTK App 更新返航点，可选两种方案更新方法，一种是以飞行器当前位置为返航点，另一种是以遥控器当前位置为返航点，如图 7-37 所示。

图 7-37　返航点更新

② 返航高度及失控行为设置。

返航高度要高于测区内建筑物或山峰的最高高度(相对于起降点)。注意最大飞行高度限制要大于或等于返航高度。如果打开“航线作业时空后退出执行”开关后，飞行器在失控后会按照“失控行为”设置选择的模式执行，大疆 Phantom4 RTK 无人机上提供了 3 种失控后的执行模式：返航、降落、悬停，如果关闭此开关，飞行器将继续执行飞行任务，直至任务结束或低电量返航，如图 7-38 所示。

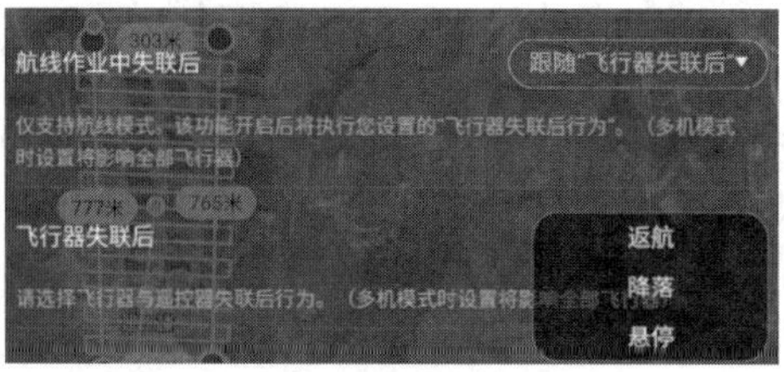

图 7-38　失控行为设置

③ 报警电压设置。

若飞行器返航时为逆风飞行或电池循环次数较高(>100)，建议把低电量报警电压值提高。

7.5.2.6　任务检查

(1) 任务参数检查

飞行前检查完成后，可在任务菜单中选择任务航线，点击确定后将任务航线进行上传，如图 7-39 所示。如航线需要调整，可单击任务区域对当前任务进行编辑。

(2) 地面曝光测试

起飞前要进行曝光测试，打开相机设置，在快门优先模式中，点击 AUTO 将 ISO 设置为手动，并将其设置为 100，曝光补偿(EV)设置为 0，如图 7-40 所示。

将镜头调整至$-90°$，举起飞机并查看地面曝光是否合适，记录下光圈值。调整镜头俯仰并旋转或移动飞机，查看其他地物曝光是否合适，注意天空不要出现在画面中，记录光圈值。也可以将飞机升空然后调整云台角度查看曝光，记录光圈值。

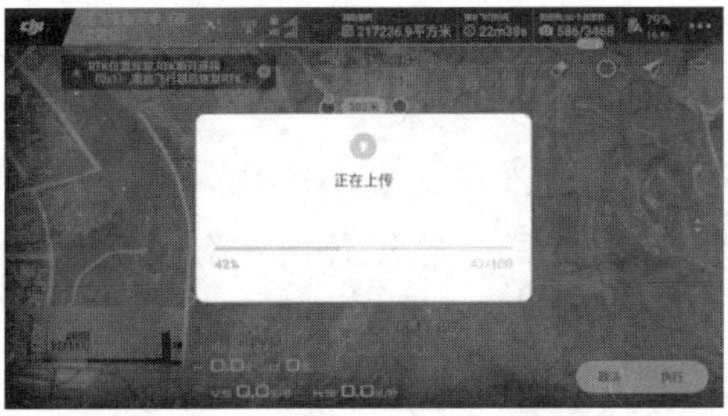

图 7-39　任务参数检查

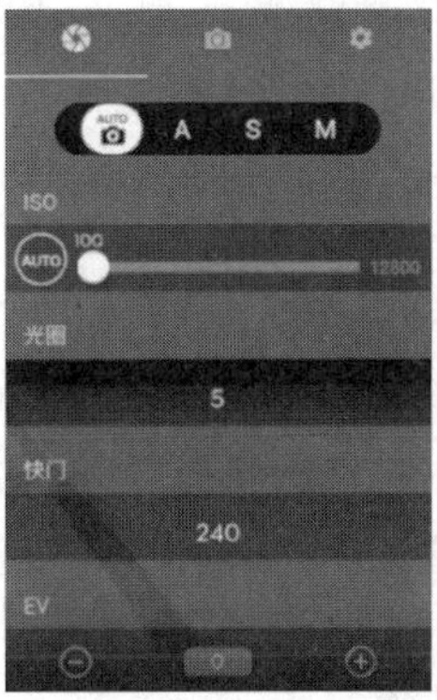

图 7-40　相机设置

如果光圈都保持在 3.5 以下(光圈数值高于 3.5),则说明快门参数设置合理。如果光圈不能保持在 3.5 以下,则需增加 ISO 至 200 以保证在光线变化时曝光依然能够正常,对于大疆 PHANTOM4 RTK 无人机建议 ISO 的设置≤400。如不能满足,则需要增加快门速度,但要大于安全快门值。

该测试的目的:如果光线发生变化(主要是变弱)时依然可以给曝光留有足够的余量,即光圈可以自动调整至 2.8,以获得更大的进光量而不会使画面整体偏暗。

(3) 检查飞行状态栏预计飞行时间及拍照数/SD 卡总数

SD 卡所能存储的像片总数要大于单次拍照数,否则当存储卡容量已满后就无法存储余下的像片数据。如图 7-41 所示,数据显示预计飞行时间为 41 s,则完成任务至少需要飞行两个架次,预计拍照的照片数量是 1 454 张,则单架次拍照数为 1 454/2 张,即 727 张,此时 SD 能存储的像片总数小于 727 张,就需要更换容量更大的 SD 卡或者删除 SD 卡中的已有的数据,以获得更大的存储容量。

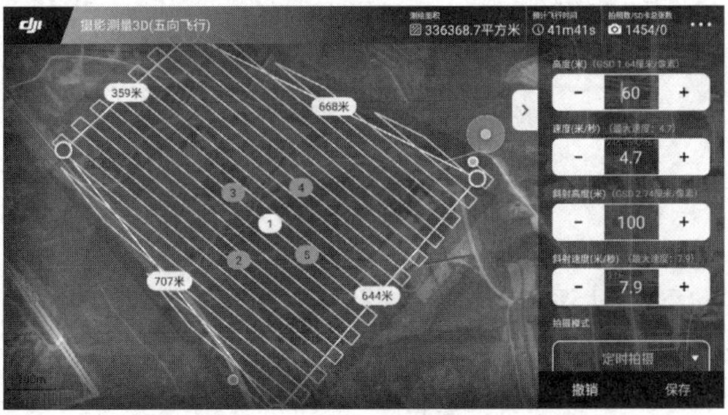

图 7-41　拍照数量检查

7.5.3　飞行注意事项

(1) 起飞注意事项

起飞时,无人机操作员在飞行器后方进行操作,飞行器保持对尾姿态起飞。起飞后,先让飞行器在低空悬停一段时间以观察飞行器的飞行姿态是否正常,确认无异常情况后向右滑动自动执行飞行任务，无人机开始自动执行任务航线。

（2）飞行中参数观察

航线飞行中要保持观察飞机及飞行参数，保证飞行安全。注意 RTK 状态、遥控信号强度及电量等。

飞行过程中无人机操作员面向飞机的飞行区域，并时刻感知机头朝向，在航线飞行中可通过回传画面观察测区情况，一旦发现异常可快速切换遥控急停开关，结束当前飞行任务，飞行至安全区域降落后，调整任务航线重新进行任务作业。飞行注意天气变化，一旦出现大风或下雨，应立刻控制飞行器降落，以免发生意外。

在作业飞行中持续监控回传画面，如发现测区建筑物高度较高，可手动降低飞行速度。增加在高层建筑上的重叠度（拍照模式为等时拍摄），以避免因高度变化带来重叠度减小，使后期无法合成。

作业过程中观察回传画面及相机参数，当画面中出现过曝、欠曝或 EV 数值较大时，需调整相机参数。

在光线不佳条件下进行作业时，要增加快门时间才能保证正常曝光时，需要降低飞行速度，避免因运动模糊导致图片质量变差。

飞行时保持关注电池能量槽，要预留足够的电量返航。需要注意的是，在不同风速条件下，飞行器的飞行速度和耗电量会存在较大差异，逆风返航时要多预留一些电量。

如图 7-42 所示，电池能量槽上的颜色区间以及预计剩余飞行时间信息，将根据飞行器的飞行高度以及离返航点的距离动态调整。黄色 H 点为智能低电量返航触发位置，触发后飞行器将自主返航，触发位置与飞行器当前位置、返航设置高度与返航点位置有关。飞行器位置与返航点位置距离越远，触发位置越靠右。红黄交替处为智能低电量降落触发点，触发后飞行器将缓慢自行降落。触发位置与飞行器当前飞行高度有关，高度越高，触发位置越靠右。

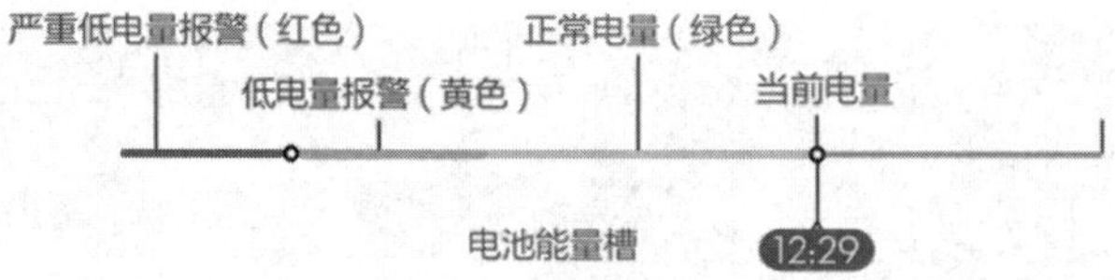

图 7-42　电池能量槽

注意：飞行器自动下降过程中可以向上轻推油门杆使飞行器悬停，操控飞行器转移到更合适的地方再降落。在电池设置中所设的低电量报警阈值仅为低电量时的报警提示，并不会触发返航。

（3）返航及失控处理

当单架次无法完成任务的作业时，大疆精灵 Phantom4 RTK 的飞行控制系统会根据当前飞行的位置信息，智能判断当前电量是否充足。若当前电量仅足够完成返航过程，飞行器将自动进入返航，并在返航点上方 2 m 处悬停等待无人机操作员确定降落。返航过程中可通过短按遥控器上的智能返航按键取消返航。智能低电量返航在同一次飞行过程中仅出现一次，如果当前电量仅足够实现降落，飞行器将强制下降且不可取消。返航和下降的过程中，均可通过遥控器控制。

飞行器与遥控器的信号中断后，如果已经打开航线作业“失控后退出执行”开关，那么无人机将执行“失控行为”选择的模式。如果关闭此开关，无人机将继续执行航线，直到任务结束或低电量返航。为了避免失控，在执行飞行任务过程中，将遥控器天线切面面向飞行器以获得最佳信号。

目前 DJI 产品在飞行器与遥控器断开通信行为后(多机模式下设置，将影响全部飞行器)即失控后有返航、降落、悬停三种行为可选，选择返航则会触发失控返航。

失控返航是基于前视的双目立体视觉系统，可在飞行过程中实时对飞行环境进行地图构建，并记录飞行轨迹。当飞行器与遥控器控制的信号中断超过 3 s 时，飞控系统将接管飞行器控制权参考原飞行路径规划线路，控制飞行器返航。如果在返航过程中，无线信号恢复正常，可以通过遥控器控制飞行速度与高度，且可以短按遥控器智能返航按键取消返航。

(4) 障碍物感知使用场景

障碍物感知功能适用于光照良好的环境，且飞行路线中遇到的障碍物纹理不可特别稀疏。另外，由于惯性关系，需要控制飞行器在有效距离内刹车，飞控系统将限制飞行器的姿态角不超过 25°，且最高飞行速度低于 14 m/s。

两侧的 TOF 红外测距系统仅在新手模式及三脚架模式下生效，必须谨慎飞行。视觉系统与红外感知系统的测量精度容易受光照强度和物体表面纹理情况的影响，而超声波会在某些吸声材料上出现不能正常测距的情况。在视觉和超声波失效的情况下，视觉定位模式会自动切换到姿态模式。所以在以下场景中需谨慎使用：

① 低空(0.5 m 以下)快速飞行时，视觉系统可能无法定位。

② 纯色表面(如纯黑、纯白、纯红、纯绿)。

③ 有强烈反光或者倒影的表面。

④ 水面或者透明物体表面。

⑤ 光照剧烈快速变化的场景。

⑥ 特别暗(光照小于 10 lux)或者特别亮(光照大于 10 000 lux)的物体表面。

⑦ 对超声波有很强吸收作用的材质表面(如很厚的地毯)。

⑧ 纹理特别稀疏的表面。

⑨ 纹理重复度很高的物体表面(如颜色相同的小格子砖)。

⑩ 倾斜度超过 30°的物体表面(不能收到超声波回波)。

⑪ 细小的障碍物(红外有效反射面过小)。

⑫ 红外感知系统之间存在干扰，请勿使两架飞行器侧面相对以免影响测距。

⑬ 勿覆盖红外感知系统的保护玻璃片，并保持清洁及无破损。

⑭ 飞行器速度不宜过快，如离地 1 m 处时飞行速度不可超过 5 m/s，离地 2 m 不可超过 14 m/s。

其他注意事项：

① 确保视觉系统的摄像机镜头清晰无污点。

② 视觉定位功能使用高度为 10 m 以内。

③ 由于视觉功能系统依赖地表图像来获取位移信息，要确保周边环境光源充足，地面

纹理丰富。

④ 视觉系统在水面、光线昏暗的环境以及地面无清晰纹理的环境中无法定位。

⑤ 在使用视觉系统的过程中注意附近不要开启其他 40 kHz 超声波设备，包括其他飞行器。

(5) 断点续飞

当无人机因电量或其他原因导致单架次无法完成航线任务，系统会自动记录航线中断点，中断点以红色圆点表示。再次执行任务时需选取当前任务，点击调用即可继续执行任务。

7.5.4 作业后检查与维护

(1) 作业确认

通过作业效果确认书确认测绘面积、飞行时间、完成率及照片 FLAG 分类统计。其中[NONE]表示：没有 RTK 定位解算；[SINGLE]表示：单点解，定位精度米级；[FLOAT]表示：浮动解，定位精度分米级；[FIX]表示：固定解，定位精度厘米级。

如果照片 FLAG 分类统计中出现非 FIX 状态照片，其原因可能是在飞行过程中出现了遥控信号不稳定甚至中断的情况。如果非 FIX 状态照片数量较多，需进行补拍或者采用 PKK 差分解算提高照片精度。

降落要选择平坦的场地，无人机操作员要与飞行器着陆点保持数米的安全距离，在飞行器降到距离地面约 1 m 时，控制飞行器悬停，待飞行器稳定后再缓慢降落到地面。等螺旋桨完全静止后，再去关闭飞行器电源，然后关闭遥控器电源。

(2) 外业素材检查

检查照片质量。查看拍摄照片，注意检查照片有无模糊、曝光不正常等不合格影像并将照片备份。采集完成后可将照片导入软件查看有无漏拍，如有，应及时补拍。产生漏拍的原因可能有：

① 选择的拍摄模式为“定距拍摄”。

② SD 卡读写速度慢。

③ SD 卡存储容量已满。

(3) 飞行器检查与维护

① 飞行器机体检查。

检查螺旋桨是否有污损，如发现污损应及时清理或更换；检查电机温度，如发现某电机温度相较于其他电机明显较高，请检查电机是否转动正常，如发现异常应及时维修，检查相机及视觉系统摄像头是否有污渍，如有，应及时清理。

② 电池检查。

检查电池是否产生鼓包，如产生较大的鼓包，则不建议使用此电池。检查电池温度，温度过高则需给电池降温。

使用电池管家充电时，会首先对剩余电量最多的智能飞行电池进行充电。充满该电池后，则依次对剩余电量更多的电池进行充电。电池管家状态指示灯绿灯常亮且智能飞行电池指示灯全部熄灭表示充电完成，完成后可取下对应接口上的智能飞行电池。电池在充电过程中如遇到故障，状态指示灯将会有规律闪烁，状态说明见表 7-4。

表 7-4　充电指示灯状态说明

LED1	LED2	LED3	LED4	显示规则	保护项目
○	●	○	○	LED2 每秒闪烁 2 次	充电电流过大
○	●	○	○	LED2 每秒闪烁 3 次	充电短路
○	○	●	○	LED3 每秒闪烁 2 次	充电过充导致电池电压过高
○	○	●	○	LED3 每秒闪烁 3 次	电源适配器电压过高
○	○	○	●	LED4 每秒闪烁 2 次	充电温度过低
○	○	○	●	LED4 每秒闪烁 3 次	充电温度过高

第 8 章　无人机航空摄影内业数据处理

8.1　正射影像的内业数据处理

8.1.1　数据处理软件

8.1.1.1　软件基本介绍

Pix4D Mapper 软件是瑞士 Pix4D 公司研发的一款全自动、快速、专业精度的无人机数据和航空影像数据处理软件。它无需专业知识，也无需人工干预，可以把数千张影像快速制作成专业的二维影像地图和三维实景建模，如图 8-1 所示。

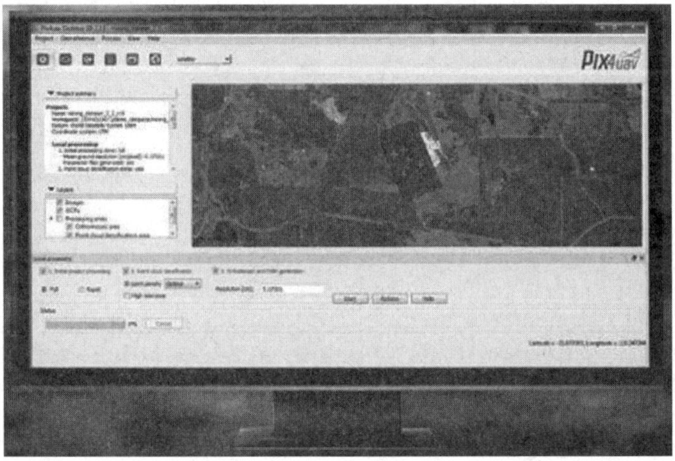

图 8-1　Pix4D Mapper 软件

Pix4D Mapper 支持多种成果类型，能够将无人机拍摄的像片转变为三维地图，模型，点云以及高精度的数字高程模型(DEM)、数字表面模型(DSM)和正射影像(DOM)等。

Pix4D Mapper 可以处理来自各种不同设备的影像数据，除了无人机以外，来自专业航摄仪或者是使用普通数码相机、手机拍摄的像片，也可以制作精确的数字地图和精准的实景模型。Pix4D Mapper 支持在移动设备端运行，能够方便用户实时进行数据的处理和分析。此外，Pix4D Mapper 的自动化处理流程和高效算法，能够节省大量时间，提升工作效率。Pix4D Mapper 的自动化、高效、精确、方便使用等优点，使其被广泛应用于测绘、地质勘探、环境监测、农业管理等领域。

8.1.1.2　软件功能

① Pix4D Mapper 支持多种文件格式的数据导入，如 jpeg、png、bmp 等，除了无人机以外，还支持其他摄影设备的数据文件的数据导入。

② 导入数据后，Pix4D Mapper 会自动进行图像配准、平差等预处理操作，无需复杂操作，提高了数据处理的速度和精度。

③ Pix4D Mapper 采用高效的并行数据处理技术，可以从图像中提取高精度的 dem、dsm 和 dom 数据。

④ Pix4D Mapper 内置多种输出成果的优化算法，可以对数据处理后生成的结果进行平滑、去噪等处理，提升了数据的可视化效果。

⑤ Pix4D Mapper 支持将输出的成果三维可视化表达，简单的工具和操作就能够从不同的角度观察数据，并进行量测、分析等应用操作。

⑥ Pix4D Mapper 可以根据处理结果自动生成质量报告，报告内容包括测区的 DEM、DSM 和 DOM 数据成果质量精度，以及相关的技术指标。

8.1.1.3　软件特点

① 跨平台：Pix4D Mapper 可以在 Windows、Mac 和 Linux 等操作系统上运行，为用户提供更大的灵活性。

② 插件扩展：软件支持插件扩展，用户可以根据自己的需求开发插件，扩展软件的功能。

③ 多语言支持：Pix4D Mapper 支持多种语言，如中文、英文等，方便用户进行操作和使用。

④ 社区支持：Pix4D Mapper 拥有活跃的社区，用户可以在社区中交流使用经验、解决问题和获取帮助。

8.1.2　正射影像数据处理流程

8.1.2.1　创建新项目

打开 Pix4D Mapper 应用软件，点击主页面上“项目”→“新项目”，如图 8-2 所示。在新项目对话框中输入项目名称，设置新项目的存储位置，注意在项目名称以及路径中不能包含中文字符，项目类型选择“新项目”，然后点下一步按钮，如图 8-3 所示。

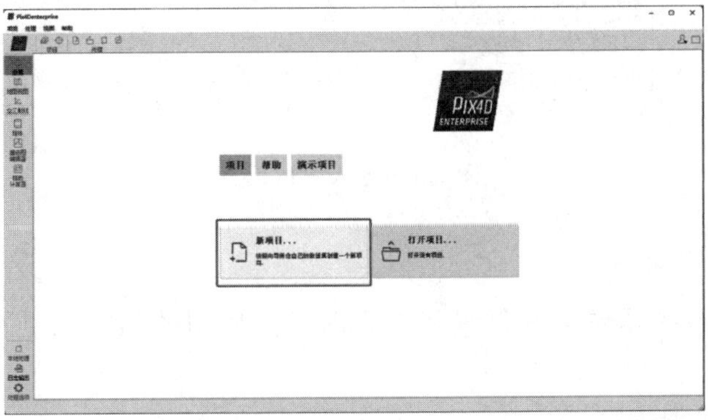

图 8-2　在主页面上选择创建新项目

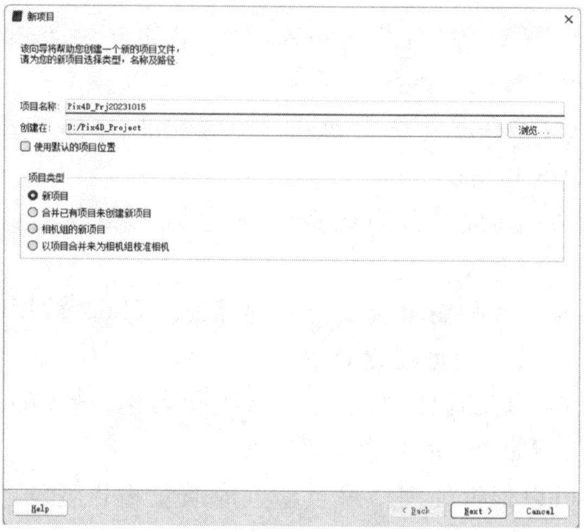

图 8-3　设置新项目的名称和存储位置

8.1.2.2　导入图像

单击添加图像以导入图像，支持的图像格式为＊ .jpg、＊ .jpeg、＊ .tif 或＊ .tiff。影像的存储位置可以不在工程文件夹中，但需要注意，在影像文件存储的路径中不要包含中文字符。导入图像设置完成后，点击下一步按钮，如图 8-4 所示。

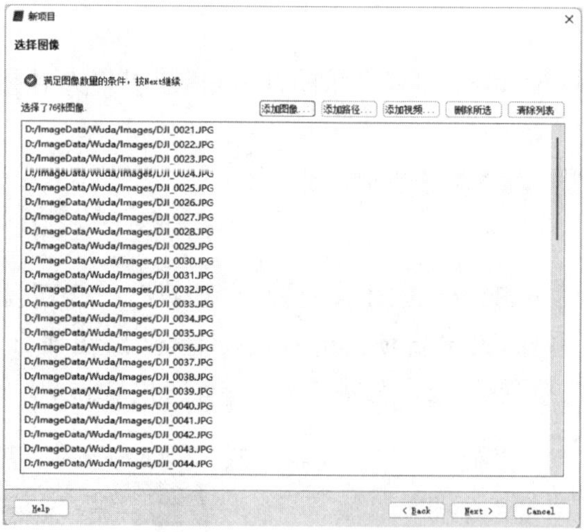

图 8-4　导入图像设置

8.1.2.3　设置图像属性

图像属性设置包括图像地理位置和采集图像所使用的相机型号及参数信息，如图 8-5 所示。

（1）设置图像地理位置

设置图像地理位置包括图像 POS 数据的坐标系信息和 POS 数据来源。默认坐标系为

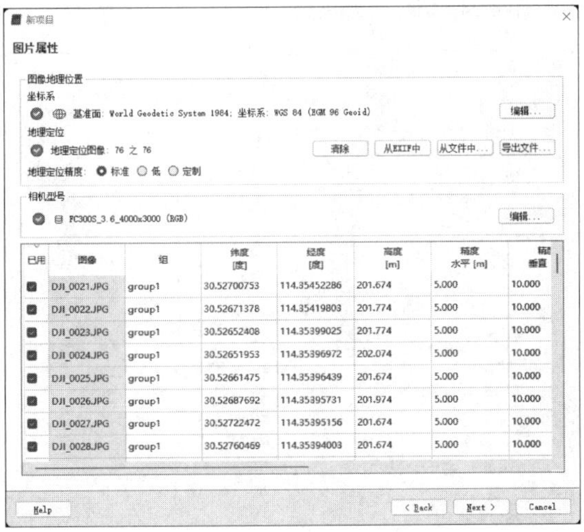

图 8-5　设置图像属性

WGS84(经纬度)坐标系,点击坐标系模块中的“编辑”按钮,可根据实际情况选择对应的坐标系,如图 8-6 所示。

图 8-6　选择图像坐标系对话框

获取 POS 数据的方式与图像数据的预处理情况有关,如大疆无人机在数据采集过程中就将 POS 数据写入图像,因此处理该类图像时可以点击“从 EXIF 中”按钮,从图像中读取 POS 数据。如果在采集过程中 POS 数据被写入单独的文件中,则可以点击“从文件中”按钮,导入 POS 数据文件后读取 POS 数据。

(2) 设置相机型号及其参数信息

默认情况下,读取图像会自动识别相机型号及其参数信息,如 Pix4D Mapper 中没有该相机型号的模板消息,可点击相机型号后的“编辑”按钮,打开“编辑相机型号”对话框,如

图 8-7 所示，在该对话框中编辑相机参数信息。

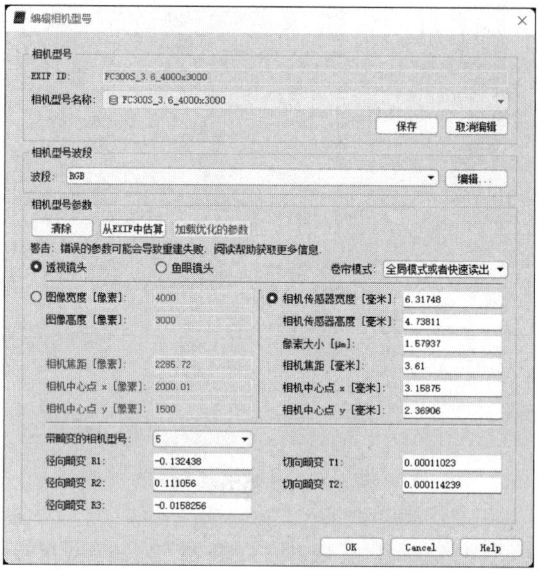

图 8-7　编辑相机型号对话框

8.1.2.4　选择输出坐标系

可以选择输出成果的坐标单位，根据“自动检测”设置输出坐标系，或者勾选高级坐标系，然后可以从.prj 类型文件导入、列表选择、EPSG 列表选择等方式中确定输出坐标系信息和高程(纵)坐标系信息，如图 8-8 所示。

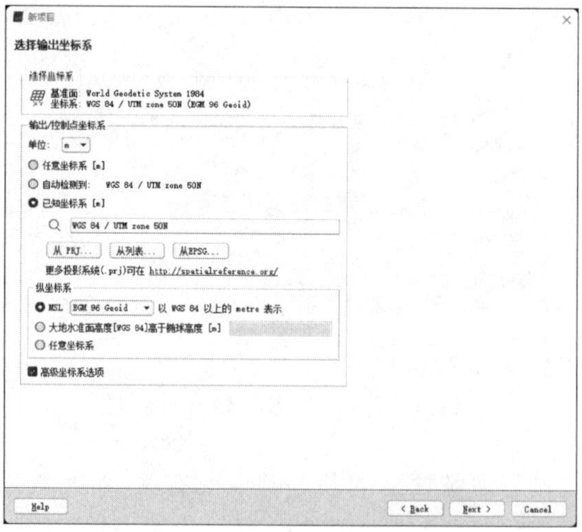

图 8-8　输出坐标系设置页面

8.1.2.5　选择处理选项模板

完成输出坐标系设置后，点击“下一步”按钮，进入处理选项模板页面，有标准、快速检测和高级三种类型。生成正射影像图可以选择“标准”→“3D Maps”，如图 8-9 所示。

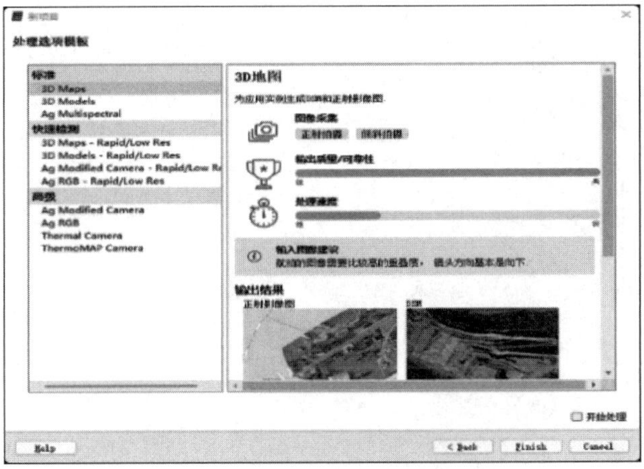

图 8-9　生成正射影像的选项模板

点击“完成”按钮，项目创建完成。

8.1.2.6　处理前选项

项目创建完成后将显示地图视图，如图 8-10 所示。在对图像进行全自动处理之前应对图像进行快速处理检查。快速处理检查中如果出现问题，在后面的处理中很可能会出现相同的问题。为了减少不必要的操作，提高数据处理效率，快速处理检查的步骤是必不可少的。

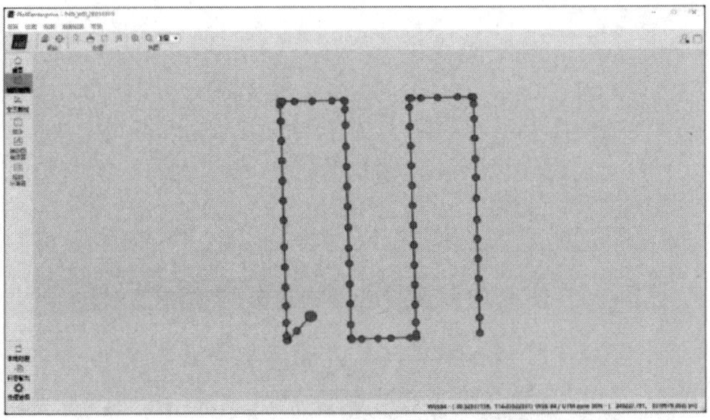

图 8-10　Pix4D Mapper 地图视图

① 快速处理检查的具体步骤：点击主界面左下角“处理选项”命令，在弹出的“处理选项”对话框中勾选“初始化处理”选项，如图 8-11 所示。在窗口左下角“加载模板”下拉列表中选择“快速检测”→“3D Maps. Rapid/Low Res”选项。点击“OK”按钮，回到主界面，左下角“本地处理”选项在出现的本地处理窗口中，点击“开始”按钮，软件开始进行快速处理检查，如图 8-12 所示。

② 完成快速处理检查后做好软件自动进入空三射线界面，如图 8-13 所示，在“层”的窗口中自动勾选相机、射线、连接点(自动的)等选项。

③ 点击主界面工具栏中的“质量报告”工具图标，弹出“质量报告”对话框。进行快速处

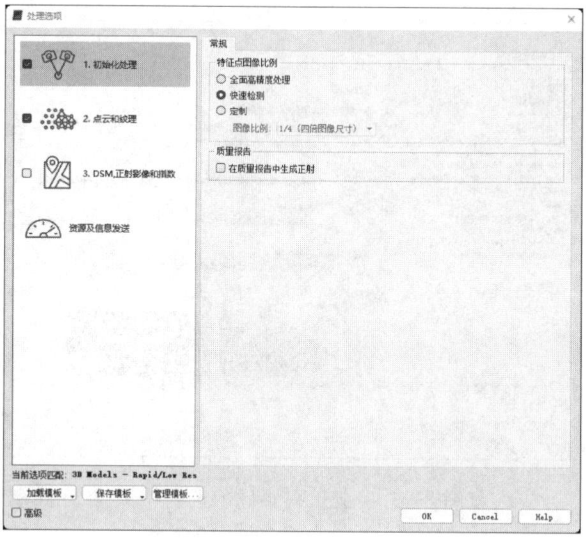

图 8-11　快速处理检查设置

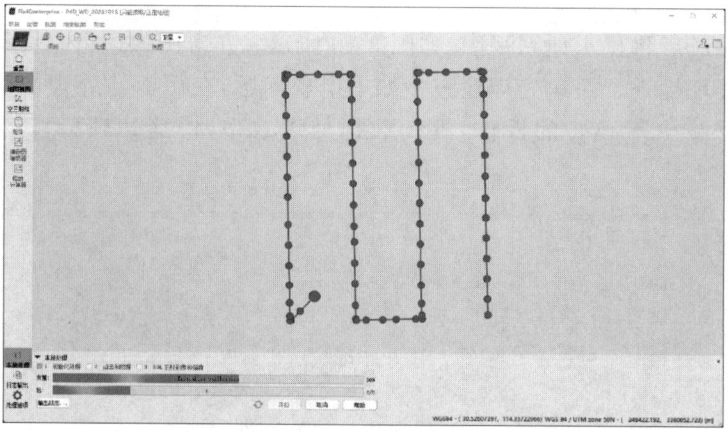

图 8-12　开始进行快速处理检查

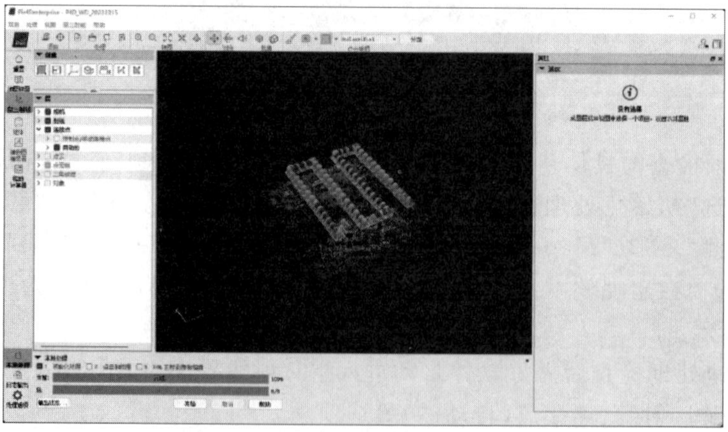

图 8-13　空三射线界面

理检查主要是检查无人机影像质量和相机设置，因此需要查看质量报告中的 Dataset 和 Camera Optimization 两项检查结果，如图 8-14 所示。

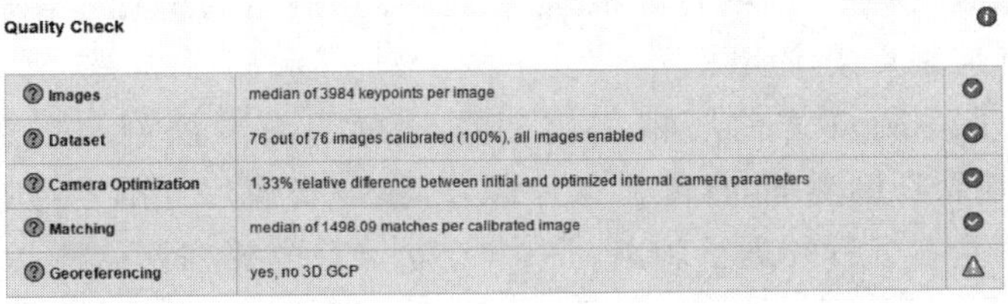

图 8-14　快速处理检查质量报告

a. Dataset(数据集)：在快速处理过程中所有的影像都会进行匹配，这里需要确定大部分或者所有的影像都进行了匹配，如果没有，就表明飞行时图像间的重叠度不够或者影像质量太差。

b. Camera Optimization(相机参数优化质量)：最初的相机焦距和计算得到的相机焦距相差不能超过 5%，不然就是最初选择的相机模型有误，需要重新设置。

如图 8-14 所示，经过快速处理检查发现全部图像都符合标准，同时相机模型的选择也是正确的，最初的相机焦距和计算得到的相机焦距相差仅 1.33%。

8.1.2.7　控制点编辑

控制点编辑主要包括导入控制点文件和控制点刺点。由于控制点坐标精度和控制点刺点精度直接影响最终的成果精度，因此控制点编辑是正射出图最重要的步骤。完成控制点编辑后就可以由软件自动完成初步处理，生成点云和纹理、DSM 和正射影像等。

(1) 导入控制点文件

点击主菜单“项目”→“GCP/MTP 管理”命令，打开“GCP/MTP 管理”对话框。在对话框中点击“导入控制点”按钮，找到控制点文件并导入，如图 8-15 所示。控制点坐标系与 POS 文件坐标系要一致，点击“GCP/MTP 管理”对话框中的“控制点坐标系”模块中“编辑”按钮，修改控制点坐标系。

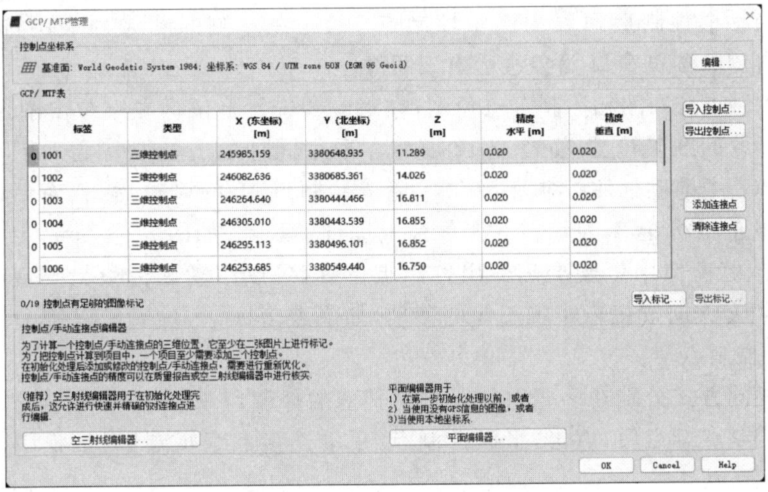

图 8-15　导入控制点文件

（2）在平面编辑器中刺控制点

刺控制点时，控制点位置一般比较难找，可以先手动刺出3个控制点，然后初始化处理，等初始化处理完成后，在空三射线界面根据空三计算预测出的位置，再刺出其他的控制点，这样就很容易找到控制点的位置了。

一般来说，在手动刺点之前要根据控制点分布图确定控制点的大概位置，然后在Pix4D Mapper的地图视图界面，推断出像片编号，在一张像片上确定控制点位置后就可以在这张像片的前后左右查看并进行刺点。一个控制点最少要在两张图像上标出来，通常建议标注在3～8张图像上。下面以1006号控制点的刺点过程为例，介绍控制点的刺点过程。

① 结合控制点分布图和Pix4D Mapper地图视图界面的像片及航带分布图，发现点号为1006的控制点分布在0046、0047、0048三张像片中。

② 点击“GCP/MTP管理”对话框中的“平面编辑器”按钮，打开“平面控制点/手动连接点编辑器”对话框，在对话框中可以手动刺控制点，如图8-16所示。

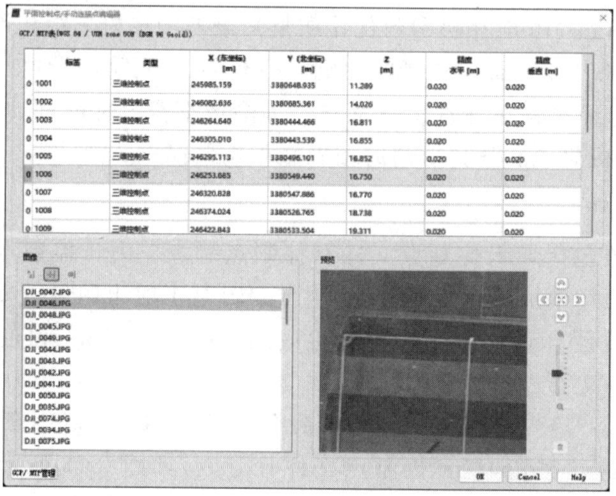

图8-16　平面控制点/手动连接点编辑器对话框

③ 先在对话框控制点列表中选中控制点1006，在左侧的图像列表中选择图像“DJI_0046.JPG”，右侧的预览窗口就会显示出该图像。

④ 结合控制点分布图和控制点点位图，在对应的位置上鼠标左键单击图像中的控制点，标出控制点1006的准确位置，如图8-17所示。采用同样的方法在图像“DJI_0047.JPG”和“DJI_0048.JPG”中准确标注控制点1006。完成控制点1006刺点后，在对话框控制点列表中控制点1006前被标记3，表示在3张像片上进行了刺点，如图8-18所示。

注意：在预览窗口中想要准确标出控制点位置，可以滚动鼠标滚轮实现图像的放大或缩小，还可以点击方向按钮来实现图像的移动，如果点击标记错误，可以按Delete键删除图像上已添加的控制点。

⑤ 按照相同方式分别在多张照片中刺出其他的控制点1018、1019。

⑥ 完成控制点刺点后，点击“平面控制点/手动连接点编辑器”对话框中的“OK”按钮，完成手动刺点。

（3）初步处理

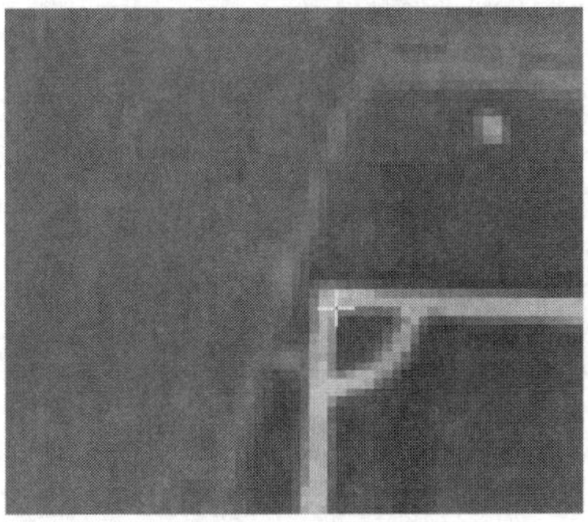

图 8-17　标注的像控点 1006

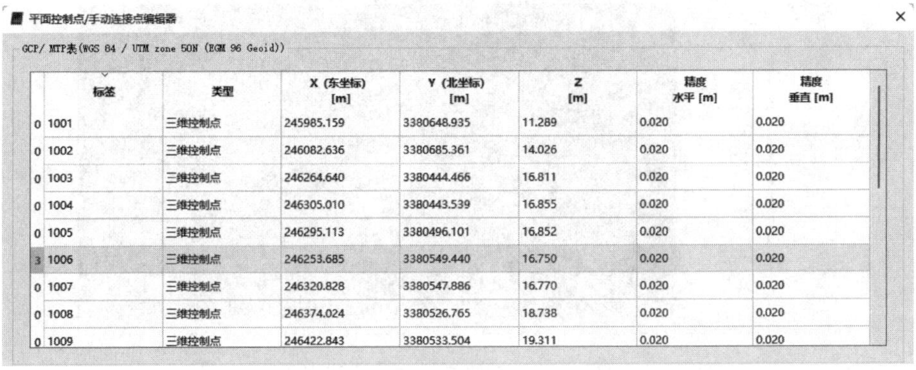

	标签	类型	X (东坐标) [m]	Y (北坐标) [m]	Z [m]	精度 水平 [m]	精度 垂直 [m]
0	1001	三维控制点	245985.159	3380648.935	11.289	0.020	0.020
0	1002	三维控制点	246082.636	3380685.361	14.026	0.020	0.020
0	1003	三维控制点	246264.640	3380444.466	16.811	0.020	0.020
0	1004	三维控制点	246305.010	3380443.539	16.855	0.020	0.020
0	1005	三维控制点	246295.113	3380496.101	16.852	0.020	0.020
3	1006	三维控制点	246253.685	3380549.440	16.750	0.020	0.020
0	1007	三维控制点	246320.828	3380547.886	16.770	0.020	0.020
0	1008	三维控制点	246374.024	3380526.765	18.738	0.020	0.020
0	1009	三维控制点	246422.843	3380533.504	19.311	0.020	0.020

图 8-18　控制点 1006 刺点完成后

在 Pix4D Mapper 主界面中点击左下角的“处理选项”命令，打开“处理选项”对话框。在对话框中勾选“初始化处理”选项；在“加载模块”下拉列表中选择“标准”→“3D Maps”选项；在“初始化处理”选项的“常规”选项卡中选择“全面高精度处理”选项，如图 8-19 所示。点击“OK”按钮，返回 Pix4D Mapper 界面。点击左下角“本地处理”选项，在“本地处理”窗口中点击“开始”按钮，进行初步处理。

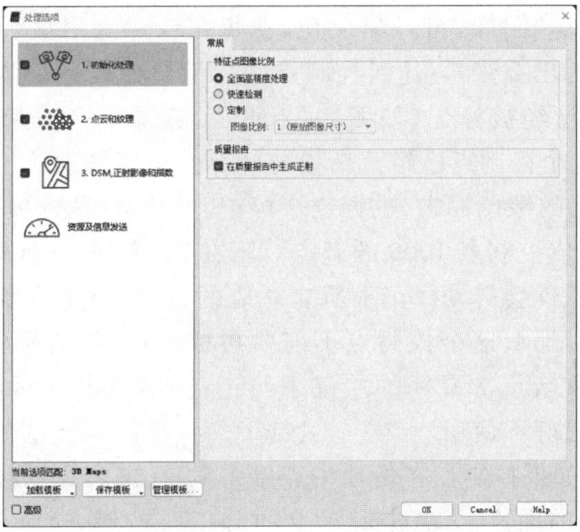

图 8-19　初步处理设置

(4) 在空三射线编辑器中刺出控制点

① 初步处理完成后就可以在空三射线编辑器中刺点了。在 Pix4D Mapper 界面点击工具栏上的“GCP/MTP 管理”按钮，打开“GCP/MTP 管理”对话框，在对话框中点击“空三射线编辑器”进入空三射线界面。

② 点击菜单“视图”下“显示侧边栏”命令，在 Pix4D Mapper 右侧出现“属性”窗口，在层窗口中取消勾选“相机”和“射线”，在“连接点”选项中只勾选“控制点/手动连接点”选项，在三维视图中只出现 7 个控制点，如图 8-20 所示。

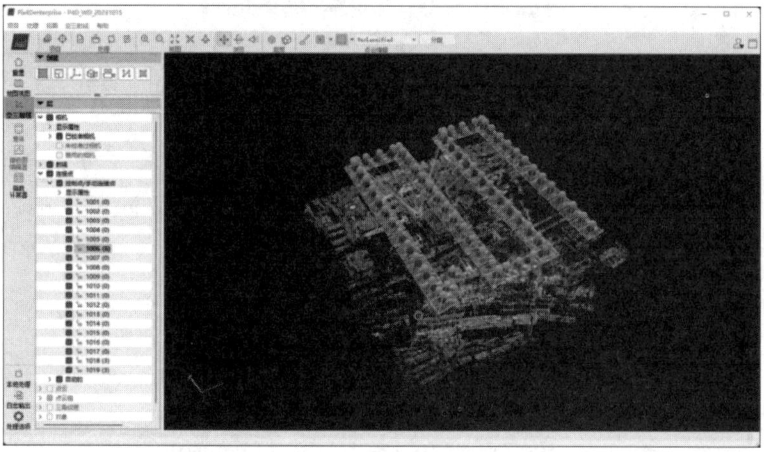

图 8-20　三维视图中的控制点

③ 在三维视图中点击靠近控制点的点，就可以在右侧的属性窗口中显示控制点属性和准确位置。同样在“层”窗口中选择某个控制点选项，在右侧的窗口中出现该控制点的属性，这个控制点所在的所有图像就会很清晰地显示出来。在“层”窗口中点击控制点“1006”选项，在右侧属性窗口的“选区”子窗口中显示 1006 控制点的详细信息(类型、坐标、精度等)，在“图像”子窗口中显示 1006 控制点所在的所有影像，如图 8-21 所示。

④ 在右侧“图像”窗口中，将控制点 1006 刺在所有像片中。点击“选区”窗口中的▼按钮，将选区窗口隐藏起来，“图像”窗口最大化，在每张像片上用鼠标左键点击图像，标出控制点的准确位置(至少标出 2 张)。这时控制点的标记会变成一个黄色的框，框中间有黄色的叉，表示这个控制点已经被标记(如图 8-22 所示，标了 2 张像片后，这个标记中间多了 1 个绿色的叉，则表示这个控制点已经重新参与计算并重新得到的位置)。

⑤ 检查其他像片上的绿色标志，进行逐个标记，然后点击“选项”窗口，在展开的“选项”窗口点击“使用”按钮完成控制点 1006 的刺点。当在“图像”窗口点击 2 张像片以后，就可以点击“自动标记”按钮，软件会自动标记上所有对应的像片，但是需要进行检查，如果标记与控制点位置能够对应上，那么这个控制点不需要再标注，如果所标记位置与控制点位置相差比较远，那么就需要重新点击鼠标的左键来纠正，否则会影响项目的精度。自动标记的功能如果是倾斜摄影，最好不使用。

⑥ 在“图像”窗口，如果控制点在像片中点错了位置，或者自动标记了不对应的像片，只要把鼠标移动到相对应的像片上，点击键盘上的 Delete 按键，这张像片上的标注点就会被删除。同样，鼠标移动到相对应的像片上，滚动鼠标滚轮可以放大或缩小像片，方便控制点

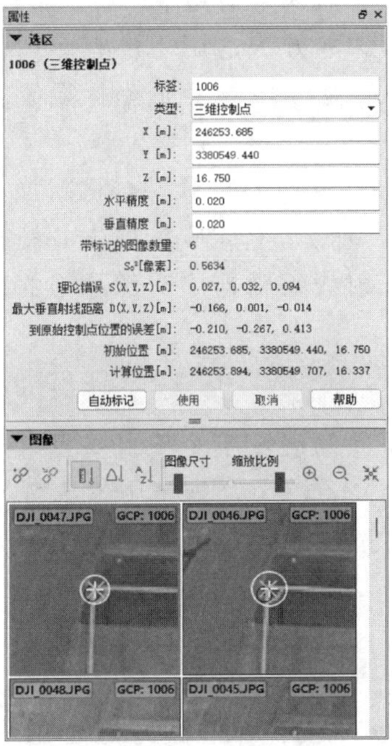

图 8-21　控制点属性及准确位置

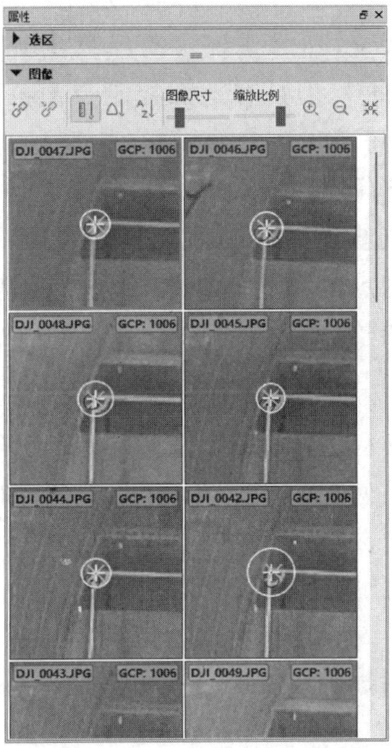

图 8-22　控制点已经被标记

准确标注。

⑦ 刺完控制点 1006 之后，对其他的控制点分别进行上面的操作，完成其他几个控制点的刺点。如图 8-23 所示，控制点刺点完成后，在“层”窗口的各控制点选项中显示了每个控制点被标注次数（在多少张像片上进行了标注）。

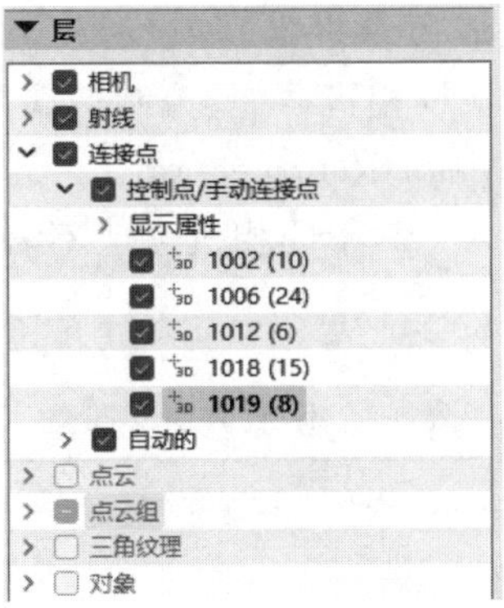

图 8-23　像控点被标注次数

注意：在不同的情况下控制点刺点有三种方法。第一种方法是在平面编辑器中逐个在像片上手动刺出控制点，刺出后可以由软件自动完成初步处理、生成点云、生成 DSM 以及正射影像。第二种方法是先进行初步处理后，在空三射线编辑器中显示控制点，通过 POS 数据预测出所有控制点位置，这种情况适用于软件坐标系统库中可以找到 POS 数据坐标系统与控制点（GCP）坐标系统，这两个坐标系统不一定要相同，软件会自动将它们转化为同一个坐标系统。第三种方法是先进行初步处理后，在空三射线编辑器中设置3个控制点，确定坐标系统，然后系统自动计算出其他控制点的位置，这种方法适用于没有影像位置数据(POS数据)，但是有地面控制点数据且GCP数据坐标系统与POS数据坐标系统关系未知(互相之间不知道怎么转化)的情况。

⑧ 当所有控制点添加完成后，点击菜单“处理/重新优化”命令，软件会将新加入的控制点参与重新计算。最后点击菜单“处理”下的“质量报告”命令，生成质量报告并检查质量报告中控制点的精度。如果控制点误差太大，可以在空三射线编辑器中对像片中的控制点位置进行调整，然后重新优化，直到达到规定精度为止。

8.1.2.8 全自动处理

当项目创建完成，控制点信息已经全部加入坐标系已经确定整个项目就可以进行快速的全自动处理。点击左下侧“本地处理”选项，在弹出的“本地处理”窗口中勾选“DSM，正射影像和指数”选项(图8-24)，点击“开始”按钮。在前面添加控制点过程中初始化处理已经完成，因此这里就不需要再次运行。

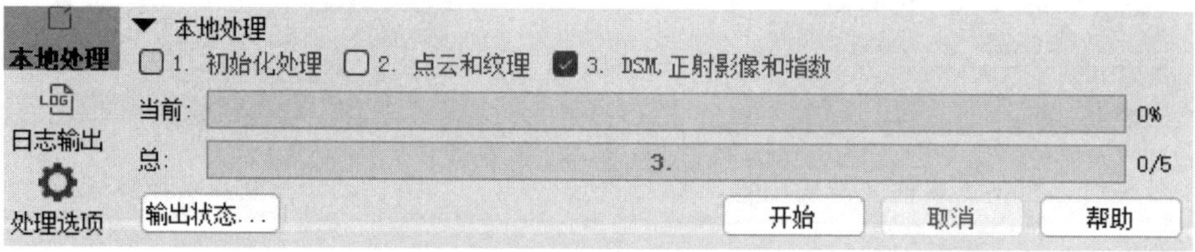

图8-24 全自动处理设置

8.1.2.9 质量报告及成果输出

(1) 质量分析报告

在完成全自动处理后自动生成质量报告。质量报告给出了数据处理中各种误差的情况，主要关注区域网空三误差、自检校相机误差、控制点误差。

区域网空三误差见表8-1，“Mean Reprojection Error”就是空三误差，以像素为单位。相机传感器上的像素大小通常为6 μm，不同相机可能不一样。在这里换算成物理长度单位就是0.168 μm×6 μm。

表8-1 区域网空三误差

Number of 2D Keypoint Observations for Bundle Block Adjustment	1368 907
Number of 3D Points for Bundle Block Adjustment	503 650
Mean Reprojection Error[pixels]	0.199

相机自检校误差见表8-2，“Initial Values”表示最初的相机参数，而“Optimized Values”表示优化计算得到的相机参数，同一列上、下两个参数不能相差太大且R1、R2、R3 3个参数不能大于1。比如最初的相机焦距(4.400 mm)和优化计算后得到的焦距(4.379 mm)不能相差太大(最好不超过5%)，不然选择的相机模型有误，需要重新设置。

表 8-2　相机自检校误差

	Focal Length	Principal Point x	Principal Point y	R1	R2	R3	T1	T2
Initial Values	2 285.722[pixel] 3.610[mm]	2 000.006[pixel] 3.159[mm]	1 500.003[pixel] 2.369[mm]	−0.132	0.111	−0.016	0.000	0.000
Optimized Values	2 327.697[pixel] 3.676[mm]	1 988.093[pixel] 3.140[mm]	1 458.253[pixel] 2.303[mm]	−0.004	0.005	0.010	−0.001	−0.002
Uncertainties (Sigma)	1.516[pixel 0.002[mm]	0.524[pixel] 0.001[mm]	0.546[pixel] 0.001[mm]	0.000	0.000	0.000	0.000	0.000

控制点误差见表 8-3，给出了 Error X、Error Y、Error Z 三个方向的误差及投影误差(Projection Error)。

表 8-3　控制点误差

GCP Name	AccuracyXY/Z[m]	Error X[m]	Error Y[m]	Error Z[m]	Projection Error	Verified/Marked
1002(3D)	0.020/0.020	0.036	−0.119	0.177	0.560	10/10
1006(3D)	0.020/0.020	−0.029	−0.018	−0.073	0.663	24/24
1012(3D)	0.020/0.020	0.012	−0.021	0.217	0.361	6/6
1018(3D)	0.020/0.020	0.140	−0.010	−0.151	0.283	15/15
1019(3D)	0.020/0.020	−0.128	0.203	−0.183	0.505	8/8
Mean[m]		0.005 978	0.007 150	−0.027 63		
Sigma[m]		0.087 212	0.105 612	0.167 622		
RMS Error[m]		0.087 417	0.105 854	0.167 645		

除此之外，还需要查看一下匹配同名点统计表(表 8-4)。表中给出每张像片上搜索到的特征点(Keypoints)和用于匹配的特征点的统计数量(包括最多、最少、中间数以及平均数)。在 3D points from 2D Key point Matches 表中给出了影像匹配点的情况。

表 8-4　匹配同名点统计表

2D Keypoints Table		
Median	Number of 2D Keypoints per Image	Number of Matched 2D Keypoints per Image
Min	43 533	14 075
Max	40 321	10 081
Mean	49 811	34 584
3D Points from 2D Keypoints Matches		
	Number of 3D Points Observed	
In 2 Images	331 780	
In 3 Images	93 845	

表 8-4(续)

In 4 Images	38 099
In 5 Images	16 756
In 6 Images	8 206
In 7 Images	4 519
In 8 lmages	3 139
In 9 Images	2 227

(2) 成果输出

点击 Pix4D Mapper 界面左侧的“镶嵌图编辑器”选项,进入“镶嵌图编辑器”界面。点击工具条上的“编辑镶嵌图”下拉按钮,选择“镶嵌图[group1]”选项,在“图像”窗口点选“正射投影”选项,点击“导出”按钮,进行正射影像图的导出。软件完成正射影像图的导出后,出现对话框提示正射影像图的保存位置。

同样,点击工具条上的“编辑镶嵌图”下拉按钮,选择“DSM”选项,在“图像”窗口点选“正射投影”选项,点击“导出”按钮,进行 DSM 的导出。导出完成后,软件同样给出 DSM 保存位置的提示对话框。最后生成的正射影像图和 DSM 如图 8-25 所示。

(a) 正射影像图　　(b) DSM

图 8-25　生成的正射影像图和 DSM

8.2　倾斜摄影的内业数据处理

8.2.1　数据处理软件

8.2.1.1　软件的基本介绍

重建大师(GET3D Cluster)是武汉智慧科技有限公司自主研发的安全可控的专为超大规模实景三维数据生产而设计的集群并行处理软件,利用相同场景不同视角影像恢复场景三维模型。输入数据源包括不同视点拍摄的数字影像、相机属性、影像位置(POS)、影像角元素(INS)、控制点、点云等。将其导入重建大师，通过计算机图形计算，结合 POS 信息空三处理，生成点云，点云构成格网，格网结合照片生成赋有纹理的三维模型。输出高精度彩色网格模型，可以直接输出的数据格式有 OSGB、OBJ、DOM、DSM，可以转换得到的格式有 FBX、DAE、PLY、3DS、S3MB、3Dtiles、3MX 等。可一键完成空三、自动建模和 LOD 构建，解决通过影像生成高精度实景三维模型重建问题。

通过本软件生产的实景三维模型可广泛应用于城市规划、建筑景观设计、资源管理、军事战场演习、城镇管理、三维导航、城市旅游管理系统、反恐维稳、安保警戒、抢险救灾等国防和国民经济建设各个领域。

8.2.1.2　软件主要功能

(1) 空三模块

支持倾斜影像、地面补拍、激光点云等多源数据导入解算和联合空三，解决单一数据采集覆盖范围有限的问题，使模型细节更丰富。分布式空三计算节点数无限制，实现单节点(内存 64 GB)达到一次 20 万张影像的空三能力。软件支持可视化多区块联合空三解算，支持多机并行处理影像特征提取匹配与平差计算，可实现在无控制点的条件下完成大规模场景的空三解算。针对不同地物类型，进行城镇、农田、森林、近景多种场景模式空三解算。软件支持高精度 POS 辅助空三参数联合解算，提高高精度 POS 在空三过程中的权重，实现高精度免(少)像控，满足 1∶500 房地一体化成图精度要求。支持以 xml/txt 等格式导入像片及位置姿态信息(第三方软件的空三计算成果)；支持导出空三计算成果、无畸变影像和空三成果报告。支持控制点编辑管理，支持多人协同刺点，线性提高刺点生成效率。

(2) 重建模块

重建大师支持输入倾斜影像、补拍照片、架站式、移动式激光点云、车载影像、视频帧、航空影像等文件格式，充分利用集群计算的优势和内容感知的重建算法，实现多任务同时运行，实现精准三维构建的处理，输出高分辨率的三维模型、DOM/DEM/DSM、三维点云、地物外轮廓和实体模型。重建大师支持模型几何简化，包含图像智能增强技术，针对部分数据存在雾霾、过暗、过亮、模糊情形，提供基于 AI 的智能纹理选择与色彩增强处理，提升模型整体质感；软件支持模型瓦片间自动匀色，瓦片间无色差。

(3) 实体模块

重建大师具有三维模型自动单体化功能，基于内容感知的重建算法可在重建过程中识别地物属性，即建筑物外轮廓自动提取，并生成 SHP 文件，做到重建即单体。

(4) 其他功能

① 瓦片匀色：对选择的瓦块进行自动匀色。

② 格式转换工具：将选择的瓦块转换为其他格式，如 3Dtiles、PLY、S3MB 等。

③ 合并 DOM/DSM：对已重建完成模型的产品生成 DOM/DSM。

④ 导出模方工程：选择需要的瓦块自动建立模方工程，进行修模。

⑤ 清理重建中间结果：选择对应的重建，清理重建中间文件，释放存储空间。

⑥ 集群环境诊断：诊断集群软硬件及网络环境。

8.2.1.3　软件特点

① 稳定快速的多区块联合空三。

重建大师成熟稳健的空三自由网平差算法，对带状、大高差倾斜影像有极高的容错率。且重建大师的多区块联合平差不依赖单节点的物理算力上限，仅依赖子区块的资源消耗，可解决单次空三的数据量限制，使区块之间减少分层现象，经过2亿张图像工程验证，空三通过率高达99%。

软件采用GPU加速处理技术、分布式技术、多核多线程技术进行影像特征点提取与匹配，恢复影像间的相对位置和姿态，大幅度提高处理效率。

② 基于内容感知的三维重建。

基于内容识别的语义感知算法，使得重建大师对不同场景有不同的处理模式。对于非兴趣区域，重建大师通过减少三角面进行数据轻量化；对于兴趣区域，重建大师进行精细构建，提升整体质量。

③ 超大规模影像处理能力。

针对城市面积大、数据量大、地物复杂等情况进行空三与重建的优化设计，具有海量数据处理能力。

④ 高品质自动三维重建。

软件处理过程完全自动化，一键即可完成空三、匹配、自动建模和LOD的构建处理。融合人工智能技术，自动几何优化和纹理优化技术，使模型精度不仅能满足智慧城市，地籍测量，1∶1 000、1∶500的测图精度等要求，还能达到精度要求极高的文物数字化标准。

⑤ 智能识车去车。

为了解决移动过的车辆所造成的几何扭曲和纹理失真问题，重建中将车辆检测、移动车辆目标判定及去除融合到三维重建流程中，需要在设置时开启才会进行智能去车处理。

⑥ 三维重建即单体。

重建大师可使用地物要素的轮廓线文件进行地理场景切割，获取建筑、植被、道路等附属设施的单体，实现单体从模型中分离。

⑦ 多人协同刺点。

重建大师提供了多人协同刺点功能，可以支持多名生产人员共同完成同个测区协同刺点工作，显著提升工作效率。

⑧ 搭配智能调度系统。

重建智能调度系统是与重建大师配套的自动化、智能化管理系统，运行实时监控、报警预警，能实现自动管理、调度，主要解决大规模数据生产中的管理和运行保障问题，使得项目工程总量进度一目了然，整体资源利用率最大化。

⑨ 国产化自主知识产权。

完全自主知识产权，满足信创的要求，可以运行于国产的操作系统中。掌握核心技术，能够根据特殊需求定制和调整，如提高效率、快速应急处理等。可应用于有较高安全的政府机关、军用和警用等行业。

⑩ 可形成高效集群建模解决方案。

重建大师可与大势智慧多款软件联动，搭配高密一体的【重建农场计算节点】、高效自动化管理平台【智能调度系统】、修模软件【模方】和三维浏览器【DasViewer】，形成一种软硬一体的高效集群建模解决方案，致力于解决大规模实景三维数据生产中的设备空间占用率高、效率低、成本高、管理难的问题。

8.2.2　倾斜摄影数据处理流程

8.2.2.1　创建项目

点击桌面上重建大师的应用程序图标打开软件，如图 8-26 所示。点击工程菜单下的“新建工程”按钮创建工程。输入工程名，指定工程存放路径。如果采用集群处理(多个工作站同时运算)的模式，需要将工程文件夹路径指向网络路径，如图 8-27 所示。

图 8-26　重建大师的应用程序图标

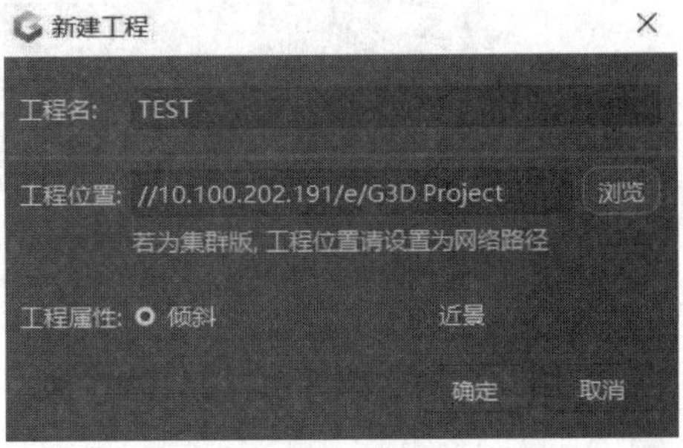

图 8-27　新建工程界面

注：网络路径需以双斜杠\\开头，使用网络路径映射的盘符开头，将被当作本地路径，无法实现集群操作。

根据需求选择工程属性，一般来说，按照规则航线进行航拍的数据选择倾斜模式通过无人机绕飞或手持相机拍摄的数据选择近景模式。点击确定，成功创建工程。

8.2.2.2　数据导入

(1) 导入照片及定位信息

集群操作时，照片存放建议选择网络路径，若存放在本地路径则只能单机运算。点击添加照片图标进入数据导入目录，如图 8-28 所示。

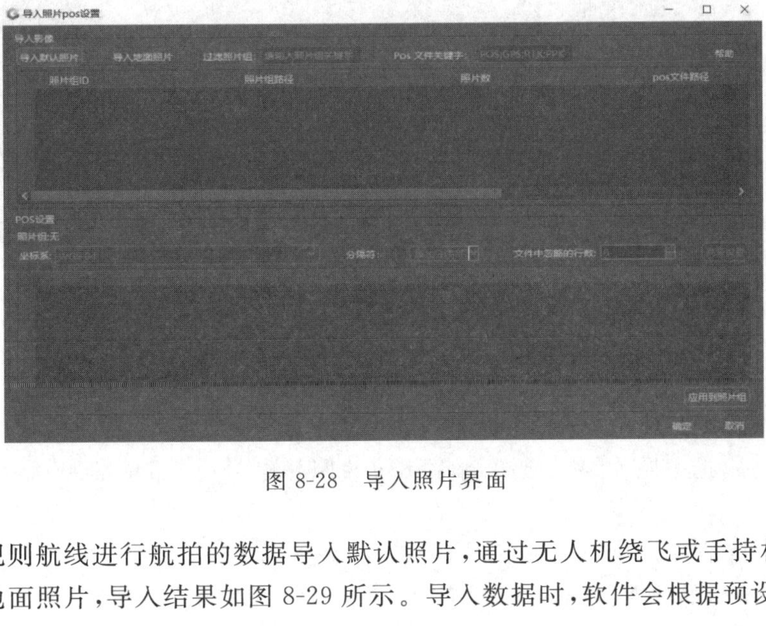

图 8-28　导入照片界面

将按照规则航线进行航拍的数据导入默认照片，通过无人机绕飞或手持相机拍摄的数据选择导入地面照片，导入结果如图 8-29 所示。导入数据时，软件会根据预设的 POS 文件关键字按顺序(顺序为 POS、GPS、RTK、PPK)在照片组目录及照片组父目录搜索相应 POS 文件并直接读取。若读取成功,则需检查此 POS 文件是否为用户需要的文件;若读取不成功,则需手动重新定位(重新选择 POS 文件或读取 EXIF 信息)。

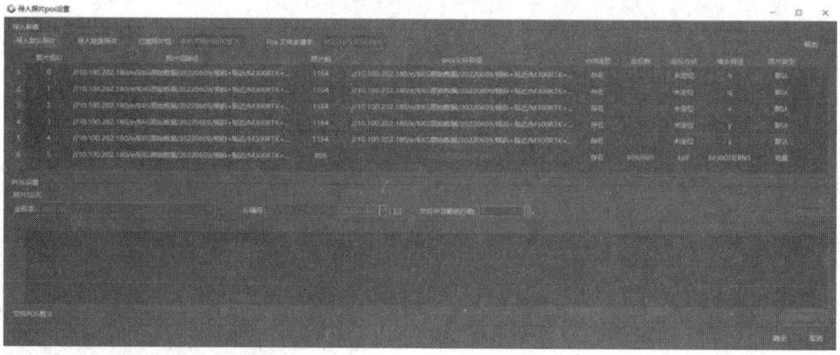

图 8-29　照片导入完成界面

导入照片后,若照片中含有 EXIF 定位信息,软件会进行识别。若“EXIF 信息”一栏显示“存在”,则可对此照片组右键选择“读取 EXIF 信息”。

若导入照片后需要手动选择或修改 POS 文件,可在 POS 文件路径栏下双击选择路径或右键点击“选择 POS 文件”导入 POS 文件。单击此照片组,在 POS 设置栏选择对应坐标系和数据列属性。

如果需要导入角元素,可以点击“高级设置”导入。

设置好后点击“应用到照片组”,选择将此次 POS 设置应用到部分或者全部照片组中;应用后如图 8-30 所示,定位数显示为绿色则表示该照片组所有影像定位成功,数字为红色则表示未全部定位成功或定位完全失败。点击“确定”,完成照片导入和定位操作,照片组信息将显示在数据管理界面。

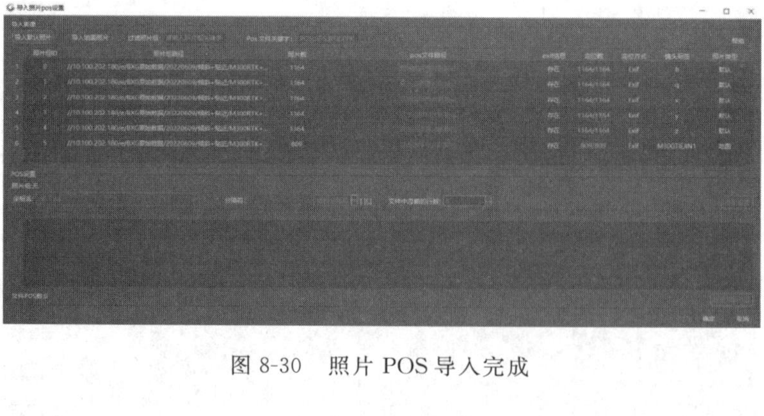

图 8-30　照片 POS 导入完成

(2) 删除无效照片

① 删除不需要参与空三的照片组。

导入照片后,选中照片组右键可删除无效的照片组,例如碘制剂照片或质检照片,如图 8-31 所示。

② 删除起降照片。

选中需要编辑的架次:在照片组列表单击选中 BLOCK,长按键盘“Ctrl”可多选,长按键

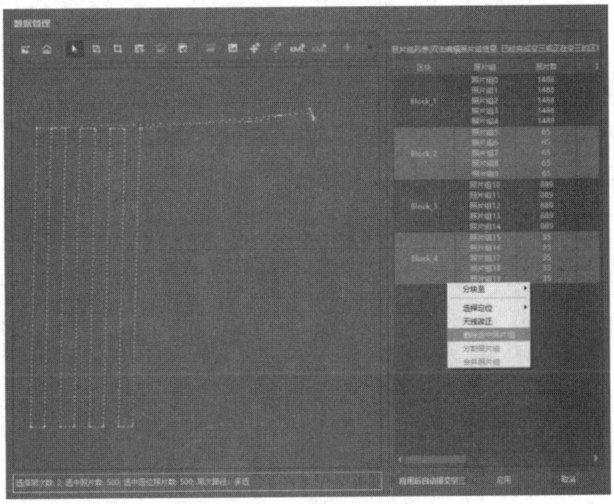

图 8-31　删除无效照片

盘“Shift”可批量选择。选中后的定位数据为绿色高亮状态，如图 8-32 所示。

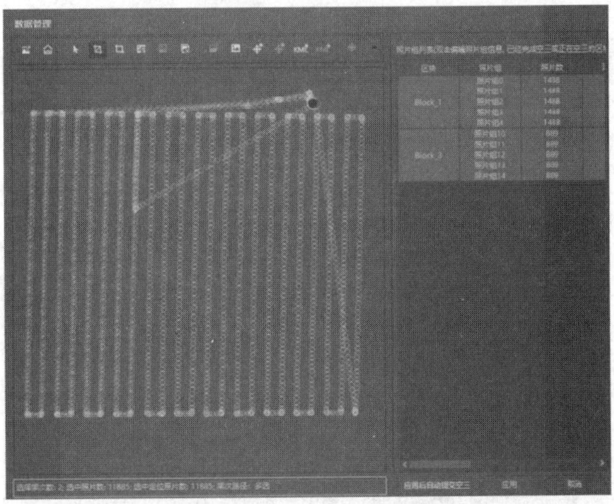

图 8-32　选中需要编辑的架次

选择“截选”功能：点击数据管理工具条上的截选功能图标，如图 8-33 所示。

图 8-33　截选功能图标

选中起降照片：选择截选功能后，程序自动识别首点。人为判断拐点并单击选中，程序会自动选择首点和拐点之间的照片为红色显示，如图 8-34 所示。

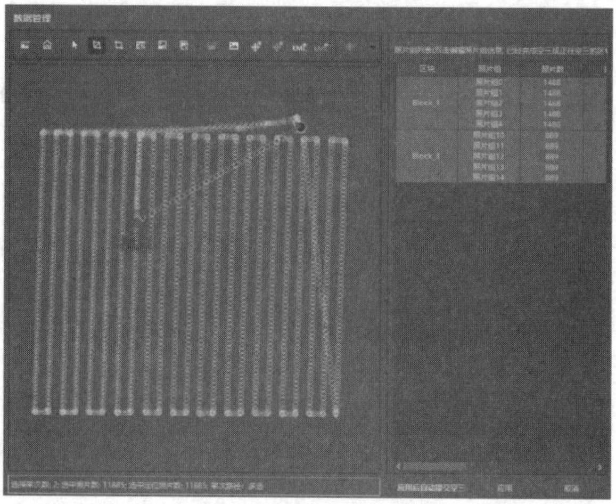

图 8-34　选中起降照片

点击键盘“Delete”键删除起降照片。依次删除其他起降照片，删除完成后效果如图 8-35 所示。

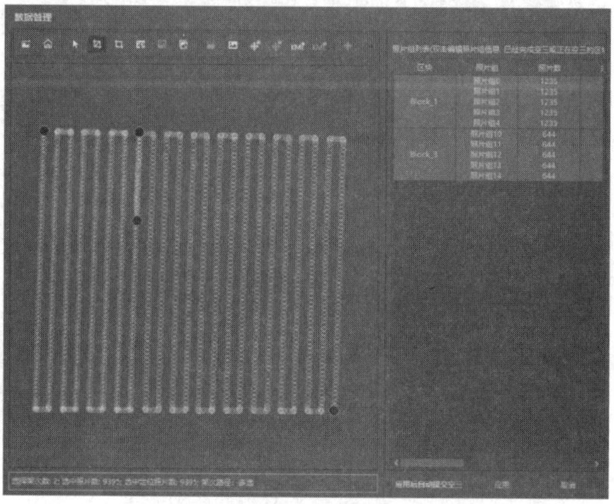

图 8-35　删除起降照片后的状态

(3) 划分区块

若有多个 Block，选中多个 Block，右键分块至同一区块，如图 8-36 所示。最后，点击“应用”按钮，完成数据导入。

8.2.2.3　指定任务目录

在“设置”菜单中点击“任务目录设置”命令，弹出任务管理对话框，如图 8-37 所示。

在任务目录设置分选卡中点击“浏览”选择合适的任务路径，任务路径避免放在工程文件夹下。使用集群方式时任务目录需要使用网络路径。

8.2.2.4　启动引擎

将任务管理对话框切换至“本地引擎设置”选项卡，如图 8-38 所示。

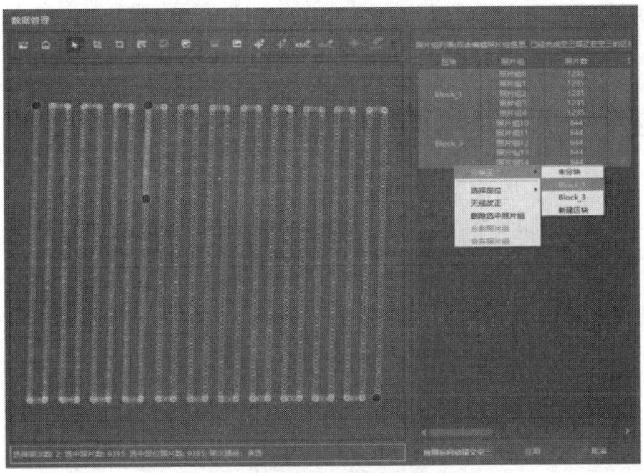

图 8-36　合并区块

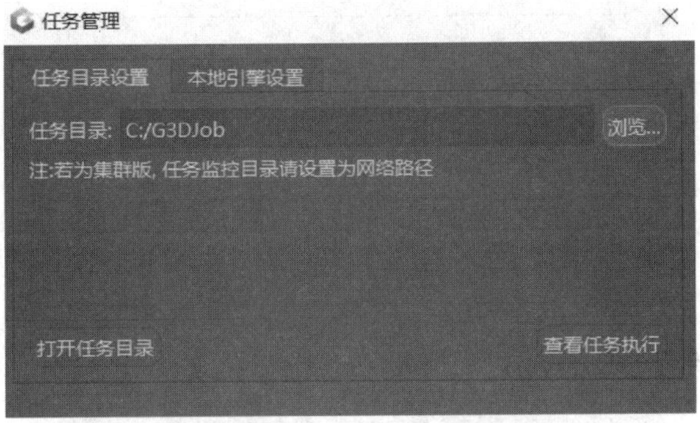

图 8-37　指定任务目录

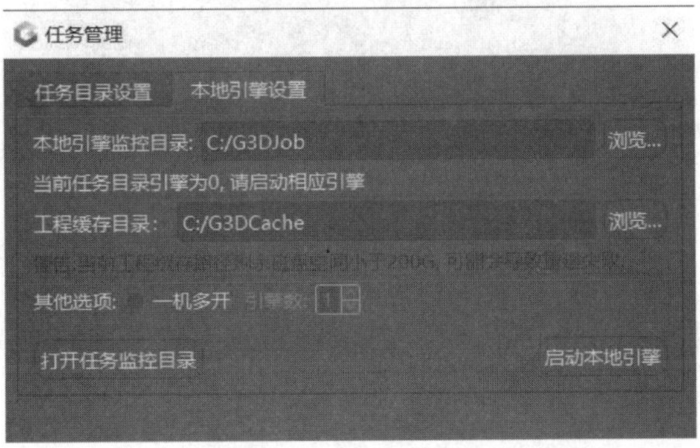

图 8-38　本地引擎设置

本地引擎监控目录需与任务目录保持一致。使用集群方式时，任务目录使用网络路径。工程缓存目录单机或者集群环境下都设置在本地路径下，盘符空间建议预留 200 GB。根据电脑配置设置一机多开的数量，然后点击“启动本地引擎”。

8.2.2.5 提交自由网空三

选择需要进行空三处理的区块，点击“本地空三”按钮，出现“提示”页面，如图 8-39 所示，在知道准确传感器焦距参数的情况下，建议准确填写，也可直接提交空三。

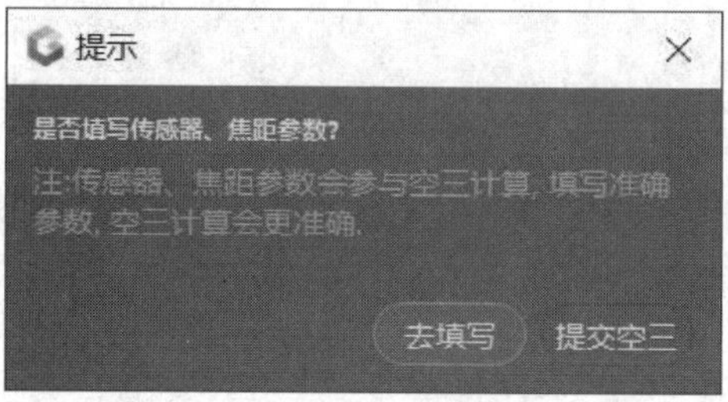

图 8-39 提示界面

提交空三后，弹出“空三设置”界面，如图 8-40 所示。

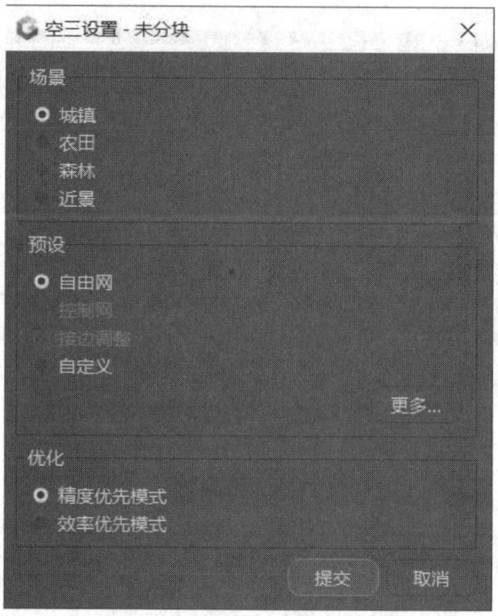

图 8-40 空三设置界面

场景选项默认为城镇模式，如果航测区域为弱纹理区域可以选择农田模式或者森林模式，如果贴近小物件建模场景则选择近景模式；预设选项为自由网模式；优化选项为精度优先模式。设置完成后点击“提交”。

8.2.2.6 检查空三

单区块空三处理成功，以下两条标志缺一不可：

① 区块综合信息栏中显示空三成功。

② 区块三维视图栏中的可视化空三结果：

a. 同一区块内部各架次间照片位置无分层、错位现象。

b. 地物特征点(特别是相邻架次交界处、道路、建筑等)无明显分层错位现象。

8.2.2.7　刺点

自由网空三成功后进行刺点操作，以提高空三的绝对精度。

(1) 编辑控制点

点击综合信息选项卡中的“编辑控制点”或在三维视图中工具栏的“编辑控制点”图标，如图 8-41 所示。

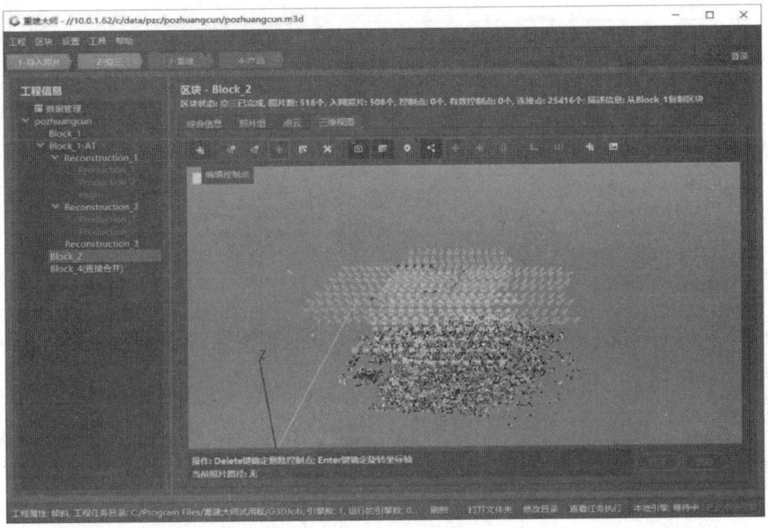

图 8-41　打开编辑控制点的功能

(2) 导入像控点

在弹出的编辑控制点窗口中先选择对应的坐标系(与外业采集时一致)，再点击“导入控制点”按钮，选择对应控制点文件，导入像控点，如图 8-42 所示。

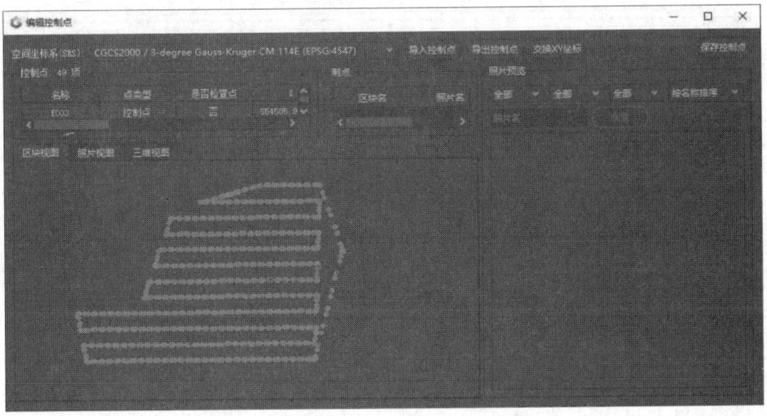

图 8-42　导入控制点

控制点文件一般为平面投影坐标，包含控制点名、东坐标、北坐标、高程等信息，用空格符隔开，见表 8-5。

表 8-5　控制点文件格式

单位：m

控制点名	东坐标	北坐标	高程
E009	488 599.968	2 515 033.338	32.664
E004	489 542.472	2 515 559.433	26.304
E003	489 105.64	2 515 642.651	28.8
E002	488 432.662	2 515 573.487	30.854
E001	488 144.23	2 515 569.872	31.892
E010	488 277.33	2 515 290.771	33.043
E011	488 608.621	2 514 595.992	27.092
E012	489 132.701	2 514 665.507	23.821
E013	489 654.252	2 514 613.903	19.136

（3）刺点

在区块视图中，双击待刺控制点，或在控制点列表中选择对应点。右侧照片预览会显示照片缩略图，“可视照片”为包含当前控制点的照片，“按预测位置排序”会默认将点位于中心的照片前置。

在照片预览中，显示照片为黄色边框，选中后为蓝色边框，选中照片后左边照片视图会有大图显示。可按住 Shift 键和鼠标左键进行刺点。进行刺点操作后，相应右侧的照片变为绿色边框，刺过 3 张照片后照片会出现一个红色预测框，后续刺点可在红色预测框附近寻找实际位置。为保证控制点的有效性，每个点建议刺 20 张左右照片。刺完一张照片可按空格键进入下一张。

刺点常用快捷键见表 8-6。

表 8-6　刺点常用快捷键

热键/组合键	执行的命令
Shift＋鼠标左键	在照片上刺点
Ctrl 键或鼠标滚轮	照片缩放
Alt＋鼠标滚轮	快速缩放
按住鼠标左键拖动	视野拖动
空格键	刺完点的照片切换至下一张
Delete	删除照片
A/W/S/D 键	切换照片

刺点位置的确定由外业采集的点之记进行确认。刺点效果图如图 8-43 所示。

当选择按预测位置排序时，刺点后照片顺序自动发生改变。如果避免照片顺序一直更换带来刺点不便，可取消勾选“实时刷新”按钮，如图 8-44 所示。

可使用右键删除控制点或刺点，如图 8-45 所示。

可在控制点表格备注栏直接添加备注，如图 8-46 所示。

点击右上角关闭按钮，提示是否保存，可按需选择是否保存此次控制点。

图 8-43　刺点效果图

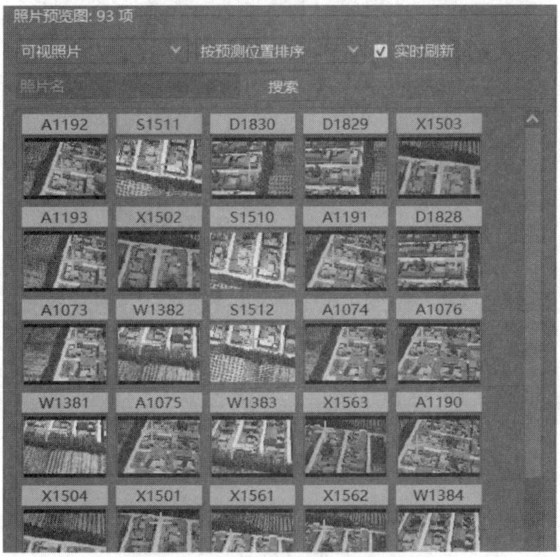

图 8-44　刷新刺点照片页面

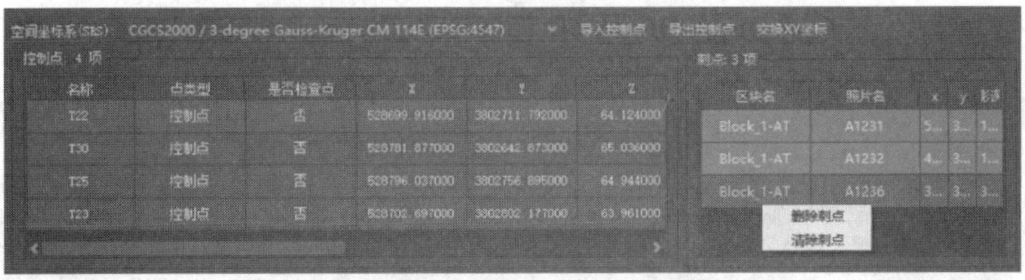

图 8-45　删除控制点或刺点

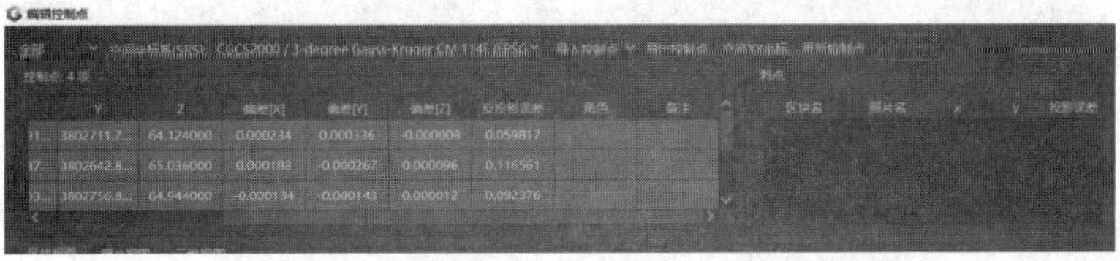

图 8-46　添加控制点的备注信息

8.2.2.8　控制网平差

刺点完成后，重新提交空三进行平差，完成绝对定向。控制点平差设置如图 8-47 所示。

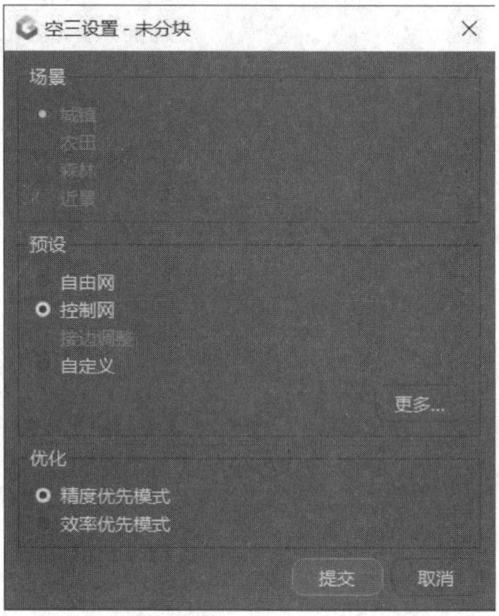

图 8-47　控制点平差设置

在平差设置的对话框中预设选项设置为控制网模式，优化选项设置为精度有限模式，点击“提交”按钮后，在弹出的“询问”对话框选择“是”，如图 8-48 所示。

图 8-48　提交空三窗口

平差完成后点击“检查空三”按钮，如图 8-49 所示，检查是否有控制点精度超限。

图 8-49　检查空三精度

或者再次进入编辑控制点界面，查看控制点 XYZ 偏差，偏差值小于 0.01 即可，若偏差较大，控制点则会用黄色或红色标识。此时需要重新检查并刺点，直至所有刺点的 XYZ 偏差都小于 0.01，如图 8-50 所示。

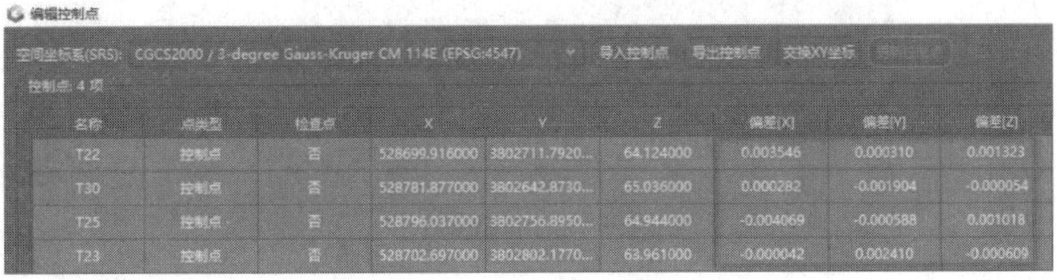

图 8-50　控制点精度

8.2.2.9　新建重建

在空三完成或导入完成的空三后开始重建，点击新建重建，工程信息栏出现 Reconstruction 对话框，如图 8-51 所示。在重建设置中进行坐标系选择、范围选择以及瓦片划分。

(1) 坐标系选择

点击坐标系下拉栏中选择“空间参考系统数据库…”选项，弹出坐标系数据库，设置正确坐标，如图 8-52 所示。

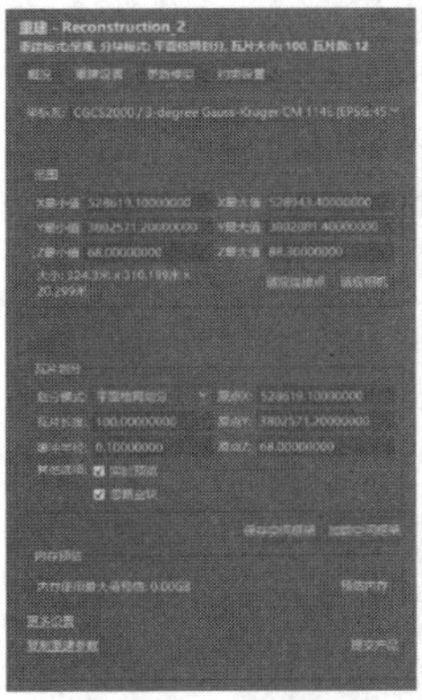

图 8-51　重建设置页面

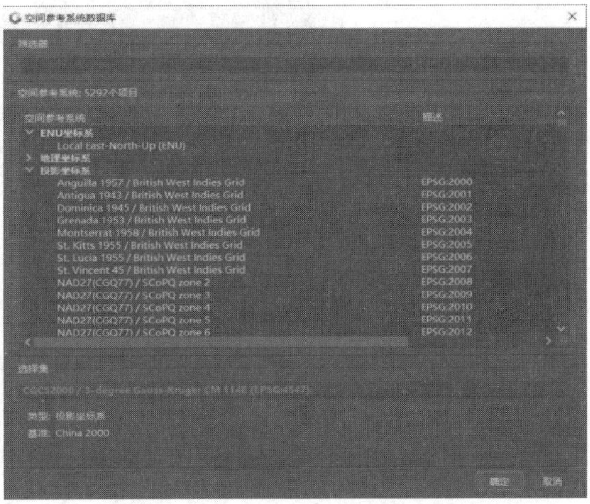

图 8-52　设置坐标系

(2) 范围选择

范围选择，即兴趣区域的编辑，可以选择手动编辑或者导入 KML 范围线，适应连接点或者相机，如图 8-53 所示。

(3) 设置瓦片的划分模型

在划分模式中选择“规则平面划分”，瓦片边长的选择由计算机内存决定，设置瓦片长度后点击“预估内存”按钮可以看到当前瓦片长度下内存使用最大值预估，建议预估值不超过实际内存的 3/4(图 8-54)。

(4) 更多设置

更多设置中的参数均可用默认设置，如图 8-55 所示。

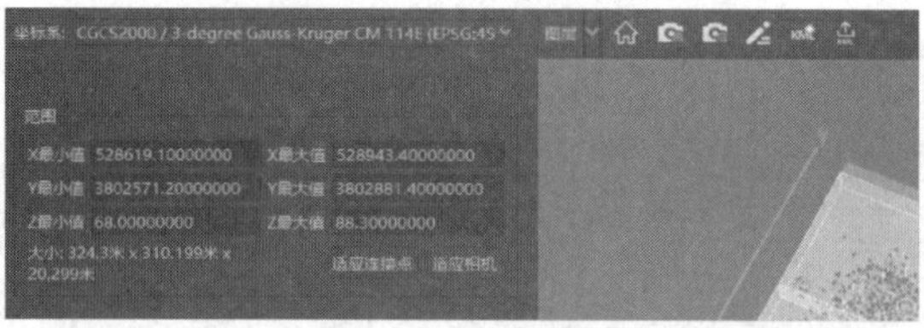

图 8-53　编辑兴趣区域

图 8-54　划分模型

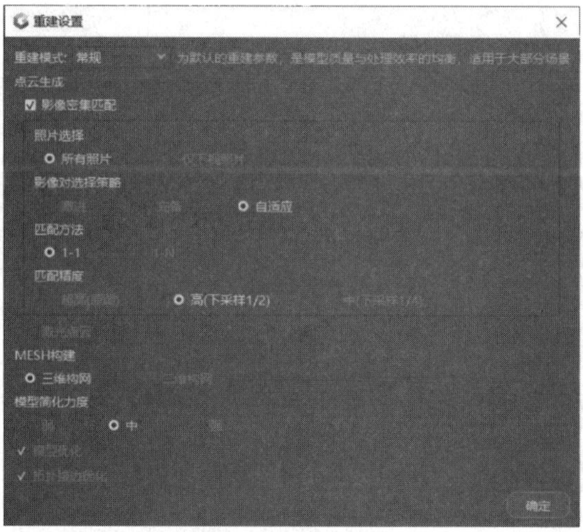

图 8-55　更多设置

8.2.2.10　提交产品

在 Reconstruction（重建）中的相关参数设置好之后可以提交产品 Production，流程如下：

① 在工程信息栏中选中对应的 Reconstruction 点击右键选择“新建产品”，或在概况中点击“新建产品”。

② 在产品功能框中进行基本输出设置、产品类型选择以及空间参考设置。如图 8-56 所示。

③ 输出设置。输入产品名称和输出路径设置，在产品选项中输出格式默认选择“Open Scene Gragh Binary(.osgb)”，便于及时浏览查看模型；若需要 OBJ 格式数据，可以在输出格式选择“Wavefront OBJ(.obj)”。其他参数选择默认即可。若需要生成 DOM、DSM、DEM 等数据，必须先生成 OSGB 或者 OBJ 格式的数据。

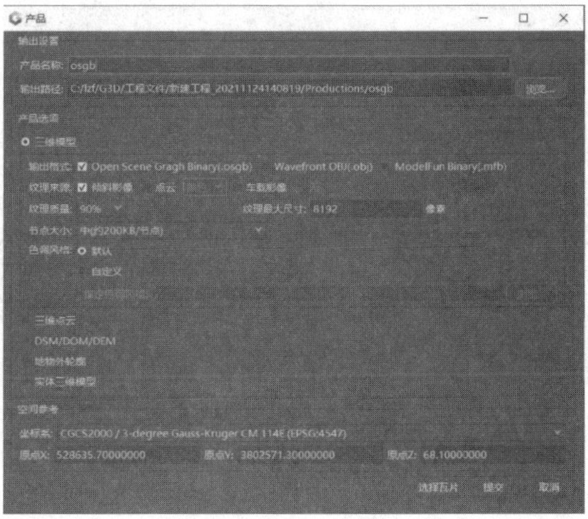

图 8-56　产品基本参数

④ 瓦片选择。默认情况下所有瓦片都是被选择的，如果需要对输出的瓦片进行选择可以通过以下三种方式进行：

a. 使用导入选择集文件（*.txt）或者使用范围线数据（*.kml）进行瓦片筛选。

b. 可以按照连接点选择或航线进行选择。

c. 在三维视图中使用手动选择的方式进行目标瓦片的选择。

选择完毕，点击提交，如图 8-57 所示。

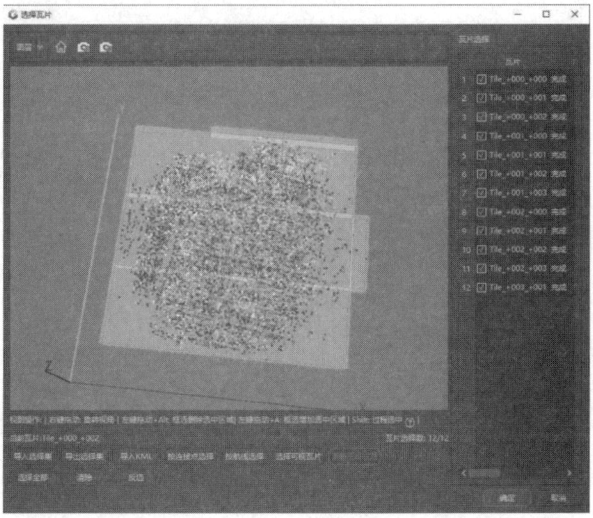

图 8-57　瓦块选择

⑤ 启动引擎，开始瓦片生产。点击提交按钮后自动跳转到产品信息栏，自动开始本地重建，若已将之前空三时用到的引擎关闭，则需重新在设置中打开。瓦片的状态栏显示运行中，即正常运行。新建产品后，产品页面如图 8-58 所示。

⑥ 重建完成后，三维页面上显示生成的 OSGB 格式模型，如图 8-59 所示。

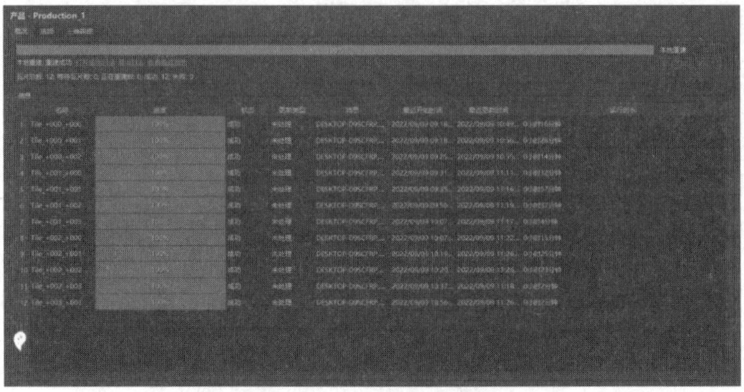

图 8-58　产品页面

图 8-59　产品三维页面

第 9 章　机载雷达的数据采集与应用

9.1　机载雷达概述

9.1.1　机载雷达的定义和作用

9.1.1.1　机载雷达的定义

机载雷达是一种安装在飞机上的雷达系统，主要用于探测和识别地面、水面、空中等目标，并对这些目标进行精确测向和定位。机载雷达在无人机测绘中扮演着重要的角色，可以大幅度提高无人机的自主导航、地形测绘、目标跟踪等能力(图 9-1)。

图 9-1　飞马 DV. LIDAR10 长距离高精度激光雷达

9.1.1.2　机载雷达的作用

(1) 自主导航

机载雷达可以实现对无人机的自主导航，通过发射无线电波并接收反射回来的信号，计算出无人机的位置、速度等参数，从而实现无人机的自主定位和控制。在无人机测绘中，自主导航是非常重要的一项技术，可以帮助无人机在复杂环境中进行高精度的飞行和作业。

(2) 地形测绘

机载雷达可以通过对地面反射回来的信号进行分析和处理，计算出地面的高程、坡度等参数，从而实现对地形的精确测绘。这种技术在无人机测绘中得到了广泛应用，可以帮助无人机实现对地形的快速、准确的测绘和记录。

(3) 目标跟踪

机载雷达可以对地面、水面、空中等目标进行高精度跟踪和监视。通过对目标反射回来的信号进行分析和处理，计算出目标的运动轨迹和速度，从而实现对目标的精确跟踪和监视。这种技术在无人机测绘中得到了广泛应用，可以帮助无人机实现对目标的跟踪和监视。

(4) 气象探测

机载雷达还可以用于气象探测，通过对大气中的水汽、风速、温度等参数进行测量和分析，计算出气象条件对无人机测绘的影响，从而帮助无人机进行高精度的气象预测和气象控制。这种技术在无人机测绘中也得到了广泛应用，可以帮助无人机实现对气象条件的精确探测和控制。

机载雷达是一种非常重要的无人机测绘技术，可以大幅度提高无人机的自主导航、地形测绘、目标跟踪等能力，从而为无人机在各个领域的应用提供了更广阔的空间和更高效的方法。

9.1.2 机载雷达的工作原理和组成

9.1.2.1 机载雷达的工作原理

机载雷达通过发射一定频率的无线电波，并接收这些电波反射回来的信号，通过对这些信号的处理和分析，计算出目标的位置、速度、形状等。具体来说，机载雷达的工作原理可以分为以下几个步骤：

(1) 发射无线电波

机载雷达通过发射天线向目标发射一定频率的无线电波，这些电波在传播过程中会遇到目标并被反射回来。

(2) 接收反射回来的信号

机载雷达通过接收天线接收反射回来的信号，并将这些信号进行放大和混频处理。

(3) 信号处理

通过对接收到的信号进行处理，如滤波、傅立叶变换等，提取出目标的回波信号，计算出目标的位置、速度等参数。

(4) 数据分析

通过对回波信号的数据进行分析，计算出目标的大小、形状等，并确定目标的速度和方向等。

9.1.2.2 机载雷达的组成

机载雷达主要由以下几个部分组成：

(1) 天线系统

机载雷达的天线系统是发射和接收无线电波的关键部件，主要包括发射天线和接收天线。发射天线将无线电波向目标发射出去，而接收天线则负责接收反射回来的信号。

(2) 信号处理系统

信号处理系统负责对接收到的信号进行处理和分析。信号处理系统包括模拟信号处理和数字信号处理两个部分，其中模拟信号处理包括放大、滤波、混频等，数字信号处理包括 A/D 转换、傅立叶变换等。

(3) 数据处理系统

数据处理系统负责对回波信号的数据进行处理和分析。数据处理系统包括数据预处理、图像配准与融合、三维重建、数据后处理等环节。数据预处理包括对数据进行去噪、滤波等处理，以提取目标的回波信号。图像配准与融合是将多个不同角度、不同时间获取的图像进行配准和融合，以提高目标的检测精度。三维重建则是根据回波信号的数据建立目标的 3D 模型。数据后处理包括对数据进行统计、分析等处理，以得到目标的特征和参数等信息。

（4）控制与显示系统

控制与显示系统是机载雷达的人机交互部分，负责对雷达的工作进行控制和显示。控制部分包括各种开关、按钮、旋钮等控制部件，以实现对雷达的各种操作；显示部分包括显示器、指示器等部件，以显示雷达的工作状态、目标信息等。

9.2　机载雷达外业数据采集

9.2.1　资料准备

资料准备一般应收集以下资料：

① 飞行区域内的行政区划、通信、交通和自然地理等。

② 飞行区域内及邻近地区已有大地测量资料（如大地控制资料、高程控制资料、似大地水准面成果、像控成果、全球导航卫星系统连续运行基准站等）。

③ 飞行区域内的地形类别、地面覆盖类型、植被覆盖密度等。

④ 飞行区域内的数字高程模型数据、正射影像图、地形图等。

⑤ 必要时进行实地勘察获取的相关资料及信息。

9.2.2　飞行季节和飞行时间选择

① 应选择气象条件最有利的飞行季节；选择地面无积雪、地面植被稀疏和树木落叶的季节，同时应考虑云高、云量、可见度等因素。

② 应根据机载雷达所采用的激光扫描仪的波长选择合适的飞行时间，同时考虑 GNSS 信号强度和卫星数量的要求等因素；如果同时需要获取数字影像，还应选择有利于影像获取的航摄飞行时间。在条件允许的情况下，一般选择在上午 9 点至下午 3 点期间进行航测作业。选择航摄时间既要确保具有足够的光照度，又要避免过大的阴影。

9.2.3　飞行实施

（1）飞行准备

① 飞机停机位四周视野开阔，视场内的障碍物的高度角应不大于 20°，避免 GNSS 信号接收机失效。

② 机载设备在起飞前进行加电检测，在起飞前 5 min 开机。

③ 所有基站应在飞行前进入观测状态，完成对电源、存储系统等的检查，做好观测准备。所有基站在测量过程中应连续测量。

④ 准备好第二套飞行方案，以备由于客观原因导致飞行困难。

（2）检校飞行

① 机载激光雷达设备每次拆卸安装，或设备各部件相对关系发生改变后，均应重新进行检校飞行。

② 多架次飞行后可以根据数据质量进行重新检校。

③ 检校飞行应满足卫星数据量大于 10 颗，高度角大于 15°，并应选择好的观测时段，位置精度衰减因子(PDOP)值小于 4。

(3) 航高保持

① 在一条航线内航高变化不应超过相对航高的 5%～10%。

② 实际航高变化不应超过设计航高的 5%～10%。

(4) 飞行速度

① 飞行速度应根据机载激光雷达在不同航高和不同激光光线强度等情况下的标称精度要求、项目对精度要求、地形起伏情况、激光频率、系统的最大瞬时视场角(IFOV)以及载体的性能等参数确定。

② 整个作业区域内飞行速度应尽可能保持一致。

③ 在一条航线内飞机上升、下降的速率不大于 10 m/s。

(5) 飞行中的姿态

① 航线俯仰角、侧翻角一般不大于 2°，最大不超过 4°。

② 飞机转弯时，坡度不大于 15°，最大不超过 22°。

③ 航线弯曲度不大于 3%。

④ 需要时，为避免 IMU 误差累计，每次进入测区前飞机应先平飞 3.5 min，再做个“8”字形飞行；当次飞行结束后，飞机应先做“8”字形飞行后平飞 3.5 min。

(6) 补飞与重飞

出现下列问题时需要进行补飞和重飞：

① POS 系统局部数据记录缺失。

② 根据各个设备评价指标检查是否满足要求决定。

③ 原始数据质量存在局部缺陷而影响点云的精度和密度。

补飞或重飞航线的两端一般应超出补飞范围外半幅图，超出部分不小于 500 m，且不大于 2 000 m，并满足与原航线的旁向与航向重叠要求。

9.2.4 飞行质量控制

① 根据航空摄影测量的特点，为确保测区内地物目标后期模型数据的完整和精确，摄区外围至少需要外扩 1 倍航高的距离，以保证测区边界覆盖。

② 为保证点云模型数据生产的成果质量，采用大重叠度敷设航线。若由于特殊情况必须在特殊天气情况下(如大风天气)执行航飞任务时，应增大航向重叠度，保障飞行质量，防止丢片。地形起伏大的区域，也应适当增大重叠度，避免影响模型精度。

③ 旋偏角一般不大于 25°，在数字像片航向和旁向重叠度符合规范要求的前提下最大不超过 35°。在一条航线上达到或接近最大旋偏角限差的像片数不得连续超过 3 片。在一个测区内出现最大旋偏角的像片数量不得超过测区像片总数的 4%。

④ 航线弯曲度一般不大于 1%，当航线长度小于 5 km 时，航线弯曲度不大于 3%。

⑤ 数据完全覆盖测区范围，不得有漏洞(图 9-2)。对航摄过程中出现的绝对漏洞、相对漏洞及其他严重缺陷及时补摄或重摄。漏洞补摄按原设计航线进行，补摄航线的长度满足用户区域网加密布点的要求。对 POS 辅助航摄出现 GNSS 信号质量很差或 POS 不完整的航线参照相应的补飞与重飞要求进行。

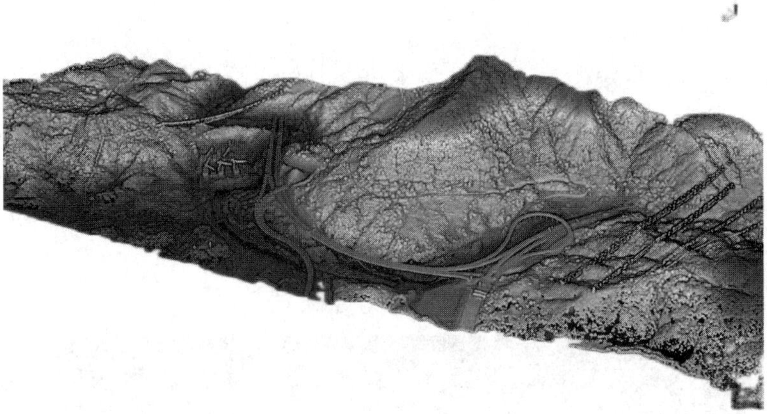

图 9-2　机载雷达数据

9.3　机载雷达内业数据处理

机载雷达数据处理技术路线图如图 9-3 所示。

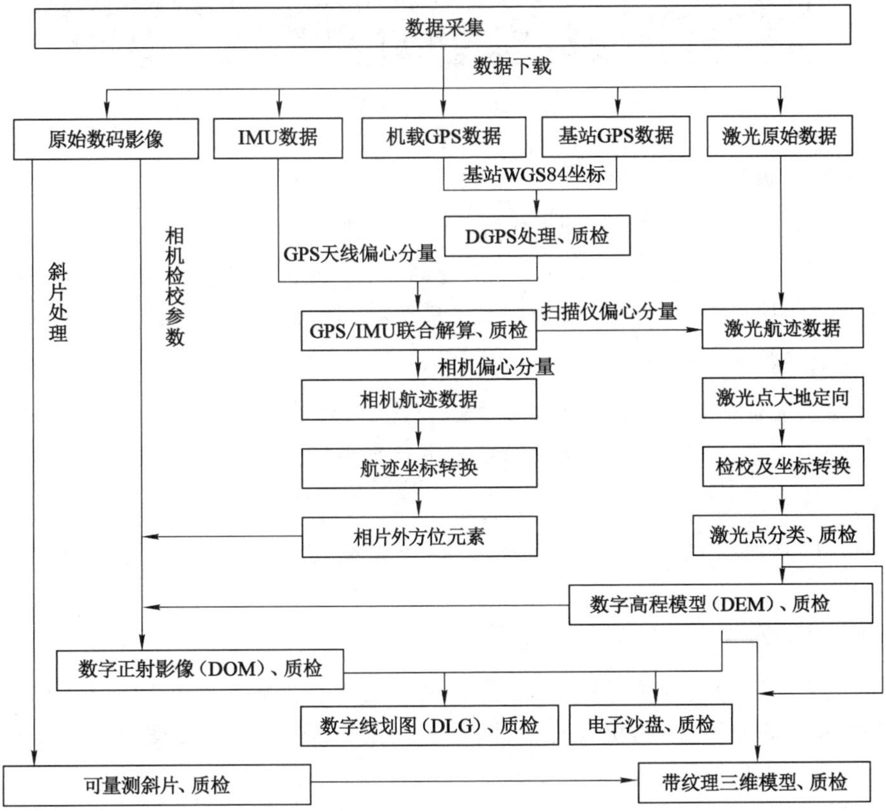

图 9-3　机载雷达数据处理技术路线图

9.3.1 数据预处理

9.3.1.1 GNSS/IMU 解算

在飞机长时间航摄过程中，GNSS 信号的失锁在所难免，一旦发生周跳，就需要重新计算整周模糊度，目前 GNSS 动态定位中最常用的方法是运动中载波相位模糊度解法。联合 GNSS 基站和动态 GNSS 数据，使用正反算发展成固定整数差分 GNSS 航迹线。集成 IMU 数据和精确的相位差分 GNSS 位置，使用 kalman 滤波正反算可以生成更加准确的航迹时刻、位置、Omega、Phi、Kappa 的航迹线文件。

数据解算如图 9-4 所示。

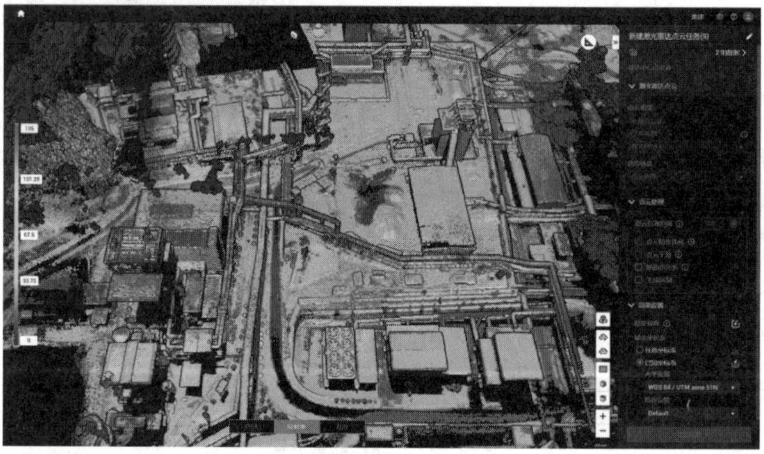

图 9-4　数据解算

9.3.1.2 点云数据解析与检校

在 GNSS/IMU 数据解算后，还需对传感器设备获取的原始点云数据进行解析。无人机获取的原始点云数据格式为：*.IMP。解算时，可设置视场角为 $-30°\sim30°$，且最小保留距离为 50 m，以便滤除飞行过程中的雨点、飞鸟等噪声点云。

9.3.1.3 航带拼接和航带平差

在初始解析完成后，需对数据进行质量检查，包括航带间分层检查、剖面检查。若航带间数据出现分层现象，那就需要对航带间数据进行平差纠正。

9.3.1.4 去冗余

删除航带间重叠区的冗余点云数据，去除边缘精度不好的数据，实现数据间的无缝对接。

9.3.2 点云赋色

点云赋色是将影像纹理信息赋予点云，辅助点云交互编辑。点云赋色可以基于原始影像赋色，需要提供原始影像、相机检校文件、空三后的 POS 文件以及搜索范围；或者基于正射影像赋色，需要提供 DOM 或者快拼图。

9.3.3 坐标、高程系统转换

9.3.3.1 坐标系统转换

(1) 直接获取转换参数转换

① 利用转换参数将点云数据转换至成果坐标系统。坐标转换的误差应不大于图上 0.1 mm(以成图比例尺计算)。

② 当成果采用 2000 国家大地坐标系统时，应根据原始点云所在的 ITRF 框架与 ITRF97 框架之间的转换关系，将原始点云数据转换到 ITRF97 框架 2000.0 历元上。

(2) 利用控制点解算转换

对于无法获取已知转换参数的区域，布设、施测 3 个以上的控制点，获取控制点在两个坐标系统中的坐标值，解算两个坐标系统之间的转换参数。坐标转换中误差应不大于图上 0.1 mm(以成图比例尺计算)。

9.3.3.2 高程系统转换

① 收集该区域的精化似大地水准面成果，对点云数据进行高程拟合转换，将点云高程系统转换至成果高程系统。

② 对于区域似大地水准面成果不能满足数字高程模型精度要求的，应在测区施测 GNSS 水准点，进行拟合转换，或进行局部似大地水准面精化后实现转换。

9.3.4 点云质量检查

在利用点云数据作业前，需对点云数据进行质量检查，包括点云密度检查和点云精度检查等(图 9-5、图 9-6)。

图 9-5 点云密度检查

激光雷达点云密度：激光雷达点云密度利用全测区(水域除外)激光点个数与全测区(水域除外)面积进行计算。

激光雷达点云密度 ρ 按式(9-1)计算。

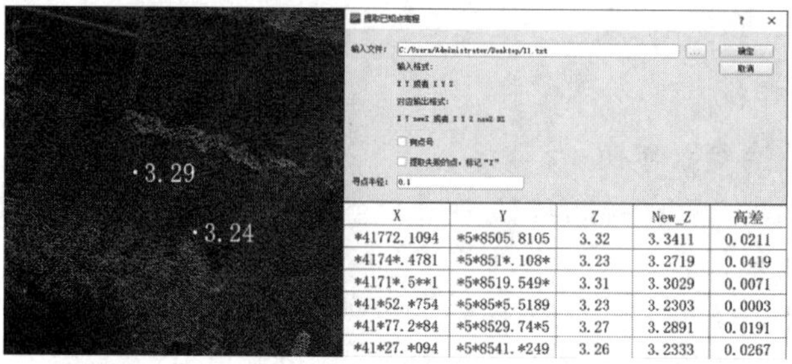

图 9-6　点云精度检查

$$\rho = \frac{n - \sum_{i=0}^{m} n_i}{A - \sum_{i=0}^{m} A_i} \tag{9-1}$$

式中　ρ——激光雷达点云密度，个/m^2；

n——测区内激光雷达点云总数，个；

n_i——第 i 个水域内激光雷达点云点数，个；

m——测区内水域数量，个；

A——全测区激光雷达点云覆盖的面积，m^2；

A_i——第 i 个水域激光雷达点云覆盖的面积，m^2。

9.3.5　数据分块

根据实际需要对点云数据进行分块。每一个数据块为软件处理的一个单元，一般按矩形切块。数据块的大小根据数据处理软、硬件性能综合考虑。

9.3.6　点云去噪

受到仪器、周围环境、被扫描目标自身的特性影响，点云数据中无法避免存在一些噪声。噪声的来源很多，比如超过扫描设定范围的点，由于受到周围的风、周围物体的震动等影响产生的点，或者空气中水汽的影响产生的点；等等。产生的噪声点，不仅会增加点云的数据量，还会影响建模、信息提取的精度等，需要通过滤波处理进行去除(图 9-7)。

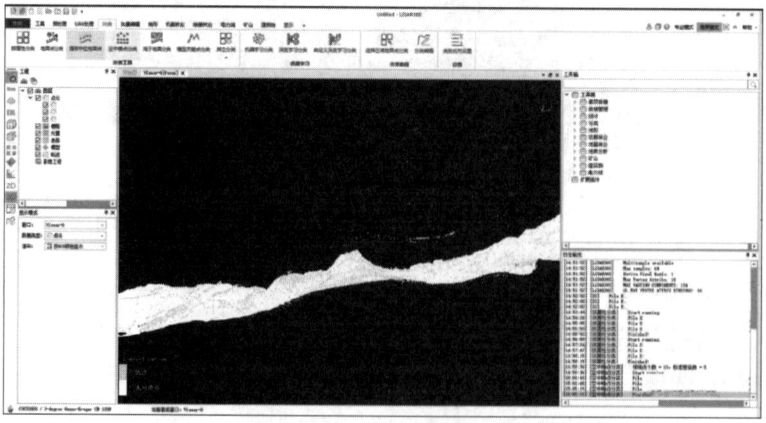

图 9-7　点云去噪

点云噪点一般包括以下几类：

① 体外的飞点，这种点偏离实测的数据比较远，全部在主体点云的外围。

② 集群成簇的噪点，也是偏离主体比较远，但是成簇出现，这种噪点就可以人为地用裁剪工具将之删除。

③ 混杂噪点，与真实的点混杂在一起，这一类点的处理就比较困难，会借助剖面编辑对其分类。

9.3.7　点云重采样

点云重采样是指对于一个输入的原始点云，调整其点的位置以及分布密度，提升点云的质量，并提高点云后续应用的效果。重采样主要分为两种，一种是针对原先就很稠密的点云进行降采样(下采样)，通过去除冗余的点达到简化点云的目标。另一种是针对原先稀疏的点云进行上采样。有时候点云数据量巨大，存储、操作都不方便，就需要进行降采样，即从大容量的点云数据样本中按照一定规律选取具有代表性的样本来代替原来的大样本，可以简化操作、计算等。

9.3.8　点云分类

点云分类是一个将点云数据划分为不同类别的问题。这个过程通常涉及机器学习和数据挖掘技术。一种常见的分类方法是先对原始点云数据进行预处理，包括降噪、滤波和特征提取等，然后使用分类器(如支持向量机、神经网络等)对处理后的数据进行分类。另一种分类方法是基于聚类的方法，如 K. means 聚类、层次聚类等。这种方法将点云数据划分为多个聚类，每个聚类代表一个类别。

在实际应用中，点云分类的方法还有很多，选择哪种方法取决于具体的应用场景和数据特点。同时，点云分类的效果也受到数据质量、特征提取和分类器设计等因素的影响。

点云分类流程如图 9-8 所示。林区地面点云分类如图 9-9 所示。

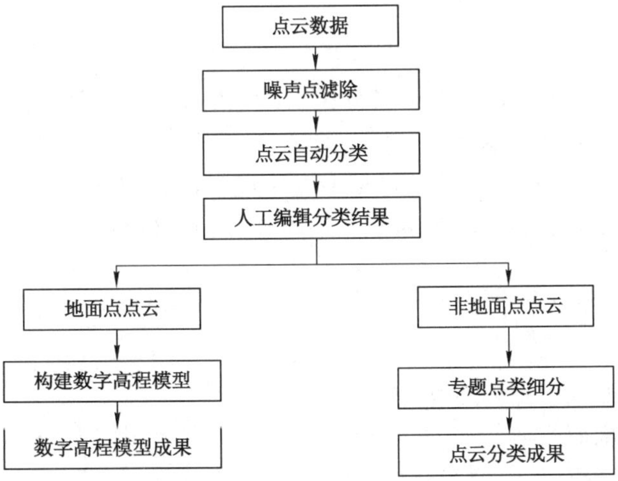

图 9-8　点云分类流程图

(1) 分类算法

利用基于反射强度、回波次数、地物形状等的算法或算法组合，对点云数据进行自动

(a) (b)

图 9-9 林区地面点云分类

分类。

(2) 提取地面点云

裸露地表处有且只有一次回波,此次回波对应的反射点即地面点。植被覆盖区域可能对应多次回波,正常的地面点是最后一次回波对应的反射点。相对于地物点,地面点的高程是最低的。从较低的激光点中提取初始地表面。基于初始地表面,设置地面坡度阈值进行迭代运算,直至找到合理的地面。

(3) 非地面点分类

根据点的高度及点云分布的形状、密度、坡度等,对非地面点云进行分类。对于形状规则,空间特征明显的地物,可通过参数设置,利用软件自动提取,如建筑物、电力塔等。

9.3.9 人工编辑分类结果

人工编辑分类结果主要包括:

① 对高程突变的区域,调整参数或算法,重新进行小面积的自行分类;

② 采用人工编辑的方法,对分类错误的点云重新进行分类。

9.3.10 质量控制

(1) 检查方法

对分类结果进行检查。通过将点云分类显示,按高程显示等方法,目视检查分类后点云;对有疑问处用断面图进行查询、分析。

地面点云检查一般采用建立地面模型的方法进行检查,对模型上不连续、不光滑处,绘制断面图进行查看。若有对应影像,可用辅助检查分类进行验证。

(2) 检查内容

检查的主要内容包括:

① 点云分类是否正确。

② 地面点云表面模型是否连续、光滑。

③ 地面点云的剖面图形态是否合理。

④ 分类结果与地形图、影像套合,所分点类与影像范围是否一致。

9.3.11 数字高程模型制作及质量控制

9.3.11.1 地面点处理要求

(1) 数据空白区处理

数据空白区处理主要有以下两种情况：

① 对于河流、湖泊等面积较大的无数据水体区域，采集水涯线作为特征线参与高程模型的生成。当点云数据中无法获取水涯线高程时，应实地补测高程信息。

② 对于滤除非地面点后出现的零散、小面积无数据区域，制作数字高程模型时，根据数据实际情况设置较大的构网距离，保证插值结果反映完整地形，不得出现插值漏洞。

(2) 补测、实测

对不满足要求的区域(如山体、陡坡或地物遮蔽严重等特殊地形处，由于地面数据缺失，插值后损失地形细节，影响数字高程模型精度)进行外业实测、补测高程信息。对于具备同期数码影像的，可基于立体像对补测特征点、特征线等高程信息，保证地形细节完整。

(3) 特殊地物数据处理要求

制作数字高程模型时，应注意对以下特殊地物数据的处理：

① 立交桥、高架桥、桥梁等架空于地面或水面之上的人工地物范围，一般只保留地面或水面上的点云数据。

② 路堤、土堤、拦水坝、水闸等底部与地面相接的构筑物，保留其点云数据。

9.3.11.2　数字高程模型制作

(1) 数字高程模型生成

点云中所有地面点均作为特征点进行数字高程模型构建。根据实际情况，可选择带有高程信息的精确匹配的道路特征线、河流边线、面状水域(湖泊、水库、池塘等)范围线等参与数字高程模型生成。

(2) 图幅裁切

按照成图比例尺，对生成的数字高程模型按表 9-1 的规定裁切生成图幅数字高程模型。图幅数字高程模型跨分块时，应通过拼接确保数据完整，接边处地形过渡自然。

表 9-1　数字高程模型格网尺寸

比例尺	格网尺寸/m
1∶500	0.5
1∶1 000	1
1∶2 000	2

9.3.11.3　质量控制

(1) 检查方法

通过三维透视及晕渲，检查数字高程模型(图 9-10)的可靠性。对模型不连续、不光滑处应重新核实地面点分类的可靠性。

使用实地施测的地面检查点，在数字高程模型中内插获取相应平面位置的高程，计算并统计检查点与内插点间的高程误差。

(2) 检查内容

检查的主要内容包括：

① 数字高程模型覆盖范围及格网尺寸的正确性；

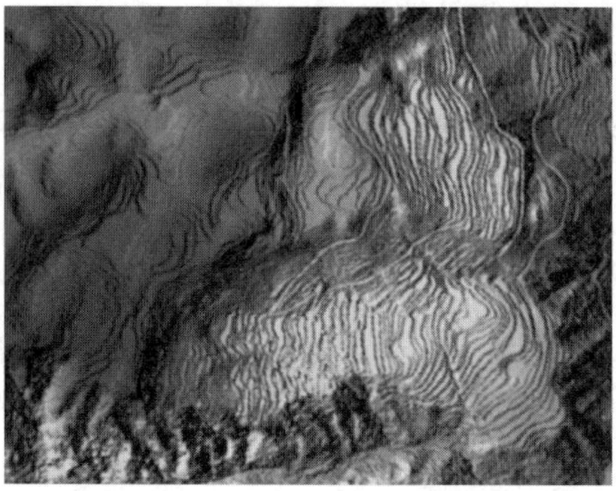

图 9-10　数字高程模型

② 地面点云数据使用的准确性；

③ 特征线位置的合理性及高程的正确性；

④ 河流边线的高程值应从上游到下游逐渐降低，湖泊、水库、池塘等面状水域边线的高程值应一致；

⑤ 数字高程模型高程精度是否达到规定要求；

⑥ 接边精度是否符合要求。

9.3.12　数字正射影像图制作及质量检查

9.3.12.1　数字正射影像图制作

(1) 数据准备

数字正射影像图制作时准备如下数据：

① 数码航摄影像数据，影像应清晰，反差适中，色调正常；

② 影像索引文件(GNSS 采样时间与影像名称的对应列表文件)、相机航迹文件等参考文件；

③ 影像内、外方位元素，相机镜头畸变等参数；

④ 用于精度检查的检查点。

(2) 成果生成

数字正射影像图生成的主要步骤：

① 基于校正后的影像内、外方位元素和数字高程模型，对原始影像进行自动微分纠正，生成单片数字正射影像；

② 对单片数字正射影像做匀光、匀色处理，保证区域整体影像色彩的平衡；

③ 对单片数字正射影像进行拼接，避免拼接线出现在房屋、立交桥、陡坎等地形有高差的区域；

④ 按照分幅要求对拼接后的数字正射影像进行裁切，生成分幅数字正射影像图。

9.3.12.2　质量控制

数字正射影像(图 9-11)主要质量控制内容包括：

① 各参数文件的使用是否正确；

② 影像地面分辨率、数据范围是否正确；

图 9-11　数字正射影像

③ 影像是否清晰，色调是否均匀，是否存在模糊或重叠；

④ 数字正射影像图平面精度和接边精度是否符合要求。

9.3.13　矢量要素采集及质量控制

(1) 等高线生成

基于地面点云或数字高程模型，根据成图比例尺、地形类别和等高距，计算生成等高线数据。

(2) 高程注记点采集

基于地面点云或数字高程模型采集高程注记点。根据成图比例尺，高程注记点采集应符合《基础地理信息数字成果 1∶500、1∶1 000、1∶2 000 数字划线图》(CH/T 9008.1—2010)或《基础地理信息数字产品 1∶1 000　1∶5 000 数字线划图》(CH/T 1011—2005)的相关规定。

(3) 其他要素采集

根据实际需求情况，基于点云或数字正射影像采集部分地物要素，按照《基础地理信息要素分类与代码》(GB/T 13923—2022)的要求执行。

(4) 质量控制

矢量要素采集的主要质量控制内容包括：

① 矢量数据与点云是否吻合良好；

② 矢量数据与数字正射影像的套合精度；

③ 矢量数据的位置精度、属性精度、逻辑精度等。

9.3.14　成果规格

(1) 格网间距及地面分辨率

数字高程模型格网间距采用 0.5 m、1.0 m、2.0 m、2.5 m、5.0 m 等规格，其纵向与横向

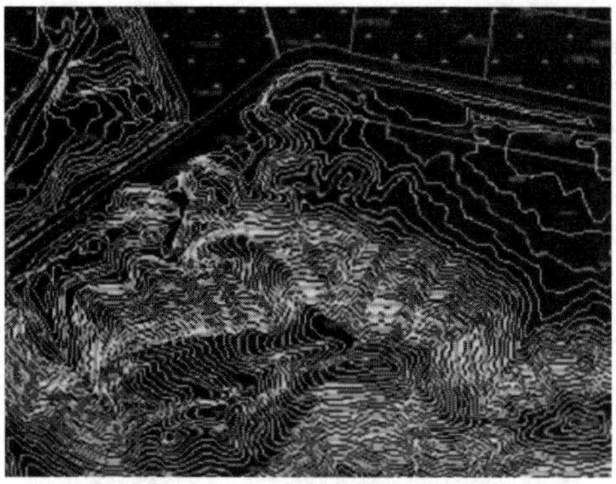

图 9-12　数字线划图

间距保持一致。数字正射影像图地面分辨率采用 0.05 m、0.1 m、0.2 m、0.5 m、1.0 m 等规格，其纵向与横向间距保持一致。

(2) 精度指标

数字高程模型相对于野外控制点的高程中误差和数字正射影像图相对于野外控制点的平面中误差应符合表 9-2 的规定。矢量要素的精度根据成图比例尺要求，应符合《基础地理信息数字成果 1∶500、1∶1 000、1∶2 000 数字划线图》(CH/T 9008.1—2010)和《基础地理信息数字产品 1∶1 000　1∶5 000 数字线划图》(CH/T 1011—2005)等相关标准的规定。

表 9-2　精度要求

比例尺	地形类别	数字高程模型高程中误差/m	数字正射影像图平面中误差/m
1∶500	平地	0.2	0.3
	丘陵地	0.4	0.3
	山地	0.5	0.4
	高山地	0.7	0.4
1∶1 000	平地	0.2	0.6
	丘陵地	0.5	0.6
	山地	0.7	0.8
	高山地	1.5	0.8
1∶2 000	平地	0.4	1.2
	丘陵地	0.5	1.2
	山地	1.2	1.6
	高山地	1.5	1.6
1∶5 000	平地	0.5	2.5
	丘陵地	1.2	2.5
	山地	2.5	3.7
	高山地	4.0	3.7

表 9-2(续)

比例尺	地形类别	数字高程模型高程中误差/m	数字正射影像图平面中误差/m
1∶10 000	平地	0.5	5.0
	丘陵地	1.2	5.0
	山地	2.5	7.5
	高山地	5.0	7.5

在植被覆盖密集区域、反射率较低区域（如水域、光滑表面等易形成镜面反射的区域）等特殊困难地区，高程、平面中误差按表 9-2 中误差的 1.5 倍计。

数字高程模型的高程值位于格网的交叉点上。格网内插点的高程中误差按表 9-2 中高程中误差的 1.2 倍计。最大允许误差为表 9-2 中误差的 2 倍。

9.4　机载雷达数据的应用

9.4.1　在无人机测绘领域的应用

机载雷达数据在无人机测绘领域有着广泛应用，其数据的主要应用方向如下：

（1）地形测绘

通过无人机搭载的机载雷达对目标区域进行测绘，可以获取高精度的地形数据，包括地形高度、地形坡度、地形走向等参数，从而为城市规划、土地资源调查、环境保护等领域提供重要的基础数据支持。

（2）资源调查与监测

通过无人机搭载的机载雷达对森林、水域等资源进行调查与监测，可以获取资源分布情况、资源面积、资源生长状况等，从而为资源管理和保护提供科学依据。

（3）城市规划与建设

通过无人机搭载的机载雷达对城市区域进行测绘，可以获取城市地形数据、建筑物高度、建筑物分布等，从而为城市规划、交通线路规划、土地资源利用等提供重要的基础数据支持。

（4）环境保护

通过无人机搭载的机载雷达对环境敏感区域进行监测，可以获取地形地貌、土地利用、水域分布等，从而为环境保护、生态修复等提供重要的基础数据支持。

（5）应急救援

在灾害发生后，可以通过无人机搭载的机载雷达对灾区进行测绘，快速获取灾区的地形数据、建筑物破坏情况等，从而为应急救援指挥提供科学依据和决策支持。

9.4.2　在其他领域的应用

机载雷达数据不仅在无人机测绘领域有着广泛的应用，还在其他领域有着重要的应用价值。

（1）目标跟踪与定位

通过无人机搭载的机载雷达对目标进行监测和跟踪，可以获取目标的实时位置、速度和运动轨迹等，从而为智能交通、安防监控等领域提供重要的技术支持。

（2）气象观测与预报

通过无人机搭载的机载雷达可以获取大气中的水汽分布、风速、温度等信息，从而为气象预报、气候变化研究等提供重要的数据支持。

（3）农业应用

通过无人机搭载的机载雷达对农作物进行监测，可以获取农作物的生长情况、病虫害情况等，从而为农业生产提供科学依据和决策支持。

（4）林业应用

可以为森林资源的调查和评估、森林火灾的预警和应急救援、森林病虫害的监测和预警、森林资源的评估和规划、森林生态研究、造林工程的实施、合理采伐和资源利用提供重要的数据支持。

（5）环境监测

通过无人机搭载的机载雷达对环境敏感区域进行监测，可以获取地形地貌、土地利用、水域分布等，从而为环境保护、生态修复等提供重要的基础数据支持。

（6）考古与文化遗产保护

通过无人机搭载的机载雷达对遗址或古建筑进行测绘和监测，可以获取高精度的地形数据和建筑物的形态信息，从而为考古研究和文化遗产保护提供重要的数据支持。

（7）野生动物保护与管理

通过无人机搭载的机载雷达对野生动物进行监测和跟踪，可以获取野生动物的行为习惯、活动范围等，从而为野生动物保护和管理提供科学依据和决策支持。

第 10 章　无人机测绘技术项目案例

10.1　无人机在大比例尺地形图测绘中的应用

10.1.1　项目概况

10.1.1.1　项目介绍

大比例尺地形图是用于城乡规划设计的重要地理基础信息数据。以往大比例尺地形图的更新都是局部更新，以县级为单位的大面积地形图更新，投入大、周期长。为解决原有成果资料，坐标系统不统一、覆盖范围有缺失、成果资料老旧等历史遗留问题，本项目将整个县级市辖区范围内的 1∶1 000 大比例尺地形图进行统一更新，并进行影像留存。

10.1.1.2　项目概况

项目区域属于低山丘陵区，境内丘陵起伏，沟壑纵横，地势四周低山重叠，中间起伏平缓，形成一个盆地。最高处海拔约 540 m，最低处海拔约 114 m，相邻较大高差约为 300 m。山地植被覆盖茂密，对高程采集有一定影响。

在本项目中，要求影像采集色彩质量高、色差小、拼接痕迹少等，方便后期展示等。因此对无人机采集效率提出了要求，即在光线明暗强度相同的情况下，短时间内获取区域内的影像数据。

10.1.1.3　主要任务

① 获取优于地面分辨率 5 cm 的无人机影像；

② 制作项目内立体像对成果；

③ 制作分辨率为 5 cm 的三维实景模型；

④ 制作分辨率为 5 cm 的正射影像图成果；

⑤ 制作 1∶1 000 比例尺线划图成果。

10.1.2　技术规范

10.1.2.1　技术依据

①《1 • 5 000 1 • 10 000 基础地理信息数字产品更新规范》(CH/T 9006—2010)。

②《数字航天摄影测量 控制测量规范》(GB/T 40766—2021)。

③《1∶5 000 1∶10 000 地形图航空摄影测量外业规范》，简称《航外规范》。

④《1∶5 000 1∶10 000 地形图航空摄影测量内业规范》(GB/T 13990—2012)，简称《航内规范》。

⑤《基础地理信息数字产品 1∶10 000 1∶50 000 生产技术规程第 3 部分:数字正射影像图(DOM)》(GH/T 1015.3—2007)。

⑥《基础地理信息数字成果 1∶5 000、1∶10 000、1∶25 000、1∶50 000、1∶100 000 数字正射影像图》(GH/T 9009.3—2010)。

⑦《数字航空摄影测量 测图规范 第 2 部分:1∶5 000 1∶10 000 数字高程模型 数字正射影像图数字线划图》(GH/T 3007.2—2011)。

⑧《基础地理信息数字成果元数据》(GB/T 39608—2020)。

⑨《国家基本比例尺地形图分幅和编号》(GB/T 13989—2012)。

⑩《国家基本比例尺地形图更新规范》(GB/T 14268—2008)。

⑪《基础地理信息数字产品 1∶10 000 1∶50 000 生产技术规程第 1 部分:数字线划图(DLG)》(GH/T 1015.1—2007)。

⑫《国家基本比例尺地图 1∶5 000 1∶10 000 地形图》(GB/T 33177—2016)。

⑬《全球定位系统实时动态测量(RTK)技术规范》(CH/T 2009—2010)。

⑭《国家基本比例尺地图图式 第 2 部分:1∶5 000 1∶10 000 地形图图式》,简称《图式》(GB/T 20257.2—2017)。

⑮《基础地理信息要素分类与代码》(GB/T 13923—2006),简称《分类代码》。

⑯《基础地理信息要素数据字典 第 2 部分 1∶5 000 1∶10 000 基础地理信息要素数据字典》(GB/T 20258.2—2019),简称《数据字典》。

⑰《数字测绘成果质量检查与验收》(GB/T 18316—2008)。

⑱《数字测绘成果质量要求》(GB/T 17941—2008)。

⑲《测绘成果质量检查与验收》(GB/T 24356—2009)。

⑳《辽宁省 1∶10000 基础地理信息数据库 DLG 入库数据生产规定》(辽宁省自然资源事务服务中心发布,2021 年修订),简称《入库数据生产规定》。

㉑ 项目技术设计书。

10.1.2.2 主要技术指标和规格

平面基准:CGCS2000 国家大地坐标系,高斯-克吕格投影,按 3°分带,中央经线为 123°,126°。

高程基础:1985 国家高程基础。

10.1.3 项目准备

10.1.3.1 飞行平台选择

根据项目要求,考虑到项目范围较大,数据采集处理时对光影一致性要求较高,且部分区域高差大等,在无人机机型和性能选择方面,选择长航时的垂直起降固定翼无人机作为项目的主要无人机设备。

本次采用的长航时垂直起降固定翼无人机型号为飞马 V10 无人机(表 10-1),主要有以下几点原因:

表 10-1　V10 无人机基本参数信息

材质	碳纤维＋PMI 增强	翼展/mm	4 150
机长/mm	1 750	高度/mm	700
驱动方式	电动	电机数量/pcs	5
空机质量/kg	20	最大荷载质量/kg	8
巡航速度/(m/s)	20	续航时间	150 min@8 kg 载荷，240 min@1 kg 载荷
起降方式	全自动垂直起降	定位精度/cm	±5(水平)，±5(垂直)
定位模式	RTK/PPK 融合	最大爬升速度/(m/s)	3
旋翼模式下最大下降速度/(m/s)	3	最大爬升速度/(m/s)	5
固定翼模式下最大下降速度/(m/s)	3	实用海拔升限/m	6 000
抗风能力	6 级	防护等级	IP45
控制距离/km	50	工作温度/℃	20～50
包装运输箱	铝合金设备箱 EVA 内衬	任务响应时间/min	展开≤10
载荷模块	支持多模块同时作业		

① 飞马 V10 无人机可实现垂直起降，且可以爬升至 50～500 m 后进行多旋翼和固定翼的切换，方便在大高差区域的无人机起降作业。

② 飞马 V10 无人机最远控制距离为 50 km，本项目因面积较大，且有部分丘陵遮挡，对电台的通信距离有一定要求。

③ 飞马 V10 无人机 4 h 续航，在光线条件良好时高效获取影像数据。

④ 飞马 V10 无人机最大载重 8 kg，可以挂载较重的传感器。

10.1.3.2　影像传感器选择

根据项目地形情况，本项目选择飞马 D. OP 4000 倾斜摄影模块作为影像传感器的主要挂载(图 10-1)。采用该传感器的原因：

图 10-1　飞马 D. OP 4000 倾斜相机外观

① 相机焦距较长。该相机下视 40 mm、斜视 56 mm，相同分辨率条件下，飞机飞行高度更高，有效保障大高差区域的分辨率和重合度。

② 相机分辨率高。该相机采用 5 个 SONY A7R4 相机组成，总像素达到 3 亿像素，效率高。

飞马 D. OP 4000 倾斜相机基本参数见表 10-2。

表 10-2 飞马 D. OP 4000 倾斜相机基本参数

相机型号	SONY A7R4	镜头	下视 40 mm、斜视 56 mm
分辨率	9 504×6 336	有效像素/像素	3 亿(6 100 万×5)
像元尺寸/μm	3.76	有效传感器面积/mm²	35.7×23.8

10.1.3.3 软件选择

(1) 空三软件选择

项目下视影像数据的处理，采用的空三软件为飞马无人机管家专业版。首选软件与无人机、相机等设备为同一厂商，参数兼容性强；该软件在 POS 解算时可以进行 RTK/PPK 融合解算，保障大面积作业架次中 POS 的固定解率；该软件除了可以集群处理 DOM 成果以外，还支持导出传统的立体像对成果。

(2) 建模软件选择

在项目的三维实景建模阶段，采用 Context Capture(简称 CC)进行建模处理。

(3) 矢量化软件选择

在项目的矢量化阶段，采用易绘 eFeature 空间数据生产加工平台进行矢量化采集，主要原因是该软件可以同时加载三维实景模型和立体像对，并实现联动矢量作业，解决三维实景模型中杆塔缺失、线路走向不明等问题。

10.1.4 技术路线

传统大比例尺地形图测绘，目前较多采用立体像对通过立体眼镜方式进行采集，或者通过三维实景模型进行采集后再次调绘，然后进行内业编辑处理。上述方式中传统立体像对模式对作业人员要求较高，同时外业调绘工作量巨大。而目前裸眼三维实景模型采集方式虽然解决了房屋改檐调绘问题，但是建模过程如果分辨率较低，势必会丢失很多电力杆、通信杆等细小结构，同时线路走向通过内业也无法判断。

本项目中，通过飞马无人机管家专业版软件对下视镜头的空三处理，生成立体像对，在模型未生成前就可以开始采集杆塔及其走向等信息。待实景三维模型生成后，可以在模型上采集房屋及其他相关地形信息。通过对两种不同的测量基础成果矢量采集，能够保障通过内业采集到的地物信息更加完善，有效减少了外业调绘的工作量。

项目技术路线图如图 10-2 所示。

10.1.5 作业流程

10.1.5.1 控制测量

控制测量基于省网 CORS 联测，并检查已知控制点复核精度。像控点坐标采用 RTK

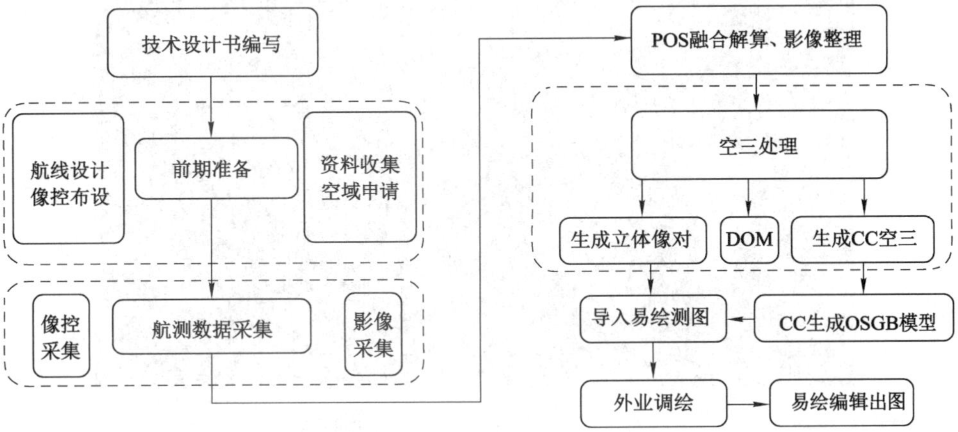

图 10-2　项目技术路线图

平滑存储方式进行多次采集，并取平均值，采集过程中平面坐标分量较差不超过 2 cm，垂直分量不超过 3 cm。

像控点布设方式仍按照区域网均匀布设，像控点间平均距离为 1 000 m 左右，特别困难地区布设距离为 1 200～1 400 m。

像控点多采用地面布标方式制作，少量像控点和检查点采用房角等特征地物代替。

10.1.5.2　V10 无人机影像数据采集

(1) V10 无人机航线规划及参数设置

为减少航线规划时的航点数量，以及考虑地形高差情况，对整体区域进行分区规划。综合考虑当地面分辨率为 5 cm 时，V10 搭载 D. OP 4000 相机，单架次实际飞行面积不少于 18 km^2。因此在区域划分过程中，考虑到架次的最大效率，可将项目划分为接近 18 km^2 的倍数关系。

在无人机管家智航线模块中自动进行航线外扩，外扩距离与飞行高度一致，单架次飞行器飞行里程约 180 km。

V10 无人机外业飞行工作照如图 10-3 所示。V10 无人机外业飞行情况如图 10-4 所示。航线参数设置见表 10-3 和图 10-5。

图 10-3　V10 无人机外业飞行工作照

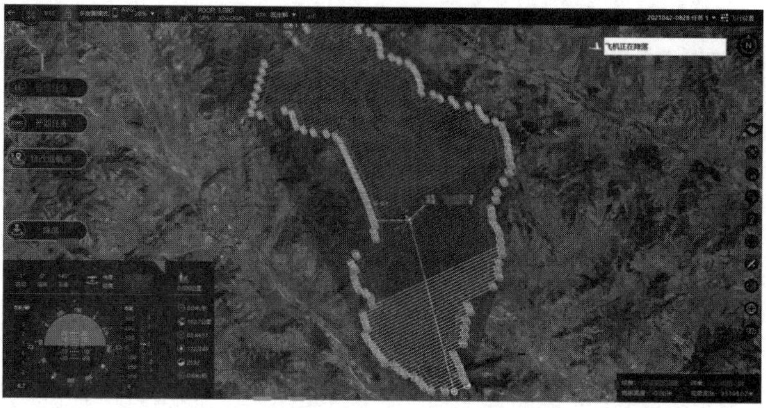

图 10-4 V10 无人机外业飞行情况

表 10-3 航线参数设置

飞机类型	V10	载荷类型	D. OP 4000
GSD/cm	5	重叠度(旁向/航向)/%	80/70
飞行高度/m	532	空速/(m/s)	20
作业面积/km^2	74.25	预计航时/min	575

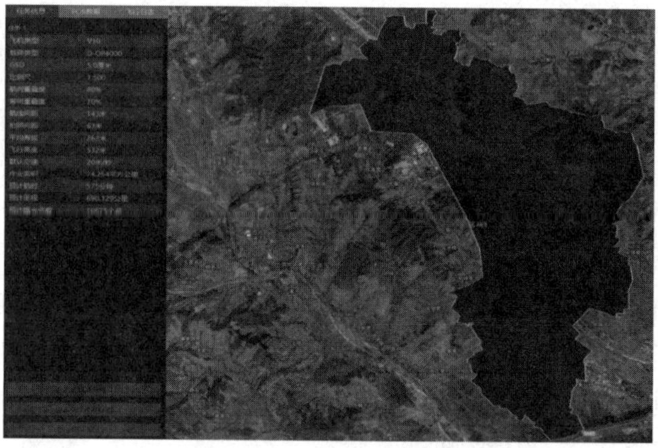

图 10-5 航线参数设置

(2) V10 无人机外业数据整理

图 10-6 中的项目分区,共计飞行 4 个架次,D. OP 4000 采集影像 54 875 张。外业飞行完成后及时对无人机影像质量和飞行 POS 精度进行检查和解算。

影像质量方面,拍摄获取的影像清晰、层次丰富、色调柔和;影像上无云及云影等影响照片光影效果的缺陷。

POS 处理方面,由于单架次面积较大,因此采用 PPK/RTK 融合解算方式,使得 POS 的固定解率更高,并且根据所挂载的相机型号不同,无人机管家专业版软件为每一个视角的像片输出对应的 POS 数据,从而保证数据成果质量的可靠性。POS 数据的解算需要使

图 10-6　D. OP 4000 影像

用无人机管家专业版软件的智理图功能进行处理，且每架次 POS 解算的固定解率均不低于 98%。

原始 POS 完成后，采用智理图模块下的坐标转换功能，直接投影到成果坐标系，完成 POS 的坐标转换。

10.1.5.3　内业数据处理

(1) 空三数据处理

该项目空三分为两个部分，一部分空三利用无人机管家专业版处理 D. OP 4000 的下视镜头，用于生成立体像对成果；另一部分通过无人机管家专业版的快速整理工具对倾斜五镜头数据进行整理，导入 CC 软件进行空三建模。

部分项目的飞马空三报告如图 10-7 所示。部分项目的 CC 空三情况如图 10-8 所示。

控制点残差

ID	TYPE	DX	DY	DZ
24	XYZ	0.093	-0.018	-0.003
25	XYZ	0.080	0.163	0.034
27	XYZ	-0.004	-0.214	-0.238
28	XYZ	-0.031	0.032	-0.169
29	XYZ	-0.045	-0.080	0.025
30	XYZ	-0.061	0.028	0.031
31	XYZ	-0.020	0.041	0.068
53	XYZ	-0.035	-0.003	-0.036
54	XYZ	0.065	0.051	-0.026
55	XYZ	0.007	0.037	0.156

控制点中误差

ID	DX	DY	DXY	DZ
Control_Point	0.052	0.093	0.107	0.109

图 10-7　部分项目的飞马空三报告

(2) CC 三维实景建模

三维实景建模采用 CC 软件完成，模型分块大小按照 100 m×100 m 来划分，提交测图软件所需的 OSGB 格式后生产所需三维实景模型。所得到的倾斜模型如图 10-9 所示。

(3) 内业全要素矢量化采集成图

项目矢量数据采集使用易绘 eFeature 空间数据生产加工平台进行采集和编辑作业。在处理电力、通信线路时可以同时导入三维实景模型和立体像对数据，进行数据采集。通过图 10-10 可以看出，地面分辨率为 5 cm 时，实景三维模型中电力线杆有缺失，电力线走向判断不准确，而在实际生产中发现，黑色木制的通信杆更是损失严重，但是相同地物在立体

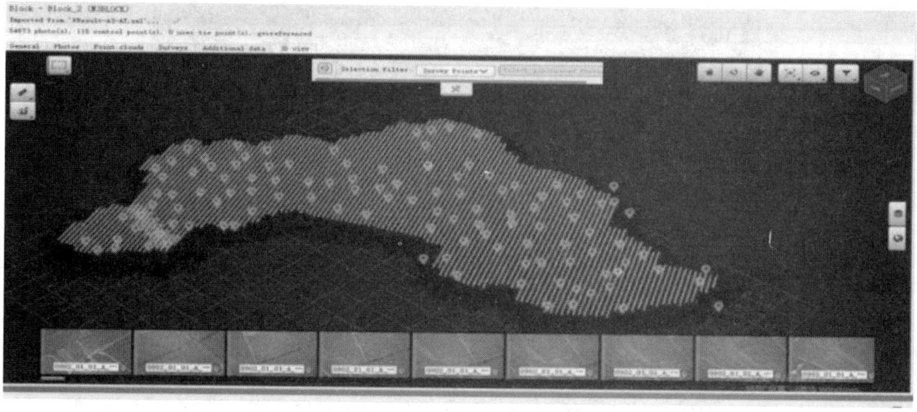

图 10-8　部分项目的 CC 空三情况

图 10-9　D. OP 4000 相机 5 cm 分辨率模型效果

像对中清晰可辨，因此采用两种采集方式相结合的作业工艺，减少了图面丢漏，主要是减少外业调绘的工作量。

图 10-10　在易绘软件中相同地物在不同空三成果中的显示情况

（4）精度检查

经内外业复核检查，项目外业采集数据质量、空三成果质量、最终成果精度均符合技术设计和相关规范要求。按要求每个项目内不得少于像控点 15% 的检查点。项目最终检查点精度统计见表 10-4。

表 10-4　项目绝对精度质检表　　单位：m

号	实测坐标值			测图坐标值			误差		
	X	Y	H	x	y	h	Δx	Δy	Δh
1	38 635.711	73 125.298	195.688	38 635.574	73 125.204	195.472	0.137	0.094	0.216
2	38 265.216	72 338.786	165.153	38 265.322	72 338.713	164.967	0.106	0.073	0.186
3	38 699.506	72 141.503	167.973	38 699.452	72 141.370	167.750	0.054	0.133	0.223
4	39 029.942	72 630.435	175.040	39 029.821	72 630.361	174.868	0.121	0.074	0.172
5	39 680.906	71 900.609	189.451	39 680.851	71 900.563	189.569	0.055	0.046	0.118
6	40 486.262	70 308.730	169.363	40 486.359	70 308.738	169.197	0.097	0.008	0.166
7	40 248.346	70 675.321	168.623	40 248.241	70 675.240	168.372	0.105	0.081	0.251
8	39 980.782	70 368.317	173.849	39 980.651	70 368.410	173.643	0.131	0.093	0.206
9	40 141.371	70 038.29	180.710	40 141.334	70 038.178	180.572	0.037	0.112	0.138
10	37 619.486	67 778.992	244.190	37 619.344	67 778.883	244.206	0.142	0.109	0.016
11	37 153.526	67 300.985	250.588	37 153.603	67 300.861	250.505	0.077	0.124	0.083
12	39 848.833	70 934.515	165.426	39 848.797	70 934.344	165.230	0.036	0.171	0.196
13	39 488.767	69 820.88	234.004	39 488.656	69 820.971	233.792	0.111	0.091	0.212
14	38 770.982	69 780.947	201.637	38 771.060	69 780.860	201.784	0.078	0.087	0.147
15	39 170.765	69 305.313	238.288	39 170.620	69 305.249	238.170	0.145	0.064	0.118

10.2　无人机倾斜摄影测量在地籍测绘中的应用

10.2.1　项目概况

目前采用多旋翼无人机搭载五镜头进行倾斜摄影测量的方式，在地籍测量中取得了较好的效果。但在实践过程中，多旋翼无人机的航时一般为 20～40 min，且航速一般为 6～10 m/s，高分辨率时单架次作业面积较小，效率较低。而传统固定翼无人机虽然具备长航时、航速快等优点，但是其对搭载的挂载质量和曝光间隔时间等有一定的要求，使其在高精度倾斜摄影测量领域一直未被广泛应用。

本项目通过采用飞马倾转翼 V100 型无人机搭载 V. OP 100 倾斜测量模块进行倾斜摄影的方式完成具有北方代表性的地籍项目，探讨利用倾转翼无人机进行倾斜摄影测量是否满足高精度地籍测绘要求。根据新版《地籍调查规程》对界址点的要求，通过统计界址点中误差和地物平面位置精度，进而对无人机地籍测绘精度作出评价，以期找到在无人机地籍测绘实施过程中的标准要求，为今后的地籍测量、不动产测绘、大比例尺地形图测绘提供新的技术手段。

10.2.2　技术规范

①《1：50 00 1：10 000 基础地理信息数字产品更新规范》(CH/T 9006—2010)。

②《数字航天摄影测量　控制测量规范》(GB/T 40766—2021)。

③《1：5 000 1：10 000 地形图航空摄影测量外业规范》(GB/T 13977—2012)，简称

《航外规范》。

④《1∶5 000 1∶10 000 地形图航空摄影测量内业规范》(GB/T 13977—2012),简称《航内规范》。

⑤《基础地理信息数字产品 1∶10 000 1∶50 000 生产技术规程 第 3 部分:数字正射影像图(DOM)》(CH/T 1015.3—2007)。

⑥《基础地理信息数字成果 1∶5 000 1∶10 000 1∶25 000 1∶50 000 1∶100 000 数字正射影像图》(CH/T 9009.3—2010)。

⑦《数字航空摄影测量　测图规范 第 2 部分:1∶5 000 1∶10 000 数字高程模型数字正射影像图数字线划图》(CH/T 3007.2—2011)。

⑧《基础地理信息数字成果元数据》(GB/T 39608—2020)。

⑨《国家基本比例尺地形图分幅和编号》(GB/T 13989—2012)。

⑩《国家基本比例尺地形图更新规范》(GB/T 14268—2008)。

⑪《基础地理信息数字产品 1∶10 000 1∶50 000 生产技术规程 第 1 部分:数字线划图(DLG)》(CH/T 1015.1—2007)。

⑫《国家基本比例尺地图 1∶5 000 1∶10 000 地形图》(GB/T 33177—2016)。

⑬《全球定位系统实时动态测量(RTK)技术规范》(CH/T 2009—2010)。

⑭《国家基本比例尺地图图式 第 2 部分:1∶5 000 1∶10 000 地形图图式》(GB/T 20257.2—2017),简称《图式》。

⑮《基础地理信息要素分类与代码》(GB/T 13923—2006),简称《分类代码》。

⑯《基础地理信息要素数据字典 第 2 部分 1∶5 000 1∶10 000 比例尺》(GB/T 20258.2—2019),简称《数据字典》。

⑰《数字测绘成果质量检查与验收》(GB/T 18316—2008)。

⑱《数字测绘成果质量要求》(GB/T 17941—2008)。

⑲《测绘成果质量检查与验收》(GB/T 24356—2009)。

10.2.3 项目准备

10.2.3.1 项目概况

项目位于辽宁省沈阳市北部,整体地势平坦,总面积约 0.363 km^2,建筑多数为农村低矮房屋(图 10-11)。

10.2.3.2 坐标系统

为了避免坐标转换导致的误差,本次无人机地籍测绘研究采用国家 2000 坐标系统,GPS 拟合高程。中央子午线设置为 123°。

10.2.3.3 地籍测绘无人机航测控制测量

(1) 像控点布设

在项目范围内每间隔约 200 m 设置一个像控点。为了保证成果精度,需要在项目内视野开阔、无遮挡的区域做适当的像控点。本次项目共做了 17 个像控点,10 个检查点(图 10-12、图 10-13)。

(2) 像控点及检查点布点要求

图 10-11　项目范围

图 10-12　像控点在项目内的分布情况

图 10-13　检查点在项目内的分布情况

① 布设在航向及旁向六片或五片重叠范围内，使布设的控制点尽量公用。

② 选在旁向重叠中线附近，离开方位线的距离不小于 4.5 cm。当旁向重叠过大而不能满足要求时，分别布点。

③ 由于本项目主要采用全站仪、GPS 技术测定平高点的平面位置，选点时还考虑全站仪、GPS 技术测量的可能性和方便性，所选点位便于安置接收设备和操作，视野开阔，被测

卫星的地面高度角大于 15°。

④ 实地布设点位时，使用数码相机进行现场场景拍摄，拍摄时拉开实际距离，充分反映相关地物关系，以方便内业无法正确判读点位时参照，记录的影像文件名应与像控点同名。

⑤ 平面位置测量，采用 RTK 进行测量，使用控制采集方式获取，且卫星主板重置一次。

⑥ 大小应不小于地面分辨率的 3.4 倍，颜色应与背景颜色有较大反差。

10.2.3.4 地籍测绘无人机适用性选型

(1) 选型原则

无人机选型原则：在要满足地籍测量的精度基础上，同时能够较大限度地减少测量人员的外业工作量，降低内业数据处理难度。因此，选型原则还应细化为：

① 数据采集效率高、易操作：地籍测绘人员通常都为工程测量专业背景，对无人机航测了解较少，因此简单易用，人机操作友好，减少学习成本，对项目进度影响较小。

② 安全飞行成本可控：无人机搭载设备费用较高，在使用、运输、存放过程中存在较多不确定因素，因此设备损坏后应具备良好的保险机制，将损失降到最低，从而控制成本。

③ 飞行平台可扩展及兼容性好：无人机平台应尽可能搭载多种挂载设备，不局限于测绘或者摄影。例如搭载正射相机可以进行大面积 1∶1 000，1∶2 000 比例尺测图，搭载倾斜相机可以进行实景三维建模，搭载激光雷达可以进行巡线等。因此，需要飞行平台具有较好的可扩展性和兼容性，能够兼容多种任务载荷，具备较好的专业拓展应用性。

无人机软硬件集成度高，一体化解决方案。

(2) 无人机平台选型

① V 系列是飞马推出的基于高性能垂直起降固定翼平台的一站式行业解决方案；主打“高精度成图”“专业遥感”“视频侦察”。起飞质量为 8.5 kg，标准荷载为 1 kg，续航时间为 90 min。可搭载航测模块、倾斜摄影模块、热红外遥感模块、多光谱模块、可见光视频模块、热红外视频模块、双光视频模块；所有荷载均可无工具快速拆装，实现一机多用，具备多元化数据获取能力，并提供系统级解决方案。

② 配备 20 Hz 的高精度差分 GNSS 板卡，支持 PPK、RTK 及其融合作业模式，可实现稀少外业控制点的 1∶500 成图。同时搭载的 V.OP 100 的镜头曝光间隔数据为 0.9 s，解决了固定翼由于速度快而无法及时存储影像的问题。

因此，针对地籍测绘的特殊要求、选型的基本原则以及飞马 V100 的优势，此次项目选用了深圳飞马机器人有限公司的飞马 V100 型固定翼无人机。

③ 无人机外观：V100 无人机为倾转翼无人机，在起飞阶段为垂直起飞，爬升高度不受限制，在巡航阶段为固定翼模式飞行，整个机身设计风阻小、稳定性高，对于起降场地选择更为灵活(图 10-14)。

④ V100 无人机性能参数。

V100 无人机性能参数见表 10-5。

图 10-14　无人机外观

表 10-5　V100 无人机参数

材质	碳纤维＋纸基蜂窝复合材料	旋翼模式下最大下降速度/(m/s)	≥3
翼展/m	≤3	旋翼模式下最大爬升速度/(m/s)	≥3
机长/m	≤1.8	巡航速度/(m/s)	≥18
高度/m	≤0.6	实用升限高度/m	≥5 000
起降方式	无遥控器垂直起降	抗风能力	≥5 级
悬停定位精度	1 cm＋1 ppm/2 cm＋1 ppm	工作温度/℃	－20～50
电机数量/个	≥3	包装运输箱	高密度整体发泡箱
起飞质量/kg	≤8.5	任务响应时间/min	≤10(展开),≤15 min(扯收)
飞行时间/min	≥90(搭载正射模块) ≥60(搭载倾斜模块)	载荷模块	支持航测模块、倾斜模块、遥感模块、视频模块互换

注:ppm:脉冲位置调制(Pulse Position Modulation)的遥控信号制式,其脉冲宽度范围通常为 1 000～2 000 μs。

⑤ 任务载荷选型。

a. 设备外观。

飞马倾斜四镜头如图 10-15 所示。镜头参数见表 10-6。

(a)　　(b)

图 10-15　飞马倾斜四镜头

表 10-6　镜头参数

项目	参数
产品型号	V. OP 100
相机数量	4
有效像素	9 600 万(2 400 万×4)

表 10-6(续)

项目	参数
传感器尺寸/mm	23.5×15.6(APS.C)
镜头焦距/mm	35(定焦)
相机倾斜角度/℃	45
曝光间隔时间/s	0.9

b. 作业效率统计及对比。

多旋翼无人机搭载倾斜模块的作业效率见表 10-7。

表 10-7　多旋翼无人机搭载倾斜模块的作业效率

GS/cm	航高/m	单架次纹理最佳/km²	一天飞行纹理最佳/km²	备注
2	128	0.09	1.08	一天 12 个架次、单架次 30 min，80%×75%重叠
3	192	0.2	2.4	
4	256	0.2	2.4	
5	321	0.2	2.4	

由表 10-6 和表 10-7 可以看出，V100 搭载 4 镜头效率，远大于搭载同样分辨率镜头的多旋翼无人机。

10.2.4　技术路线

技术路线如图 10-16 所示。

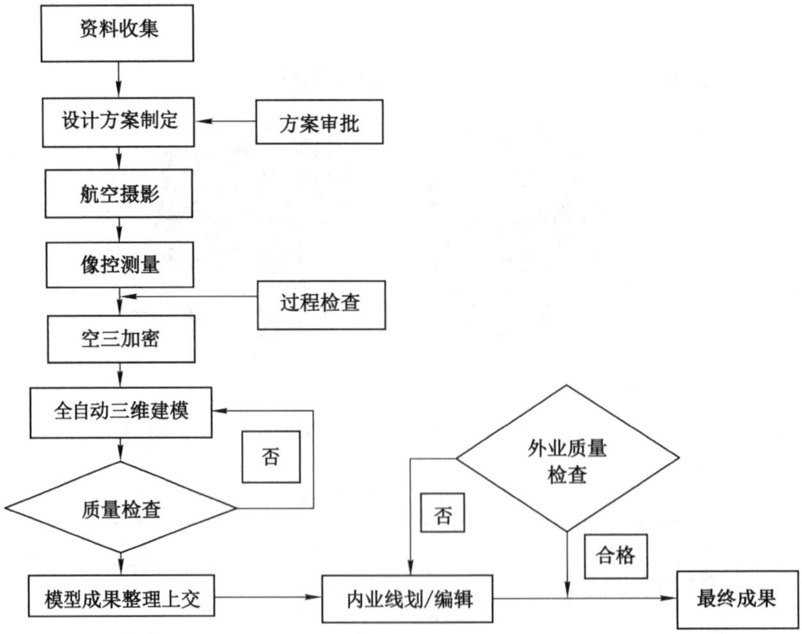

图 10-16　技术路线

10.2.5 作业流程

10.2.5.1 地籍测绘无人机航测航线规划

本次无人机飞行地籍项目要求满足 2 cm 的地面分辨率，飞行参数设置为航向重叠 80%，旁向重叠通常 75%，飞行时间约为 37 min，共获取 6 701 张影像。影像清晰，满足地籍项目空三建模要求。

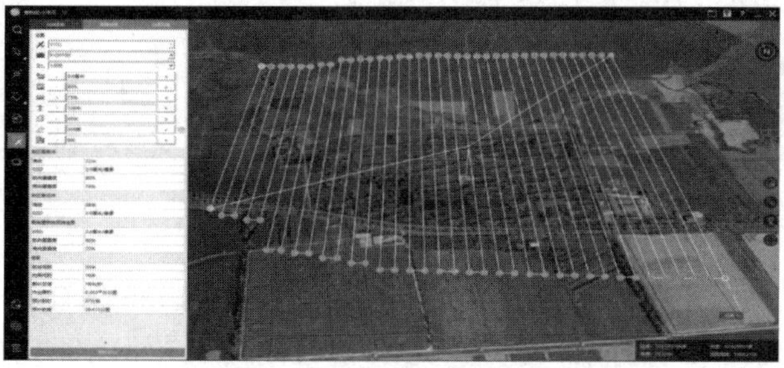

图 10-17　航线规划

10.2.5.2 地籍测绘无人机航测空三处理

（1）高精度 POS 的解算

空中三角测量由于具有以下特点：① 倾斜航空摄影测量由于摄影倾角大，影像变形严重，② 分辨率变化大，尺度无法统一，③ 重叠数多，需要多视处理，使其空中三角测量有异于常规数码航空摄影测量中的空中三角测量方式。常规的空三加密软件一般都不能实施，需要使用多视角航空摄影测量空中三角测量专业软件进行数据处理。多旋翼倾斜数据通常需要空三几次才能处理成功，耗时耗力，V100 飞机解算 pos 具有高精度优势，相机参数准确，所有数据均可以一次通过空三，且控制点预测准确，相比其他数据提高了效率，具体步骤为导入 GPS（图 10-18）和输入 RTK 轨迹文件（图 10-19）。

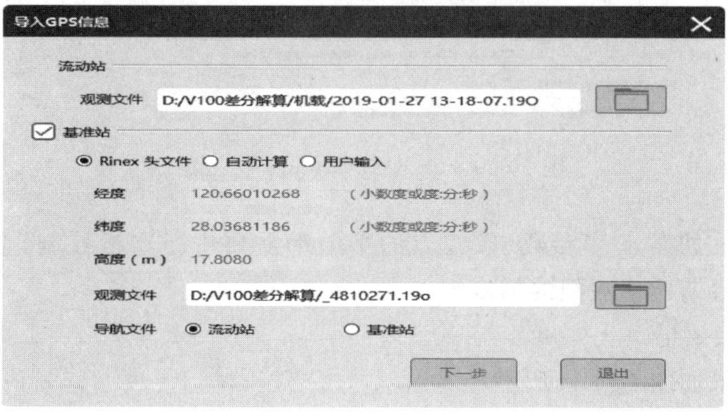

图 10-18　导入 GPS

（2）空三计算

空中三角测量采用 Context Capture 软件，将相机参数、影像数据、POS 数据进行多视

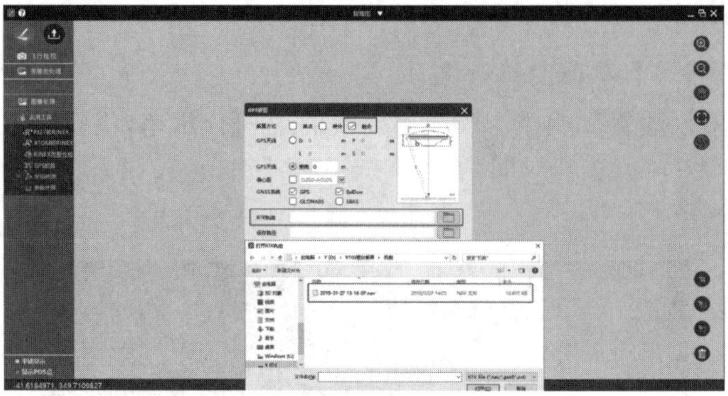

图 10-19　输入 RTK 轨迹文件

角影像特征点密集匹配，并以此进行区域网的自由网多视影像联合约束平差解算，建立在空间尺度可以适度自由变形的立体模型，完成相对定向；将外业测定的像片控制点成果，在内业环境中进行转刺，利用这些点对已有区域网模型进行约束平差解算，将区域网纳入精确的大地坐标系中，完成绝对定向。空三结束后应及时查看精度报告以及基本精度要求（图 10-20）。

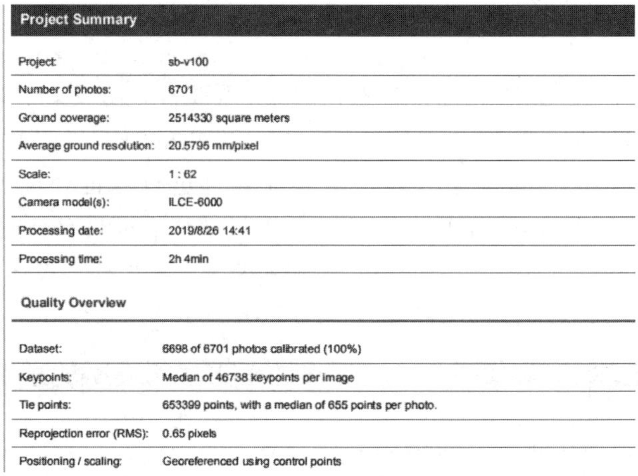

Project Summary

Project:	sb-v100
Number of photos:	6701
Ground coverage:	2514330 square meters
Average ground resolution:	20.5795 mm/pixel
Scale:	1 : 62
Camera model(s):	ILCE-6000
Processing date:	2019/8/26 14:41
Processing time:	2h 4min

Quality Overview

Dataset:	6698 of 6701 photos calibrated (100%)
Keypoints:	Median of 46738 keypoints per image
Tie points:	653399 points, with a median of 655 points per photo.
Reprojection error (RMS):	0.65 pixels
Positioning / scaling:	Georeferenced using control points

图 10-20　Context Capture 空三情况

在空三环节相机的畸变参数、像控点的平差都需要进行严格控制，空三结果将影响实景建模的精度和后期地籍测图的精度。

（3）成果模型效果

成果模型效果如图 10-21 所示。

10.2.5.3　地籍测绘无人机航测内业成图

（1）采集软件介绍

区别于普通的地形图采集，地籍在内业采集过程中对测量人员的要求相对较高，不但要求认真负责，更要了解地籍类测绘对房屋界址点位置选取的要求，否则精度在验收过程中很难满足要求。本次地籍图矢量采集的软件使用的是慧图 GCP3D 软件，是一款简单易

图 10-21　成果模型效果

用的矢量采编软件。该软件可以在三维、正射、真立体、白模、光照及线模式下多种模式一键切换，有助于模型位置点选的取舍。通过纵切、横切方式，便于模型局部确认。采用零级模型提取技术，确保采集精度，同时利用原始像片精准定位，提高采集精度。软件可以按边采集房屋，可灵活、精确采集各种形状建筑物。它具有易学易用、采编一体化、高精度、高质量、高效率、支持超大数据的优势。

此项目共有 3 名测图员进行采集编辑，用时一天完成测图编辑任务。

(2) 线划图成果

线划图成果如图 10-22 所示。

图 10-22　线划图成果

10.2.5.4 地籍测绘精度质量统计

内业模型测量与外业实测比较见表 10-8。

表 10-8 内业模型测量与外业实测比较

ID	类型	RX(残差)	RY(残差)	RZ(残差)
T1	检查点	0.024	0.073	0.044
T2	检查点	0.057	0.095	0.041
T3	检查点	0.011	0.078	0.019
T4	检查点	0.019	0.077	0.011
T5	检查点	0.008	0.058 3	0.002
T6	检查点	0.020	0.075	0.025
T7	检查点	0.025	0.052	0.045
T8	检查点	0.019	0.068	0.037
T9	检查点	0.046	0.082	0.061
T10	检查点	0.003	0.049	0.010
RMS		0.026	0.069	0.022

由表 10-8 得出，在添加像控点生成的模型中，检查点的精度中误差在 0.1 m 以内，因此满足地籍测绘三级的精度要求。

10.3 无人机机载雷达在公路勘测中的应用

10.3.1 项目概况

本书所探测的路线如图 10-23 所示。路线起点位于集安市浑江口村，沿中朝界鸭绿江、图们江而行，环绕长白山天池，经集安市、苇沙河镇、临江市、干沟子乡、长白县、漫江镇、二道白河镇、崇善镇、南坪镇、三合镇等地，终点位于图们市。该段路线中，公路主线长 972.27 km，比较线长 175.8 km；工程采用一级公路技术标准。

在本项目中，要求扫描点云附带绝对坐标，且站与站都能拼接在一起，然后分离出地面点，用于生成 DEM 和等高线。

坐标系统要求：

① 平面系统：2000 国家大地坐标系；

② 高程系统：1985 国家高程基准；

③ 投影：3°带高斯投影，中央子午线 126°。

10.3.2 技术规范

相关技术规范如下：

①《全国农村公路基础数据和电子地图更新方案》。

②《全国农村公路基础数据和电子地图更新办法》。

③《公路养护统计报表制度》。

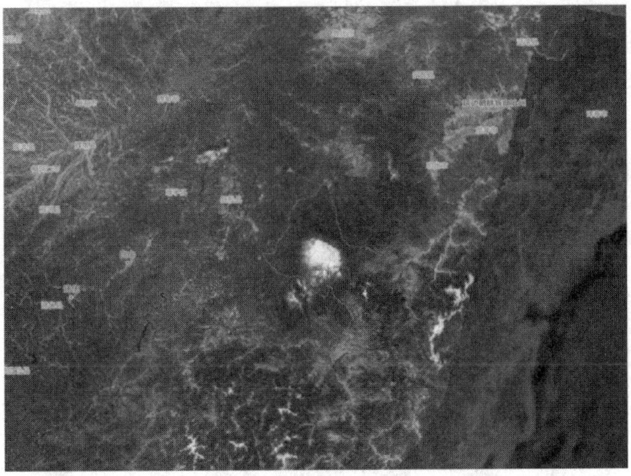

图 10-23　路线走向图

④《公路工程技术标准》(JTG B01—2014)。

⑤《小交通量农村公路工程技术标准》(JTG 2111—2019)。

⑥《公路工程卫星图像测绘技术规程》(JTG/T C21-02—2014)。

⑦《基础地理信息标准数据基本规定》(GB 21139—2007)。

⑧《遥感影像平面图制作规范》(GB/T 15968—2008)。

⑨《公路数据库编目编码规则》(JT/T 132—2014)。

⑩《公路路线标识规则和国道编号》(GB/T 917—2017)。

⑪《公路路面等级与面层类型代码》(GB/T 920—2022)。

⑫《中华人民共和国行政区划代码》(GB/T 2260—2007)。

⑬《县以下行政区划代码编制规则》(GB/T 10114—2003)。

⑭《公路桥梁命名编号和编码规则》(GB/T 11708—89)。

⑮《干线公路定位规则》(GB/T 18731—2002)。

⑯《公路交叉分类与编码规则》(JT/T 301—2019)。

⑰《公路全球定位系统(GPS)测量规范》(JTJ/T 066—98)。

⑱《公路桥涵养护技术规范》(JTG H11—2004)。

⑲《基础地理信息要素分类与代码》(GB/T 13923—2006)。

⑳《计算机软件测试文档编制规范》(GB/T 9386—2008)。

㉑《计算机软件可靠性和可维护性管理》(GB/T 14394—2008)。

㉒《数字测绘成果质量检查与验收》(CB/T 18316—2008)。

㉓《软件开发和服务项目价格构成及评估方法》。

㉔《中国软件行业软件工程定额标准(试行)》。

10.3.3　项目准备

在正式作业前,需要进行资料收集和准备工作。大致工作如下:收集项目相关资料,制定无人机倾斜航飞技术方案,明确项目范围、地面分辨率、影像重叠度、飞行航高、飞行架次等信息,进而实行飞行作业。

本书所采用的无人机和 LiDAR 设备如下：

(1) 飞马 D20 无人机设备介绍

① 纯电动平台、电池共用，降低使用成本。

② 共载荷设计，适应多场景应用。

③ 高集成、高性能、高可靠性无人机平台。

④ 高精度成图。

⑤ 一站式软件解决方案，基于飞马云的主动式服务。

⑥ 支持网络 RTK 及 PPK 解算。

图 10-24　飞马 D20 型号无人机

(2) LiDAR10 激光雷达设备介绍

① 高精度、高精细度。

该型号 LiDAR 的精度和精细度均达到较高的水准。

② 穿透力强。

该型号 LiDAR 的穿透情况如图 10-25 所示。从中可以看到，该型号 LiDAR 的穿透能力均达到较高的水准。

图 10-25　LiDAR10

③ 高点频。

④ 长测距(1 500 m)。

⑤ 点云与正射影像一次性采集完成。

10.3.4　技术路线

本项目的成果包括数字化地形图(DLG)、数字正射影像图(DOM)及数字地形模型(Digital Terrain Model，DTM)，并通过对项目范围内的地物、地貌采用内、外业结合的方法进行摄影测量及成图。本书首先根据测图区域的航空影像资料进行像控测量，再利用数字航片，在数字摄影测量系统的基础上采用光束法区域网空三加密对像控成果进行加密，建立项目模型，最终生成项目区范围内的数字正射影像图和数字地形模型。

激光雷达数据测量作业的生产环节，主要包括航摄设计、航摄数据采集、数据预处理、激光数据分类、数字正射影像图及数字地形模型等步骤。各步骤的具体作业内容如下：

数据采集：外业数据采集选择飞马 D20＋Lidar10 进行作业，采集激光点云数据的同时获得影像数据，无人机的航高 300 m，航向重叠 60%，旁向重叠 80%。

数据处理：LiDAR 数据轨迹解算采用 IE(Inertial Explorer 8.70)点云数据的解算基于无人机管家智激光进行，从而得到高精度点云数据，再利用无人机管家智点云模块进行点云数据分类，提取出高精度地面点，生成高精度 DEM。

DOM 数据生产采用无人机管家智拼图模块，因为项目纹理较弱、高差较大，所以管家处理更为容易一次通过空三。

DLG 生产采用集成化较高的易绘 eFeature 空间数据生产加工平台进行采集和编辑作业。技术路线如图 10-26 所示。

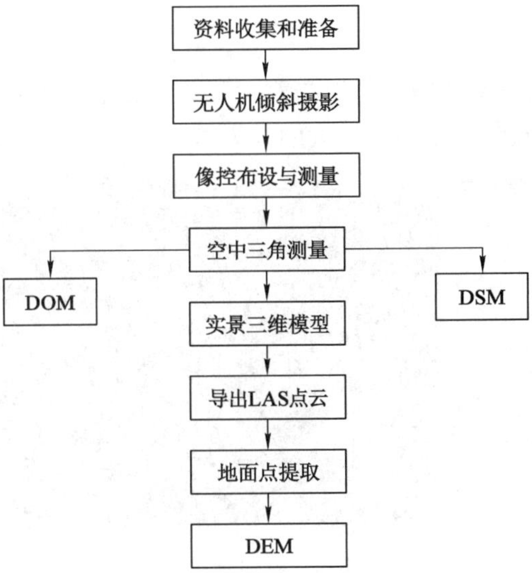

图 10-26　技术路线

10.3.5　作业流程

10.3.5.1　像控点布置

像控点布置对测绘结果的质量至关重要。本书所布置测控点的信息如下：

(1) 控制点布置

控制点间按照平均 1 km 的距离布置。

对项目内情况进行分析，预选像控布置位置，结合实地情况，制作 L 形标志。

(2) 控制点选点时点位应满足的要求

① 便于安置接收设备、视野开阔、现场内障碍物的高度角不宜大于 15°。

② 远离大功率无线电发射源(如电视台、微波站等)，其距离不小于 200 m；远离高压输

电线和微波无线电信号传送通道，其距离不得小于 50 m。

③ 附近不应有强烈反射卫星信号的物体(如大型建筑物)。

④ 点位基础稳固、有利于长期保护、减少保护成本、便于管理。

⑤ 观测条件较差的点位，用砍掉树枝等方式创造更好的观测条件。

像控布置局部图如图 10-27 所示。

图 10-27　像控布置局部图

10.3.5.2　航线规划

航线的规划对作业的效率和精度同样有着不可忽视的影响。根据地形特点，本书充分利用 D20 无人机仿地飞行模式，对于高差较大的地方进行变高飞行规划(图 10-28、图 10-29)。

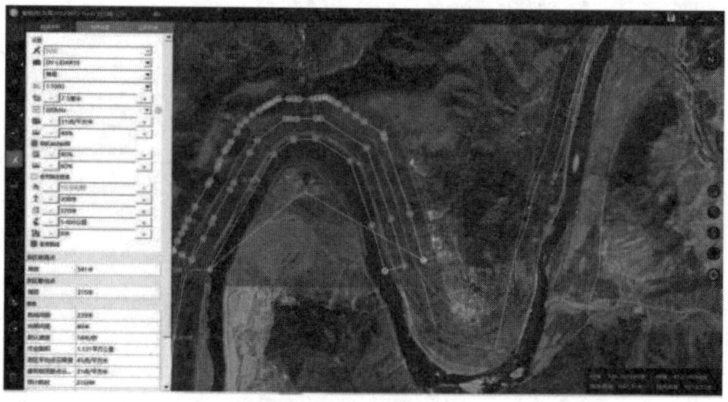

图 10-28　航线规划界面

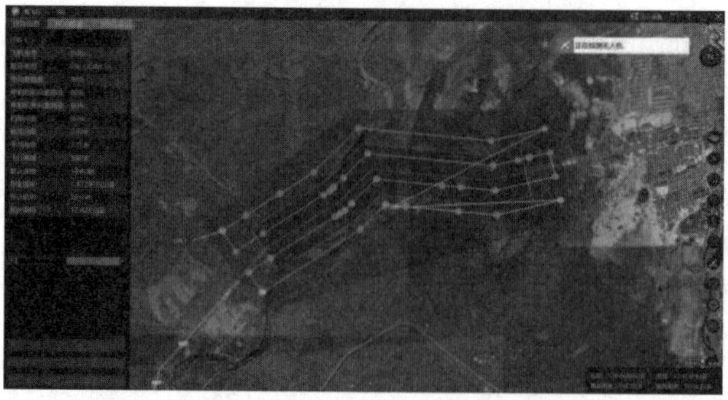

图 10-29　飞机飞行界面

10.3.5.3　数据解算

(1) POS 解算

考虑到该区域网络环境差，本书采用融合解算方式以保证测绘的精度。该解算方式有后差分和实时差分两种模式。在解算数据时，本书优先使用后差分，如果后差分不固定的时候会有实时差分补进去，以保障精度。

本书采用无人机管家智理图模块进行高精度 POS 数据转换，具体细节如下：

① GPS 格式转换。

② 导入 POS 信息。

③ 坐标转换。

相关的参数设置如图 10-30 和图 10-31 所示。

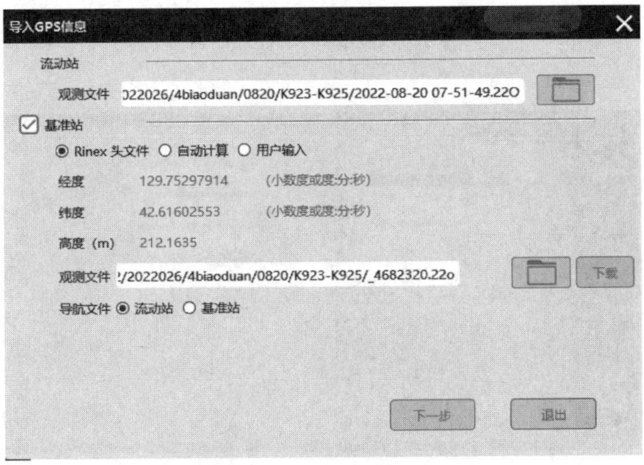

图 10-30　导入数据界面

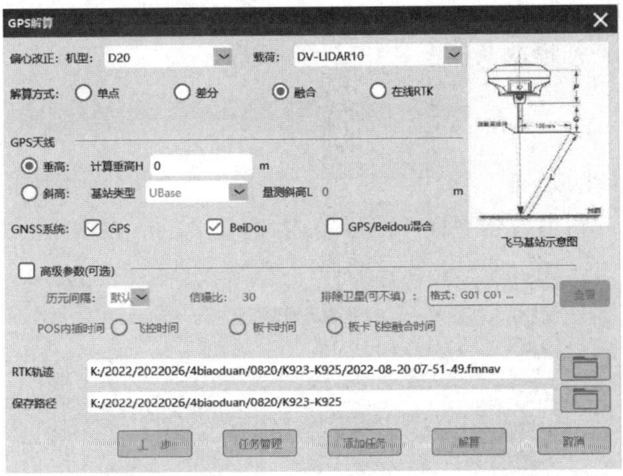

图 10-31　POS 解算界面

(2) 点云数据解算

本书采用管家智激光解算点云数据，主要步骤包括点云解算、特征提取、航带平差。解算过程如图 10-32 所示。

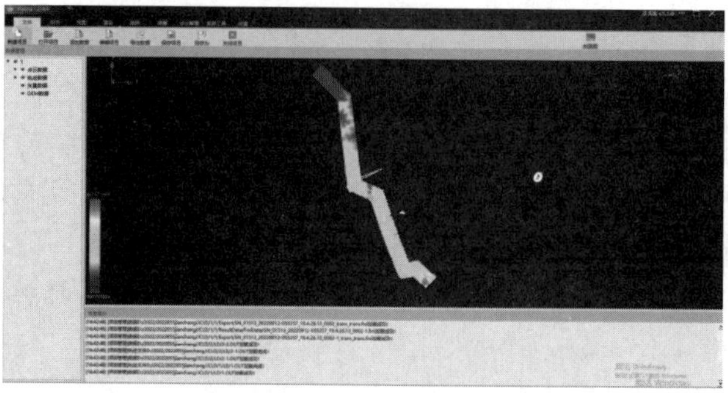

图 10-32　点云解算界面

(3) DOM 数据处理

本书采用管家智拼图模块对 D20 采集的影像信息进行处理生成 DOM(图 10-33),具体步骤如下:

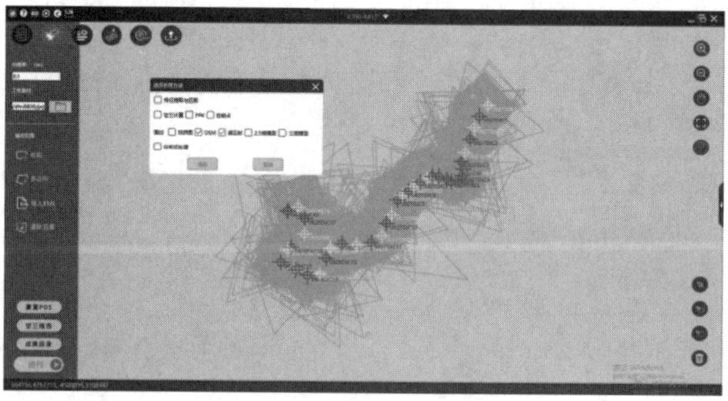

图 10-33　生成 DOM 界面

① 添加影像和 POS 数据。

② 自由网空三:特征提取及匹配、空三计算、PPK。

③ 刺控制点。

④ 平差优化。

⑤ TDOM\DSM 生成。

本书所生成的空三精度报告平面 10 cm 以内,高程 20 cm 以内(图 10-34),满足项目要求。

深圳飞马机器人科技有限公司

FEIMA ROBOTICS v2.8.7.7

空三报告

控制点残差

ID	TYPE	DX	DY	DZ
Y0815a01	XYZ	-0.016	-0.053	0.116
Y0815a02	XYZ	-0.009	-0.020	0.108
Y0815a03	XYZ	0.018	0.017	-0.001
Y0815a04	XYZ	0.002	-0.020	-0.006
Y0815a05	XYZ	0.003	-0.007	-0.058
Y0815a06	XYZ	0.029	0.003	-0.087
Y0815a07jcd2	XYZ	-0.055	0.019	0.110
Y0815a08	XYZ	-0.008	-0.030	0.032
Y0815a10	XYZ	-0.010	-0.006	0.012
Y0815a12	XYZ	-0.002	-0.036	-0.080
Y0815a14	XYZ	0.016	0.008	-0.016

控制点中误差

ID	DX	DY	DXY	DZ
Control_Point	0.021	0.024	0.032	0.071

图 10-34　空三报告界面

(4) 点云数据处理

本书采用智激光进行点云坐标转换，转换效果如图 10-35 所示。

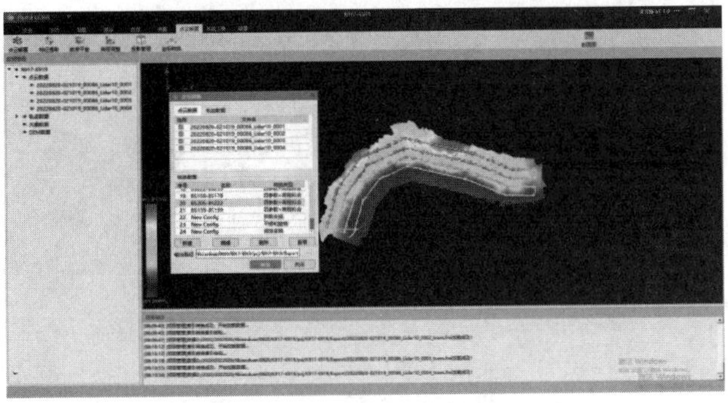

图 10-35　点云坐标转换界面

点云数据的精度如图 10-36 所示，基本满足要求。

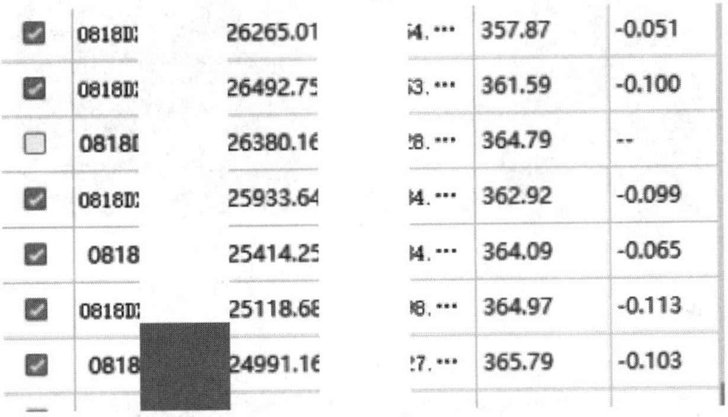

☑	0818D:	26265.01	54.…	357.87	-0.051
☑	0818D:	26492.75	53.…	361.59	-0.100
☐	0818I	26380.16	28.…	364.79	--
☑	0818D:	25933.64	34.…	362.92	-0.099
☑	0818	25414.25	34.…	364.09	-0.065
☑	0818D:	25118.68	98.…	364.97	-0.113
☑	0818	24991.16	27.…	365.79	-0.103

图 10-36　点云精度检查界面

(5) DEM 生产

本书采用智点云进行点云地面点分类提取直接自动分类地面点，分类有漏洞或者过滤不好的地方调整参数进一步过滤。分类地面点界面如图 10-37 所示。

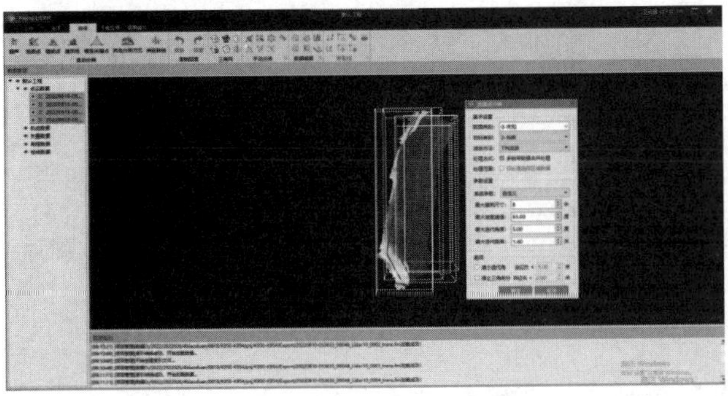

图 10-37　分类地面点界面

关于地面点分类有问题之处，本书手动分类编辑。手动分类主要是分类出去不能自动分类的结果，或者自动分类错的点，参照DEM进行检查与修改。手动编辑过程如图10-38所示。

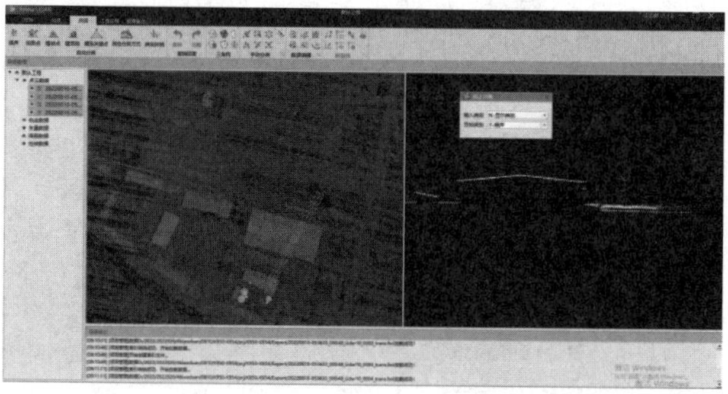

图10-38　手动编辑界面

本书挑取分类好的地面点导出生成DEM，如图10-39所示。

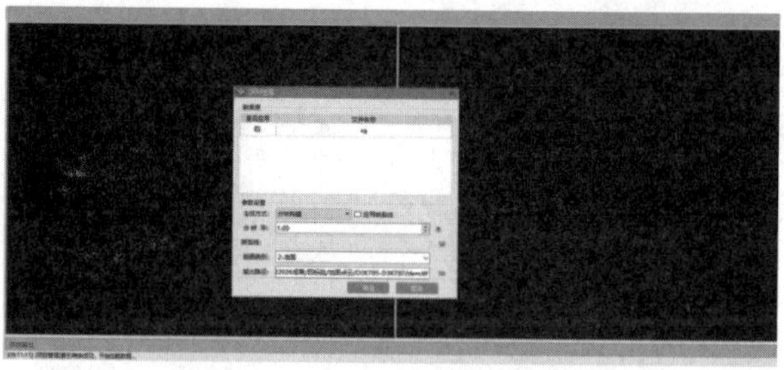

图10-39　DEM生成界面

DEM精度如图10-40所示，满足高程20 cm以下。

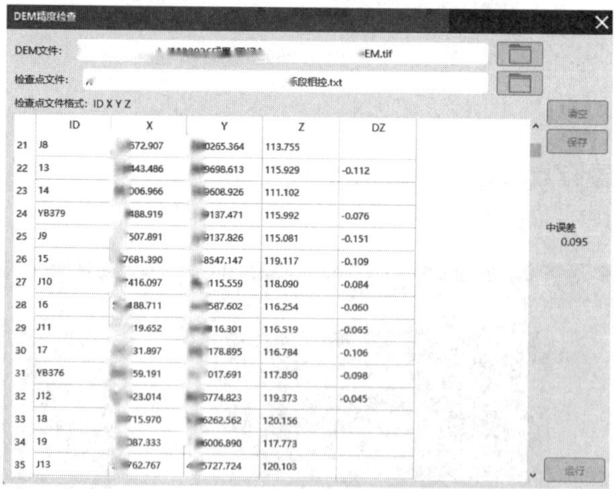

图10-40　DEM精度检查界面

(6) DLG数据生产

关于项目矢量数据采集，本书使用易绘eFeature空间数据生产加工平台进行采集和编辑作业。具体过程如图10-41和图10-42所示。

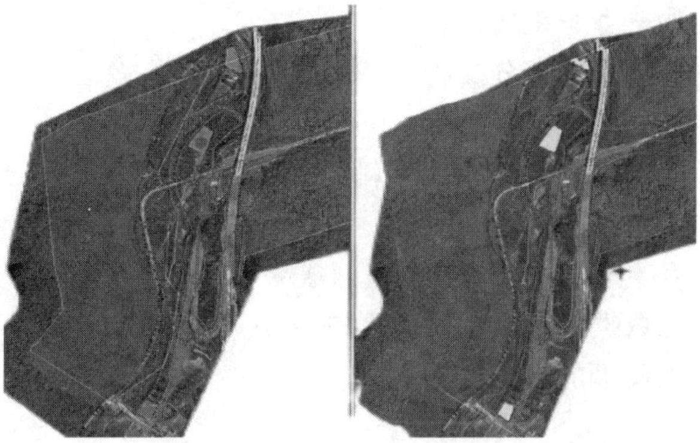

图 10-41　DLG 采集界面 1

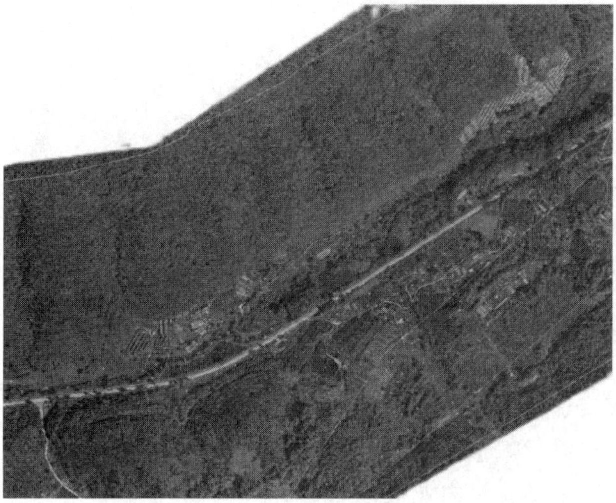

图 10-42　DLG 采集界面 2

10.4　无人机在文物保护中的应用

10.4.1　项目概况

沈阳市文物保护建筑存量大，风格独特，对于我国文物保护建筑的研究有着重要的意义。如今，由于这些文物保护建筑图纸和档案资料缺乏，使其保护变得困难。文物保护建筑图纸及档案是建筑历史与理论研究的基础资料，为继承并发扬传统建筑文化和探索我国特色现代建筑提供借鉴。因此，获得测绘数据及图纸和建立记录档案是保护、发掘、整理和利用文物保护建筑的基础环节。

在建设单位的统筹协调下，沈阳市勘察测绘研究院有限公司收集与文物保护单位有关的文字资料、历史沿革、图纸资料、照片、拓片及摹本、涉及保护范围建设控制地带的相关规划、行政管理文件、修缮资料、图书论文等。

文物保护单位档案制作的相关资料有：

① 全国第三次文物普查档案成果；

② 文物局档案室内现存的部分文物管理档案；

③ 各县区分局掌握的档案资料；

④ 文物保护单位现管理单位的相关资料。

文物保护建筑测绘相关资料主要有：

① SYCORS站网络差分定位系统、控制网成果；

② 沈阳市最新影像数据成果及现状地形图成果；

③ 文物保护单位档案里的设计资料、修缮方案。

10.4.2 技术规范

①《全国重点文物保护单位记录档案工作规范》。

②《历史文化名城保护规划标准》(GB 50357—2005)。

③《总图制图标准》(GB/T 50103—2010)。

④《建筑制图标准》(GB/T 50104—2010)。

⑤《房屋建筑制图统一标准》(GB/T 50001—2017)。

⑥《房屋建筑CAD制图统一规则》(GB/T 18112—2000)。

⑦《古建筑测绘规范》(CH/T 6005—2018)。

⑧《地面三维激光扫描作业技术规程》(CH/Z 3017—2015)。

⑨《数字航空摄影测量　空中三角测量规范》(GB/T 23236—2009)。

⑩《倾斜数字航空摄影技术规程》(CH/T 3021—2018)。

⑪《无人机航摄安全作业基本要求》(CH/Z 3001—2010)。

⑫《无人机航摄系统技术要求》(CH/Z 3002—2010)。

⑬《低空数字航空摄影规范》(CH/T 3005—2021)。

⑭《低空数字航空摄影测量内业规范》(CH/T 3003—2021)。

⑮《城市测量规范》(CJJ/T 8—2011)。

⑯《国家基本比例尺地图图式 第1部分:1∶500 1∶1 000 1∶2 000地形图图式》(GB/T 20257.1—2017)。

⑰《测绘技术设计规定》(CH/T 1004—2005)。

⑱《测绘技术总结编写规定》(CH/T 1001—2005)。

10.4.3 项目准备

(1) 资料收集与整理

资料收集主要是收集沈阳市文物局、各区文物局、文物保护单位已有的相关资料，通过扫描数字化，实现已有纸质资料的数字化存档，并以文物保护单位为最小单元，进行归纳整理，分类识别。可供利用的资料有全国第三次文物普查成果、文物保护建筑信息登记表、文物修缮档案等。

由于档案馆中的许多纸质历史档案具有唯一性，而且具有巨大的文化价值，为数不少的历史档案纸张已经泛黄、老化，操作过程中一旦发生破损或遗失，将造成不可挽回的重大损失，这一类错误造成的损害是无法弥补的，因此针对档案扫描整理工作提出如下要求：

① 文物保护建筑历史档案的运输、保管实行密闭式管理，档案的保管及扫描配备单独

的作业室，设置专职作业员，严禁档案资料发生任何遗失。

② 档案室内严禁吸烟、禁放易燃物品，努力做到防火、防水、防潮、防鼠、防虫。

③ 作业过程中不得对档案进行勾画、涂改、剪裁、撕毁等，折叠、折卷、拆散过程中应轻拿轻放，避免老化纸张破损。

④ 不宜在档案室内饮食、饮水，保持清洁卫生，注意避免污损历史档案。

对于图纸资料、照片不完整的文物保护建筑，采用实地文物测绘的手段完成图纸的补充和照片的补摄。

(2) 文物测绘

根据项目要求，结合已有资料、实地踏勘情况及相关的技术规范，制定详细的数据采集方案，包括文物保护建筑的简介、工作范围、前期工作量预估、仪器设备选择、工作人员及时间安排等，同时明确各个环节中的质量控制措施，确保成果达到项目预期要求。

本项目在传统测量方法的基础上引入了无人机倾斜摄影技术和三维激光扫描技术，通过现场扫描操作直接将各种大型、复杂、不规则、标准或非标准的实体三维数据完整地采集到电脑中，进而快速重构目标的三维模型及线、面、体、空间等各种制图数据。

在实际生产过程中，依据测绘对象的复杂程度选取不同的作业手段或者综合运用多种手段完成文物保护建筑测绘工作。

在文物测绘过程中，同步采集文物保护单位现状照片，原则上照片资料应包括建筑物的保护标志、主要立面、核心价值要素等信息。

文物保护建筑总平面图绘制软件采用 EPS 测图系统软件，采用符合《国家基本比例尺地图图式 第 1 部分：1∶500 1∶1 000 1∶2 000 地形图图式》(GB/T 20257.1—2017)的符号表达，绘制完成后输出 CAD 文件成果。

建筑平面图、立面图、剖面图则通过 CAD 软件按照相应制图标准绘制最终成果图。制图原则：从整体到局部，先控制后细节；相关的识图宜结合起来绘制；充分理解制图要求，掌握并灵活运用制图相关技巧。

制图步骤按照平面、剖面、立面顺序进行，以平面图为例，制图步骤如下：

画轴线、地面→画柱网平面→画墙体门窗→加粗轮廓线→标注尺寸和必要的文字说明→加图框，填写图框内容，完成图纸。

(3) 文物档案制作

文物档案制作根据《全国重点文物保护单位记录档案工作规范》执行，根据国家下发的“四有”档案模板进行组织，主要分为主卷、副卷和备考卷三部分。根据收集到的文物相关资料，填写各卷的相关信息，其中主卷中的图纸卷和照片卷根据文物测绘成果进行补充完善，其他内容根据规范及档案模板的要求从已有资料中选取相应内容进行填写。

为保证项目工期和质量要求，项目开创性地采用了目前先进的无人机贴近摄影测量技术，将这一项先进技术应用于文物保护建筑测绘及建筑图纸绘制在辽宁省尚属首次。

10.4.4　技术路线

文物保护单位档案制作流程：资料收集→资料梳理→电子档案制作→成果资料准确性检查→资料打印归档，总体流程如图 10-43 所示。

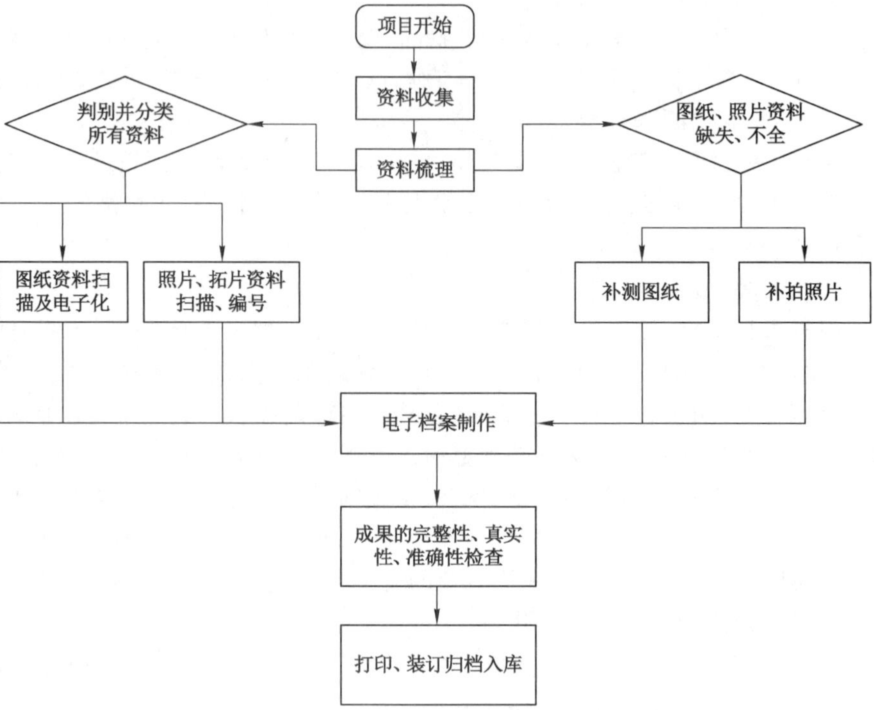

图 10-43 文物保护单位档案制作流程图

10.4.5 作业流程

10.4.5.1 三维激光扫描技术

三维激光扫描仪的出现是继 GPS 技术之后的另一次技术革命，它突破了传统全站仪单点测量的方式，具有高效率、高精度的独特优势。三维激光扫描技术是一种全新的测绘手段，可以对待测文物保护建筑进行全方位、多角度、内外全面和无接触式的数据采集，其测绘距离远、不接触文物保护建筑本体、对文物保护建筑本体无伤害性等特点，在文物保护建筑勘测中受到越来越多的重视。

项目所采用的 Leica RTC 360 架站式三维激光扫描仪具有视觉追踪、智能拼接、实景复制等功能，提供毫米级测距精度，带有拍照功能，可以获取带有真实色彩的点云成果，以最好的效果还原文物保护建筑的真实场景(图 10-44)。

项目组采用架站式三维激光扫描仪对文物保护建筑的室外及允许进入的每个房间进行三维激光扫描。文物保护建筑外部通过扫描一周进行闭合，内部则通过各层走廊及楼梯构成闭合，以各条闭合路线作为测量的控制性尺寸，并以此为测量成果的精度检核提供必要条件。

在开启拍照功能的情况下，三维激光扫描数据成果为高精度的彩色点云数据。点云数据的数学精度为平均中误差 20 mm、限差 50 mm；点云数据的色彩也比较均匀，可以清晰分辨文物保护建筑的内部结构。点云数据成果如图 10-45 所示。

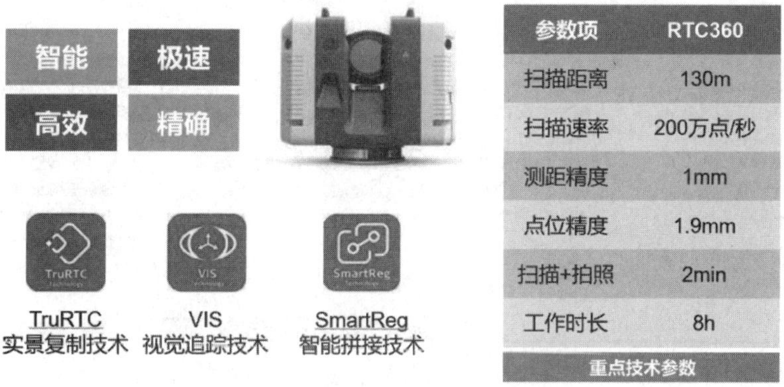

图 10-44　Leica RTC 360 三维激光扫描仪技术参数

图 10-45　三维激光扫描点云数据成果

10.4.5.2　贴近摄影测量技术

贴近摄影测量是利用拍摄设备贴近物体表面，获取“亚厘米级”高清影像，并进行摄影测量处理，从而获得被摄对象的精确坐标和精细形状结构制作精细三维模型，弥补了其他摄影测量无法达到的精度要求，可以作为建筑物、地形、地貌等物体进行数字化重建的一种手段。

项目采用的精灵 Phantom 4 RTK(P4R)是一款小型高精度航测多旋翼无人机(图 10-46)。将厘米级导航定位系统、高性能成像系统及新一代高清图传系统结合，集成在小巧便携的机身中，带来航测精度和效率的提升。

作业组的无人机驾驶员凭借熟练的操作技术，对文物保护建筑进行贴近摄影测量。驾驶员操作无人机保持 2～10 m 的距离对文物保护建筑的各个角度进行全方位影像采集，并保证任意相邻两张影像重叠度在 80%左右，且在环绕飞行过程中做到“无死角”。

贴近摄影测量数据成果为高分辨率的三维实景模型，数学精度优于 50 mm、分辨率为亚厘米级、色彩均匀。相比于三维激光扫描点云数据，三维实景模型数据对文物保护建筑纹理细节的反映效果更好，在三维实景模型数据中可以清晰分辨出宽度 2 mm 以上的裂缝(图 10-47)。

(1) 文物档案制作

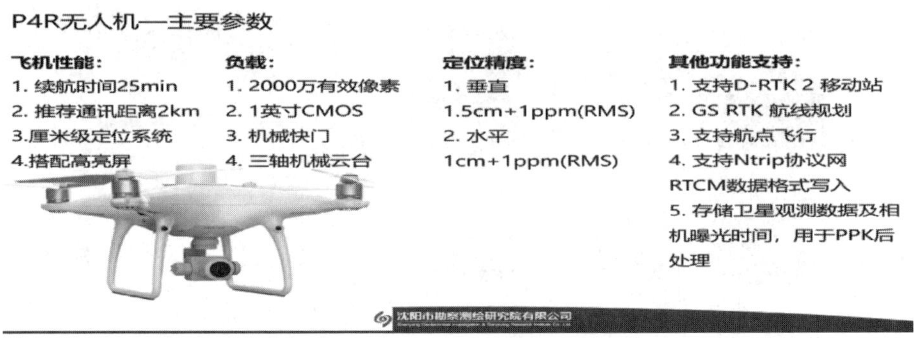

图 10-46　无人机技术参数

图 10-47　中山广场雕像贴近摄影测量过程

沈阳市勘察测绘研究院有限公司在建设单位的统筹领导下，高度重视、积极推进文物保护单位的档案制作和文物保护建筑的测绘工作。在充分收集文物保护单位的已有相关信息和资料后，作业团队积极进行数据的整理、汇总、分类、更新以及资料更新等相关工作。按照国家的相关技术规范和要求开展，采用三维激光扫描与无人机倾斜摄影等当前新型测绘技术，确保测绘成果的真实准确。

项目自 2020 年 6 月开展至 2021 年 8 月，历时 15 个月，较合同工期提前 3 个月完成全部的文物保护的单位档案制作与文物保护建筑测绘工作，任务完成率达 100％。合同签订后，公司立即组织项目管理团队，成立各作业小组，编写项目设计，并在当月展开文物保护单位已有资料的收集整理，着手开展文物保护单位的档案制作工作。2020 年 6 月，作业组开始进行外业数据采集、处理以及建筑图纸绘制工作，并于 2020 年 7 月完成首件成果制作。文物保护单位档案制作工作历时 7 个月，于 2020 年 12 月基本完成；文物保护建筑的测绘及图纸绘制工作历时 12 个月，于 2021 年 6 月完成；在 2021 年 7 月至 8 月期间完成项目成果整理及打印装订工作。

① 文物保护建筑档案资料收集与整理。

本阶段是同沈阳市文物局、各区文物局、文保单位管理机构等单位进行沟通，收集文物古建筑已有资料，收集到的资料包括第三次文物普查登记表成果、文物历史档案扫描成果、文博在线成果、文物公布文件等，并对其进行规范化整理。其中，国家第三次文物普查资料共 1 469 件、历史档案扫描资料共进行 5 个批次，获取约 140 项文物的档案资料、文博在线共 43 项文物档案资料、公布文件 15 份。

② 文物保护建筑档案主卷制作。

文物保护单位档案主卷是文物保护建筑档案最重要的组成部分，主卷内容包括文字卷、图纸卷、照片卷、拓片及摹本卷、保护规划及保护工程方案卷、电子文件卷，具体内容如图 10-48 所示。

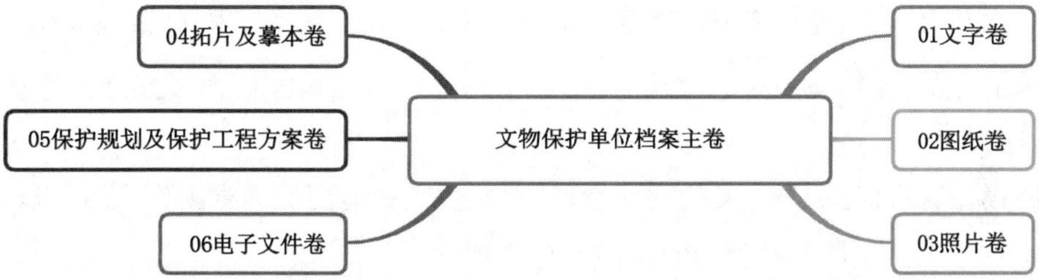

图 10-48　文物保护单位档案主卷内容

a. 文字卷。文字资料详细介绍文物保护建筑的基本信息，其内容包括文物建筑保护单位登记表、地理位置、自然与人文环境、历史沿革、基本状况描述、价值评估、调查发掘保护工程文物展示情况、保护范围建设控制地带及建设项目控制情况、保护标志情况、保护机构情况、附属文物登记表、重要文物藏品登记表，如图 10-49 所示。

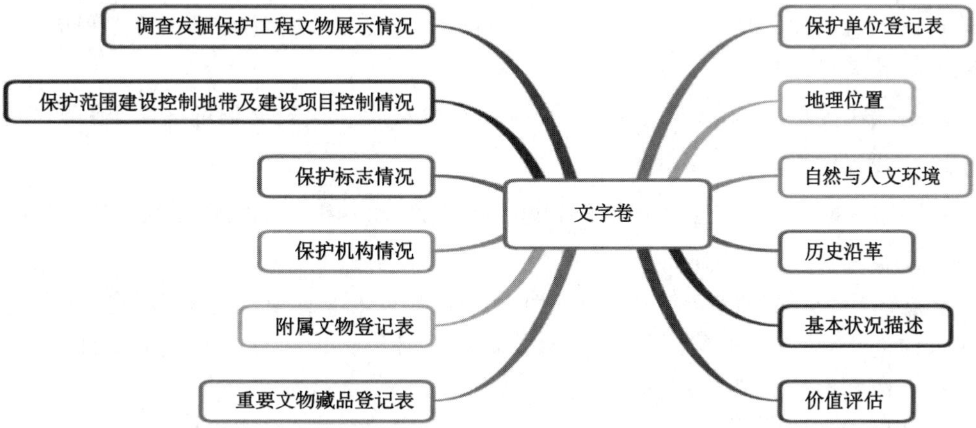

图 10-49　国家级、省级文物保护建筑档案文字卷内容示意图

- 登记表一为基本信息，包含名称、保护级别、编号、代码、地址、公布机关、公布日期、所有权、使用权、管理机构、简要说明。
- 登记表二包括保存程度、现存状况、保护范围和建设控制地带简介。

• 登记表三包括保护标志与保护机构现状简介及备注。

• 地理位置：采用经纬度坐标予以表示，记录单体建筑一角或四角坐标；对于院落、建筑群等，记录其所包含单体建筑的特征点坐标。

• 自然与人文环境：包括文物保护建筑所属地区、气候、气温、降水量、霜冻期，所在区域附近水系、山脉、植被、土质、交通情况以及人文风貌。

• 历史沿革：介绍文物保护建筑的发展和变化历程，内容主要包括文物保护建筑所处地区的历史沿革，保护建筑的创建年代，所经历各个朝代的变迁，以及每个时期修缮、恢复、增建历程。

• 基本状况描述：简要说明文物保护建筑的坐落、朝向、分布、排列、占地面积等。

• 价值评估：介绍文物保护建筑所承载的历史价值、艺术价值、文化价值、经济价值、教育价值、建筑价值和情感价值等。

• 调查、发掘、保护工程、文物展示情况：对历史上针对历史调查报告、发掘、修缮保护情况以及文物历史展出情况等记录的内容进行介绍。

• 保护范围、建设控制地带及建设项目控制情况：以文字描述介绍保护范围四至及保护范围外Ⅰ类、Ⅱ类、Ⅲ类建设控制地带范围，并根据已有资料情况予以附图说明。

• 保护标志情况：沈阳市文物保护建筑标志多数为石质，以标志碑及标志牌为载体，上面注明文物保护级别、名称、颁布单位、日期等，部分有简介，用文字描述保护标志碑等级、尺寸、公布日期，拍摄了保护标志照片。

• 保护机构情况：详细说明文物保护建筑各个时期的保护、管理单位，并明确介绍各个时期的责任人及其他管理人员。存在特殊情况、有其他用途或者进行修缮工程的，说明工程相关单位及项目负责人。

• 附属文物登记表：对于有附属文物的保护单位，此卷记录文物的名称、编号、年代、数量、位置、完残程度以及基本状况描述。

• 重要文物藏品登记表：对于有重要文物藏品的，此卷记录文物藏品的名称、总账号、年代、质地、来源、数量、完残程度等。

文字卷内容中，保护单位登记表、地理位置、自然与人文环境三部分以第三次文物普查资料为依据进行填写，保护范围与建设控制地带依据其文物所公布的红头文件进行填写，其他各卷以档案扫描资料为主进行填写。

项目过程中，对已有资料进行充分利用，文字内容填写较为充分，但是因部分资料不完整，个别项目如价值评估、保护机构情况、调查发掘文物展示情况等存在留白的情况；部分文物保护单位确实没有附属文物和重要文物藏品，也对这个部分内容进行留白处理。

b. 图纸卷

图纸卷是文物保护建筑资料中至关重要的组成部分，包括总平面图、每个单体建筑的建筑平面图及相关大样图（首层平面、二层及以上各层平面），立面图（建筑物各外立面）、单体建筑的纵剖面、横剖面，内部基本结构图，建筑物剖面图及相关大样、门窗架梁等主要建筑构件图。

项目实施过程中图纸卷中的资料来源主要由两部分组成，一是从文物局已有的档案资料中收集文物建筑图纸，扫描电子化后插入档案的图纸卷中；二是从完成的文物测绘成果中选择相对应图纸添加到图纸卷中。

图纸卷的目录包含序号、图号、题名、时间备注信息。

c. 照片卷

拍摄照片时，作业组对照片的序号、底片号、题名、拍摄时间、拍摄者、拍摄方位进行记录，并提供详细的文字说明。照片内容涵盖文物保护建筑同一时间的各外立面（正面、背面及各侧面）与屋顶信息，又包括重要的房间、室内结构，以及建筑物的构件、纹理、翼角、等细节。

对于需要测绘的 109 处文物保护单位的照片采用测绘现场拍摄的照片，其他照片主要来自全国第三次文物普查拍摄的照片以及已有档案资料中的历史照片。

d. 拓片及摹本卷

拓片登记表中填写拓片的序号、拓片号、题名、张数、规格、现存状态、锤拓人、锤拓时间、录文、备注等信息，备注中注明碑刻的时代、完整残损程度、质地、撰文、书丹、类别、位置、基本状况（字体、字数、字径）等内容，拓片及摹本卷目录包括序号、编号、题名、张数、类别信息。

此部分内容主要取决于收集到的已有资料，有相关资料的则填写，没有的进行留白处理。

e. 保护规划及保护工程方案卷

本卷对文物保护单位及部门编制的各项规划和工程方案进行收集整理，注明编制单位、题名、编制时间、批准单位、批准时间、张数等信息。素材主要选自已有档案资料中的文物保护修缮审批方案资料，从中节选对应的信息填写到卷中，没有相关资料进行留白处理。

f. 电子文件卷

梳理好的关于文物建筑的历史视频和音频等相关电子文件资料，如关于文物保护单位的新闻报道、采访纪实等，整理后归入电子文件卷。由于收集到的资料中有关电子文件的内容较少，大部分采取留白处理。电子文件卷内容以 U 盘或硬盘的方式存储，成果与“四有”档案电子版数据成果一并上交。

③ 文物保护单位档案副卷制作

文物保护单位档案的副券包括行政管理文件卷、法律文书卷、大事记卷三部分内容。

a. 行政管理文件卷。

本卷对公布文物等级及保护范围的政府公布文件、文物保护行政主管部门的申请、报告、总结文件、会议纪要文件和具有审批权限的机关部门的批复文件等进行收集整理，注明文号、发文单位、题名、发文时间等信息。

素材主要选自扫描档案资料中的历史行政管理文件以及陆续追加的公布文件，从中筛选出对应的内容填写到卷中，没有相关资料进行留白处理。

b. 法律文书卷。

本卷对文物保护、修建、迁移等所产生的合同，各级文物保护管理部门制订的消防安全管理责任书、人员分工表、岗位责任制、各项实施方案、安全保卫工作制度、奖惩制度、文明公约以及机构改革方案等相关法律文件等进行收集整理，注明责任者、题名、时间等信息。

素材主要选自扫描档案资料，从中筛选出对应的内容填写到卷中，没有相关资料进行留白处理。

c. 大事记卷。

本卷对文物自建立以来或有文字记录以来的逐年大事记信息进行收集整理，大事记内容包括其成立、保护级别的提升、出土文物、发掘、修缮工程、题词、重要人物来访、重大的参观活动、获奖情况以及其他有重大影响的事件，注明责任者、题名、时间等信息。

素材主要选自扫描档案资料，从中筛选出对应的内容并按年份日期逐条填写到卷中，没有相关资料进行留白处理。

④ 文物保护建筑档案备考卷制作

文物保护单位档案的备考卷成果包括参考资料卷、论文卷、图书卷三部分内容。

a. 参考资料卷。本卷对介绍文物相关的报纸、杂志、信件、发言稿以及年代久远的普查资料等进行收集整理，注明责任者、题名、出处等信息。

素材主要选自扫描档案资料，从中筛选出对应的内容填写到卷中，没有相关资料进行留白处理。

b. 论文卷。本卷对各高校、科研院所、文物保护研究中心、考古研究所、博物馆等单位公开发表及出版的各类针对文物保护建筑及出土文物、文化文明、历史价值等研究成果、论文等进行收集整理，注明著译者、题名、出处等信息。

素材主要选自扫描档案资料，从中筛选出对应的内容填写到卷中，没有相关资料的则进行留白处理。

c. 图书卷。本卷对包括文物保护单位的馆藏文物集萃、地方文物简志、纪念专刊等已经出版的书刊进行收集整理，注明著译者、题名、出处等信息。素材主要选自《沈阳市文物志》《沈阳都市中的历史建筑汇录》《沈阳市文物普查名录汇编》等书籍，从中筛选出对应的内容填写到卷中，没有相关资料的则进行留白处理。

(2) 文物保护建筑测绘流程及作业方法

数据采集总体流程包括作业准备、数据采集、数据处理、成果制作、成果检查验收等内容，整个作业流程如图 10-50 所示。

① 作业准备

作业组在准备阶段进行资料分析、现场踏勘、作业方案的设计工作。

a. 资料分析。分析文物保护建筑位置、周围环境、文物保护机构信息，联系对接，准备入场踏勘；分析文物保护建筑测绘的重点和难点，以及针对重点和难点的处理方法。如延寿寺测绘，延寿寺目前共有建筑数十栋，但多数为后期复建，已失去原始风貌，作业组首先根据三普档案中的描述查询需要测绘的 6 栋文物保护建筑，避免测错或漏测；对于位于新民、法库等距市区较远的文物保护建筑，合理安排作业顺序和行车路线，提高外业作业效率，避免浪费时间。

b. 现场踏勘。通过对文物保护建筑的踏勘，作业组选择合适的软硬件设备，绘制草图，为作业方案设计做好基础准备。如奉天驿旧址，现为沈阳站，每天客流量巨大，测绘难度高，现场干扰因素较多，并位于铁路管理机构划定的禁飞区范围内。项目组提前做好沟通对接工作，提前准备无人机作业函件，办理合法航拍手续，并选在清晨客流量较少的时间段

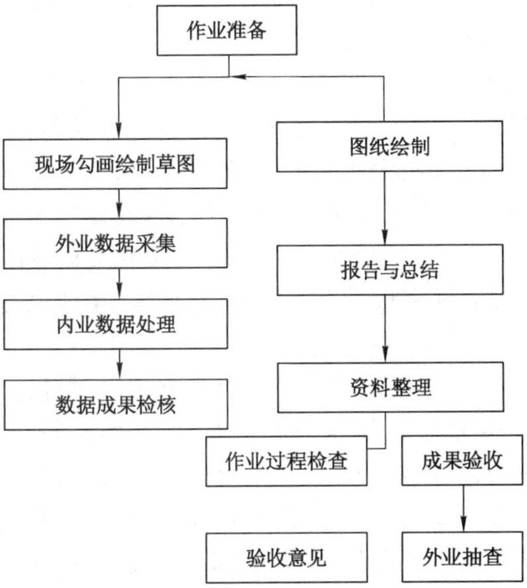

图 10-50　文物保护建筑测绘工作流程图

作业。

c. 方案设计。根据现场踏勘获取的信息制定合理的作业方案，包括控制点布测方案、合适的测量手段、工作人员及时间安排等，同时明确各个环节中的质量控制措施，确保成果达到要求。例如，辽宁总站旧址中，原候车大厅结构过高且为圆弧形曲面结构，采用传统测绘方法工期长、效率低且精度难以满足要求，因此项目组选用架站式三维激光扫描仪 RTC360 进行作业。根据踏勘获取的信息提前规划好控制点点位，实际作业中一组进行控制点采集和无人机数据采集工作，另一组用三维激光扫描仪对候车大厅内部及办公室部分进行数据采集，两组同时进行，互相配合在一天内就完成对辽宁总站旧址的数据采集工作。

② 数据采集

a. 影像数据采集。作业组文物保护建筑照片在拍摄过程中，根据建筑物的形状方位调整合适的角度、距离，拍摄角度均垂直于被拍摄的建筑立面，照片内容覆盖完整的建筑立面外部轮廓，并对文物建筑保护碑和保护范围标志进行单独拍摄。根据现场天气情况设置相机的曝光度、焦距、黑白平衡等参数，达到较好的拍摄效果。照相机为像素 3 750 万的佳能单反相机，对于人员难以到达的位置和角度，作业组采用无人机进行补充拍摄。

照片成果全面反映文物保护建筑正面、背面及各侧面信息，对于建筑群和重要的价值要素，如建筑物重要的结构、构件、屋顶、纹理、翼角、吻兽等细节进行无人机补拍。

b. GNSS 控制点与常规测量数据采集。项目图根控制测量工作采用网络 GPS. RTK 技术进行，并选用当前较为先进的 TRIMBLE R10 GNSS 接收机作为控制测量的主要设备。每次作业前，均利用一个高等级的已知控制点对网络 RTK 进行精度检核，确认无误后再进行作业。

文物保护建筑总平面图采用 GPS RTK 方式按照“编码法”进行外业数据采集。所谓编码法，就是指根据测绘对象特征，测量一些关键点位，并按照一定规则对这些关键点位进行编码并绘制草图，供后期内业绘图使用。

对于一些建筑结构简单的近现代文物保护建筑，或部分内部空间不适宜采用三维激光扫描，作业组采用常规测绘方法：首先通过仔细勘查现场，绘制建筑测绘草图；建筑物室外测量利用全站仪进行坐标测量，室内则通过激光测距仪、钢尺等设备对文物保护建筑结构的尺寸、长度、标高进行测量；最后将实测结果准确标注在草图上。

c. 三维激光扫描数据采集。对于结构较为复杂的单体文物建筑，采用先进的三维激光扫描技术，通过三维激光扫描仪完成建筑物的信息采集，生成文物建筑的高精度三维点云数据模型。

作业组首先根据文物建筑结构及外部形状合理布设测站位置，保证所有测站的扫描角度全面覆盖被测建筑物，相邻测站间点云数据的重合率控制在 30% 以上。作业采用的 Leica RTC 360 三维激光扫描仪带有视觉追踪和自动拼接功能，现场充分利用测站路线的闭合条件，并尽可能多地采用闭合测站作为精度检核条件。如在对辽宁总站旧址的测绘中，外部通过围绕建筑物扫描一周进行闭合，内部则通过一层至三层的走廊及楼梯构成闭合条件。闭合路线上的测站误差可以被平均分配，并有效检核出粗差的存在，从而大幅度提高精度，如图 10-51 所示。

图 10-51　辽宁总站测站分布图

d. 无人机倾斜摄影数据采集。利用无人机倾斜摄影手段采集建筑物顶部和侧面信息，并通过三维建模软件生成文物保护建筑的点云模型，作为三维激光扫描仪的补充，填补三维激光扫描仪在建筑物顶面上的数据空白。

无人机作业前作业组首先在整个文物建筑保护范围及周边范围内布设像控点，并采集像控点坐标。无人机航线规划采用“井”字航线拍摄，航向重叠度为 80%，航带重叠度为 70%，定距拍摄模式，相机角度根据文物保护建筑周围实际情况选择 45°～60°，如图 10-52 所示。

③ 数据处理

数据处理工作主要包括三维激光扫描数据处理与无人机倾斜摄影数据处理两个部分，其作业流程如图 10-53 所示。

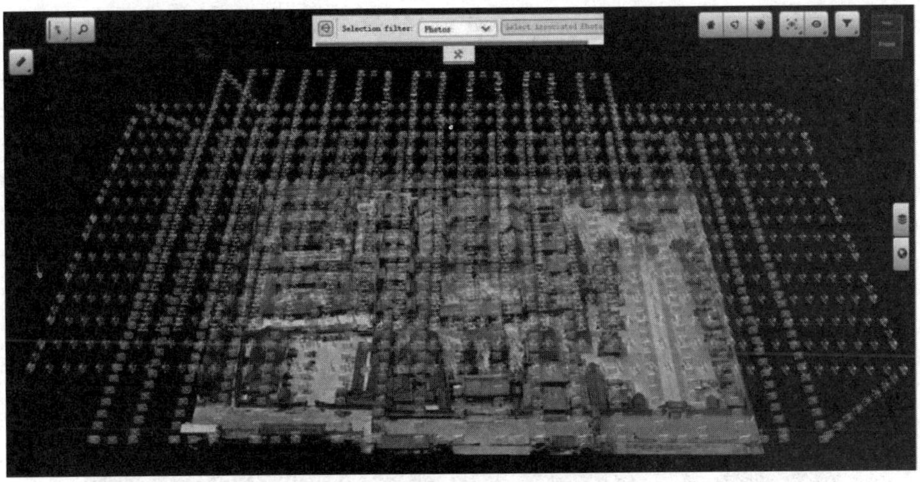

图 10-52　沈阳故宫航摄示意图

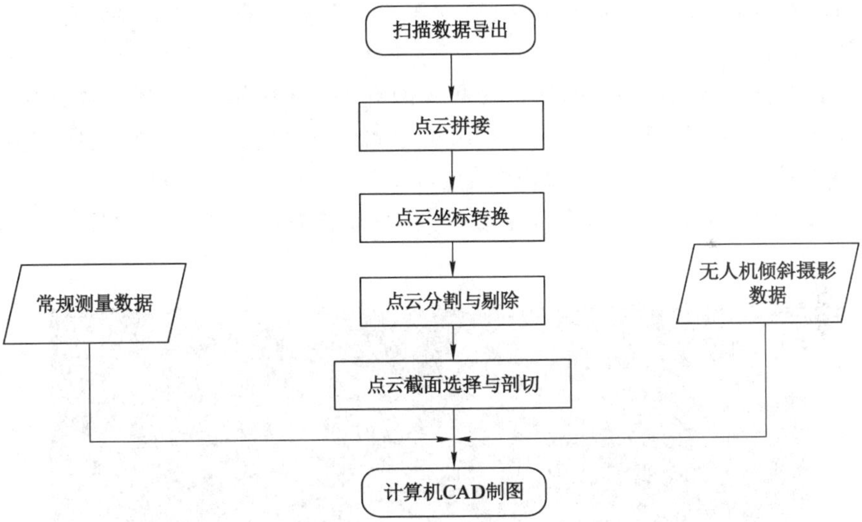

图 10-53　数据处理流程图

a. 三维激光扫描数据处理

三维激光扫描生成的每个测站数据都为一个相对独立的点云，因此为获得文物保护建筑整体数据，要把各个测站数据拼接到一起。数据处理过程中作业组严格控制点云数据拼接质量，按如下要求完成：

Ⅰ. 采用软件立体交互式调整其中一个测站的点云数据的姿态，进行相邻两站点云的拼接，保证其大致对齐，完成粗拼接，如图 10-54 所示。

Ⅱ. 经过粗拼接后点云，软件采用 ICP(Iterative Closest Point)算法改正测站间的误差，改正后相邻测站拼接误差控制在 20 mm 以内。

点云数据在拼接后，由于存在噪点、冗余数据以及与文物保护建筑周围无关数据，因此对点云数据进行分割与剔除。将明显脱离扫描实体的异常点和孤立点定义为噪声点，进行

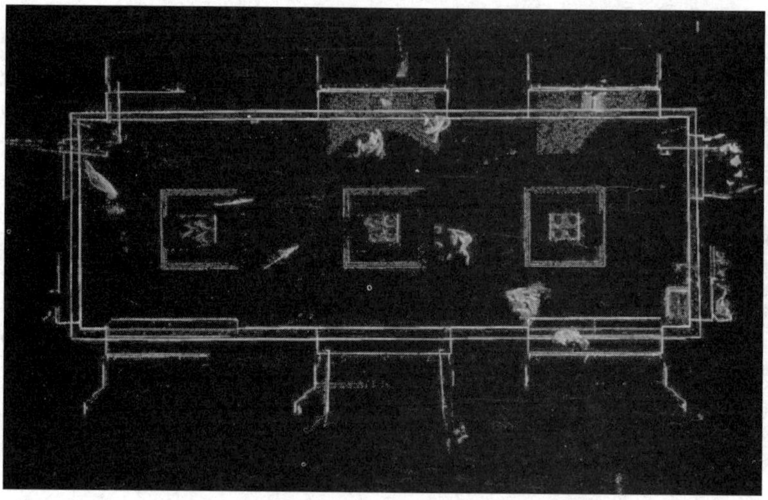

图 10-54　点云数据拼接示意图

滤波剔除，将与绘制建筑图无关的植被、家具等点云数据删除。对数据量过于庞大的成果进行局部抽稀处理。

点云拼接是点云数据处理过程中最重要的环节，出现错误就会导致分层，带来严重的尺寸偏差。为了提高精度、避免粗差，每栋建筑点云数据在拼接完成后实际工作中将点云成果导入检查软件对点云采取横向剖切的方式进行检查，通过直接量取墙体之间距离查看是否存在点云分层以此判断成果质量，在数据检查合格之后再整体导出，如图 10-55 所示。

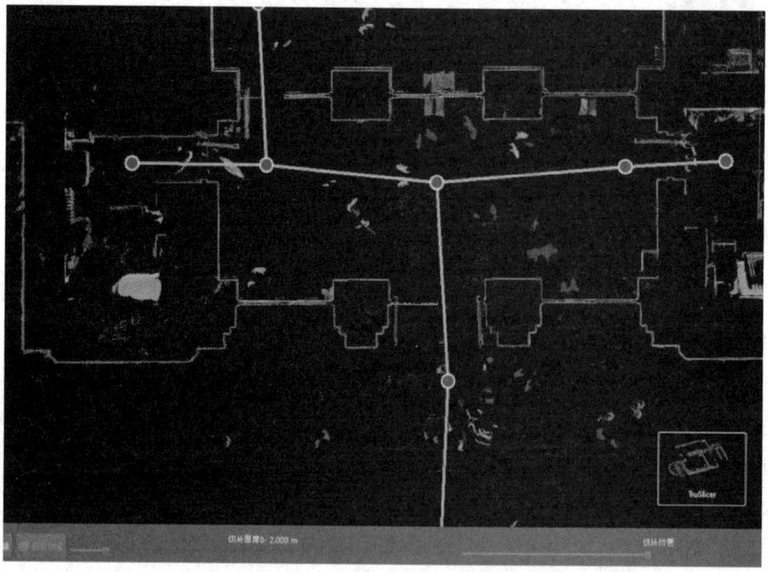

图 10-55　点云拼接成果检查示意图

b. 无人机倾斜摄影数据处理。

无人机倾斜摄影数据采用 Bentley Context Capture 软件处理。数据处理过程的关键是空中三角测量，其主要目的是通过航摄影像之间同名地物的关联性恢复摄影时刻相机的位置和姿态，建立项目精准的像方空间参考。空中三角测量的具体过程是根据航测条件在软件中设置 POS 信息精度、草图生成、是否匀光匀色等选项，软件自动进行自由网空中三角测量；自由网空三完成后，再通过像控点将归划到绝对坐标系中，完成控制网空三测量，建立像方空间参考和物方空间参考的联系。通过生成的质量报告对空三成果进行质量检查，控制点残差在误差允许范围内视为合格。否则需要重新进行空中三角测量。

质量检查合格后，选择高斯-克吕格投影和 CGCS 2000 坐标系，软件通过影像密集匹配技术生成三维点云数据成果，数据成果的点间距为 10 mm；同时输出文物建筑的实景三维模型。

项目实施过程中以传统测记法为主，同时引入无人机和三维激光扫描仪等新设备，对沈阳故宫、张学良旧居、满铁奉天公所旧址、中山广场雕像等典型文物保护单位制作实景三维模型，无人机倾斜摄影成果如图 10-56 所示。

图 10-56　无人机倾斜摄影成果

④ 数据检核。数据处理结束后，在数据成果用于图纸绘制前，作业组对数据质量进行严格检查。首先，三维激光扫描数据测站闭合差要求控制在 20 mm 以内，对于超限的数据，作为不合格数据进行重测；由三维激光扫描仪获取的点云成果与无人机倾斜摄影生成的点云成果较差控制在 50 mm 以内；以手持激光测距仪、钢尺等常规测绘方式获取的数据与三维激光扫描、无人机倾斜摄影数据成果之间的互差均未超过 50 mm。

⑤ 建筑图纸绘制。在对采集完成的数据进行充分检核后，作业组开始利用成果数据进行图纸绘制工作。文物保护建筑总平面图采用 EPS 测图系统绘制，按照国家基本比例尺地图图式符号表达绘制完成。文物保护建筑的平面图、立面图、剖面图则通过 CAD 软件进行绘制，按照相应制图标准绘制最终成果图。制图比例尺见表 10-9。

表 10-9　图纸成果比例尺

图别	制图比例
总平面图	1∶200、1∶500、1∶1 000
平面图	1∶50、1∶100、1∶200
立面图	1∶50、1∶100、1∶200
剖面图	1∶50、1∶100、1∶200
详图	1∶10、1∶20、1∶50

除图纸目录及表格采用普通 A4 幅面外，文物保护建筑图纸规格采用标准的 A0、A1、A2 图纸幅面(表 10-10)。

表 10-10　图幅及图框尺寸

单位:mm

图纸幅面规格	A0	A1	A2
宽×长	841×1 189	594×841	420×594
装订线	25		
图框线	10		

a. 文物保护建筑总平面图绘制。

文物保护建筑总平面图平面基准采用 2000 国家大地坐标系统，高程基准采用国家 1985 高程基准，地图投影为高斯-克吕格投影，中央子午线 123°。

制图人员将经检验合格的外业数据导入 EPS 三维测图软件，通过各测点的编码进行总平面图各个要素的绘制。绘制完成后转换为 CAD 格式文件，图纸的右上角注明总平面图的指北针，并在图纸中部的正下方或其他明显位置标明图纸名称与制图比例尺。

如图 10-57 所示，总平面图反映文物保护建筑场地内外部周围环境，包括周边道路、周围建筑物、植被、水体以及文物保护建筑自身的名称、出入口位置等。总平面图是图纸成果中的第一部分，其编号为“测绘 01.01”。

b. 文物保护建筑平面图绘制。

文物保护建筑平面图绘制的基础数据是三维激光扫描点云数据，首先将三维激光扫描生成的 RCP 点云数据导入 CAD 软件，通过旋转功能将其调整为正南正北方向。首层平面图在室内标高为 1.5 m 处进行剖切，隐藏 1.5 m 以上部分，向下方投影以俯视视角开始绘制。

绘制过程中首先确定总体尺寸和控制性尺寸，选定外墙及主要承重内墙中线作为主要轴线，规划轴网并编号。然后依次绘制墙体、门窗、楼梯、台阶、雨棚、坡道等结构及构件；结构、构件绘制完成后进行尺寸及标高的标注；最后标明剖面图的剖切位置线及指北针、图纸名称、比例尺。

文物保护建筑的一层平面图成果如图 10-58 所示。二层及以上各平面图绘制方法与一层平面图一致，绘制每层平面图时，点云数据的剖切位置均在高于其楼层地面 1.5 m 处。文物保护建筑的首层平面图为“测绘 01.02”，其余各层按顺序依次向后编号。

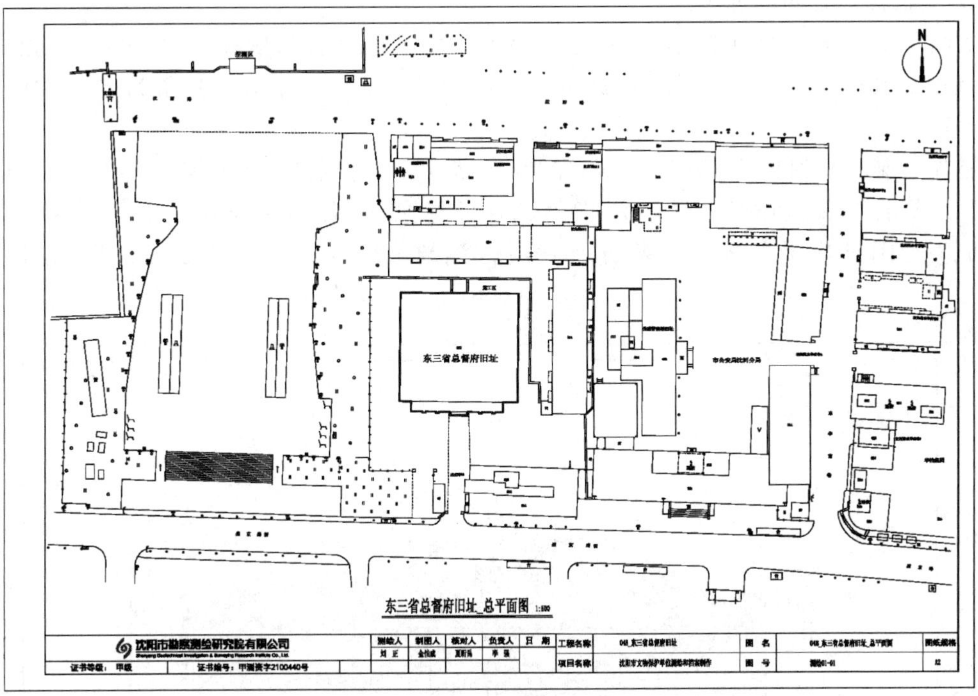

图 10-57　文物保护建筑总平面图成果

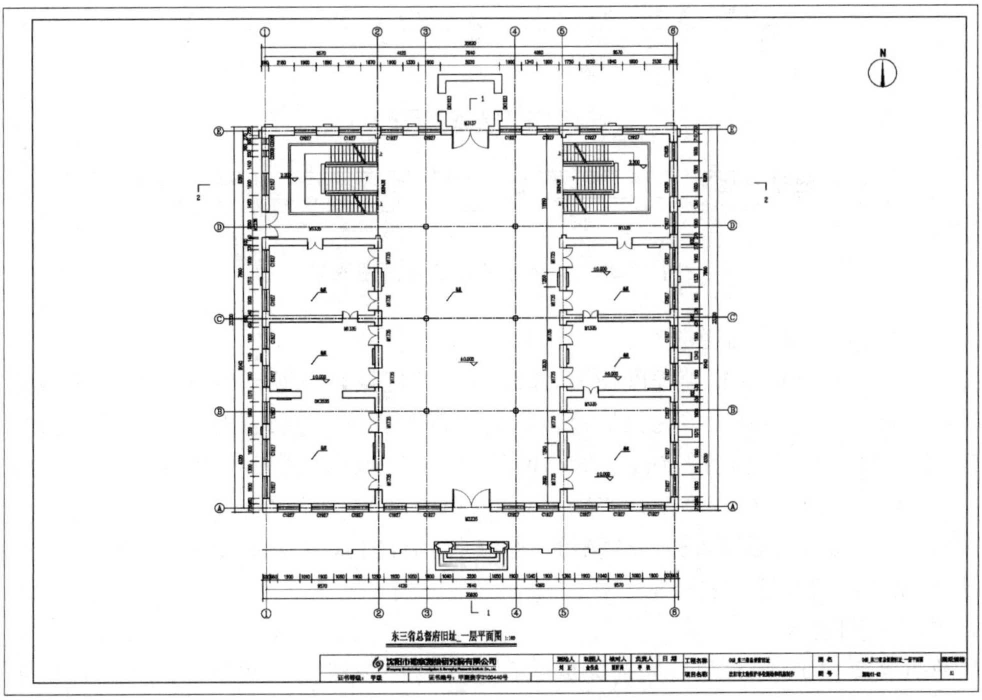

图 10-58　文物保护建筑平面图成果

c. 文物保护建筑立面图绘制。

文物保护建筑立面图绘制的基础数据是无人机贴近摄影测量获取的模型点云数据，首先是将点云数据导入 CAD 软件并旋转为正南正北方向，通过调整视角为侧视方向开始绘制。

首先绘制文物保护建筑的外轮廓、屋顶、台基等具有控制性部位，然后绘制柱、门窗、台阶、阳台、栏杆、墙面填充等，最后标明轴线、尺寸标注、标高、图纸名称、比例。文物保护建筑立面图为图纸成果中的第二部分，编号从“测绘 02.01”开始，立面图成果如图 10-59 所示。

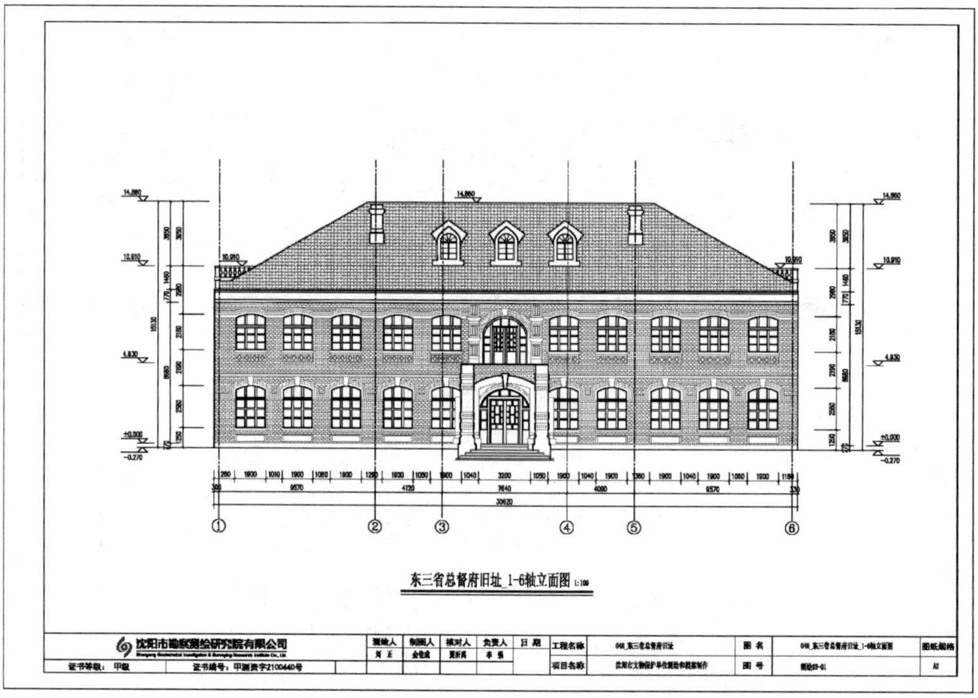

图 10-59　文物保护建筑立面图成果

d. 文物保护建筑剖面图绘制。

文物保护建筑剖面图绘制难度最大，需要结合贴近摄影测量获取的模型点云数据和三维激光扫描点云共同绘制。首先根据模型点云绘制文物保护建筑物的屋顶、檐口及外墙轮廓部分，再根据三维激光扫描点云数据绘制墙、柱、梁、地面、楼板等内部结构，最后标注轴线、主要结构尺寸、各楼层标高及建筑物总高度、图纸名称、比例等。

文物保护建筑剖面图的编号从“测绘 03.01”开始，剖面图成果如图 10-60 所示。

⑥ 实施难点及处理方法。

a. 项目工期紧。

作业组需要在 15 个月的时间内完成数百栋文物保护建筑的测绘以及文物保护单位的档案制作工作，去除雨雪大风等天气因素影响，项目组平均每天至少需要完成两栋文物保护建筑的测绘工作。

为保证项目能够按期完成，本单位共投入作业人员 60 名，共计 16 个作业组，以及 2 台

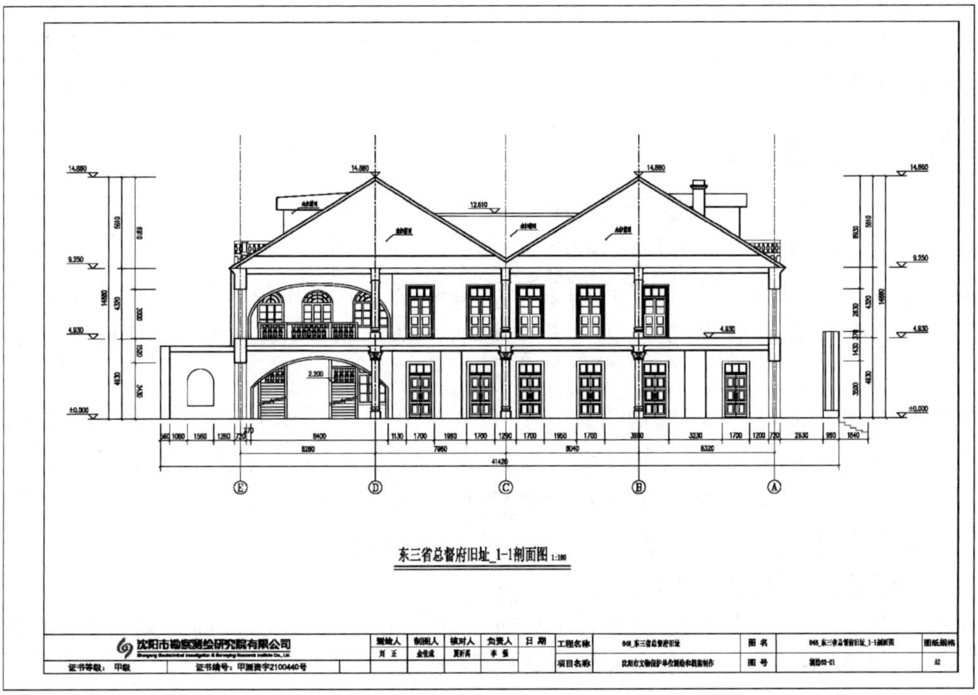

图 10-60　文物保护建筑剖面图成果

高精度三维激光扫描仪、2 架无人机、4 套 GNSS RTK 等设备，各作业组全力以赴，发扬“攻坚克难”的精神，以加班加点、夜以继日的工作态度保障项目的质量与工期。

b. 多专业交叉。

文物保护建筑测绘及档案制作工作是一项专业跨度很大的工作任务，不仅要求项目组具有测绘专业的高水平技术人员，还要具有建筑专业工程师与文物保护领域的相关人员。

对于建筑图纸绘制工作，项目邀请知名大学建筑学院教授莅临指导，对项目组作业人员进行建筑图纸的绘制方法、内容、要求进行专业培训，并对图纸成果质量进行把控。

项目实施过程中，作业组内人员除在测绘领域对文物测绘专题有较深刻的认识和提升之外，通过专业培训也对建筑制图专业和文物档案整理专业有一定的了解，开阔了视野，拓宽了业务方向。

c. 沟通入场费时费力。

由于文物保护单位的保护机构与管理单位众多，每处文物保护建筑入场测绘前都需要与保护机构或管理单位沟通对接，因此沟通工作量大。部分文物保护单位的管理机构已经变更为政府机关或企事业单位。

项目得到了建设单位的大力支持，以市文旅局的名义开具了专门的公函，并与文物保护机构进行沟通。项目组在对慈恩寺、太清宫、沈阳天主教堂等文物保护建筑施测过程中，也积极与管理人员以及前往的游客、香客、信徒等沟通，取得了理解与信任，有效避免了妨碍与冲突，从而保障项目的顺利进行。

d. 受疫情影响较大。

因项目实施过程受到沈阳市疫情陆续出现的影响，耽误了项目的进度。许多文物保护单位要求作业人员提供核酸检测证明等资料，部分文物保护单位在疫情期间直接禁止进入。项目管理人员对作业人员应对疫情的措施进行安全交底，公司对外业作业人员配发KN95防护口罩等安全装备。最终在项目组全员的共同努力下，基本按照原计划完成了项目工作。

⑦ 遗留问题与改进意见。

在项目实施过程中，存在如下问题：

a. 部分文物保护单位变为涉密单位。

实际作业中，部分文物保护建筑因其管理机构变为涉密单位，作业人员无法进入建筑物内部进行数据采集工作，图纸成果中建筑物的内部结构表达存在不完整或部分缺失的情况。

如东北大学旧址，现管理机构为辽宁省人民政府和辽宁省军区，其中部队办公楼禁止采集影像和进入建筑内部测绘；南满铁路株式会社旧址(二)的现管理机构为沈阳铁路局机关单位；等等。以上等处文物保护建筑因作业人员无法进入内部测绘而导致建筑平面图、剖面图成果不全，仅能绘制总平面图与各建筑立面图成果。

b. 部分文物建筑遭到严重破坏。

在项目实施过程中，依然发现少数文物建筑的保护问题，如锡伯族家庙，因年久失修损毁殆尽，至今仅剩余一栋建筑保留历史原貌，其余均为复建。

再如位于法库县的吉祥寺(图10-61)以及和平区的大观茶园旧址(图10-62)。吉祥寺的钟楼、鼓楼主体结构已经开裂，另有两座配房面临倒塌风险，岌岌可危，令人惋惜。大观茶园也已经荒废，急需保护修缮，处境堪忧。

图10-61 开裂的吉祥寺钟楼

c. 文物保护单位资料不够全面。

项目收集到的部分文物保护单位资料不够全面，少数文物保护单位资料比较匮乏，以致文物保护单位档案内容无法做到全面完整。如档案副卷中的行政管理文件卷、大事记卷、备考卷中的参考资料卷，如果资料收集不到的就会无从填写，或只能根据收集到资料内容的多少来制作多少，可能存在遗漏情况。

已收集到的个别文物保护单位资料存在“出入”，如主卷文字卷中的文物保护单位“历史沿革”内容，关于保护建筑的创建年代以及各个朝代、时期修缮、恢复、增建历程的描述，

图 10-62　荒废的大观茶园旧址

在不同的资料中会有不同的结果。对于已有资料中对同一内容存在争议的，以更加权威的资料为准；但是如果资料双方均比较有权威性，项目本着客观严谨的态度，并未随意填写，予以特殊说明，需要待考古领域的专家考证准确后再将结论填入文物档案。

档案成果整理是一项长期性工作，随着文物普查工作的开展、文物公布等级、管理使用等信息的变更，文物档案成果需要不断补充、修改和完善，根据实际工作开展情况，还需在日后对现阶段文物档案成果进行动态维护和更新。

参 考 文 献

[1] 程多祥.无人机移动测量数据快速获取与处理[M].北京:测绘出版社,2015.
[2] 程远航.无人机航空遥感图像拼接技术研究[M].北京:清华大学出版社,2016.
[3] 段连飞,章炜,黄瑞祥.无人机任务载荷[M].西安:西北工业大学出版社,2017.
[4] 房余龙.无人机技术与应用[M].苏州:苏州大学出版社:2021.
[5] 符长青,曹兵.多旋翼无人机基础[M].北京:清华大学出版社,2017.
[6] 符长青.无人机空气动力学与飞行原理[M].西安:西北工业大学出版社,2018.
[7] 官建军.无人机遥感测绘技术及应用[M].西安:西北工业大学出版社,2018.
[8] 黄亮,刘忠,石章松,等.无人机系统纯方位定位技术及应用[M].北京:国防工业出版社,2015.
[9] 雷添杰,李长春,何孝莹.无人机航空遥感系统在灾害应急救援中的应用[J].自然灾害学报,2011,20(1):178-183.
[10] 李寒,牛纪桢,郭禾.基于特征点的全自动无缝图像拼接方法[J].计算机工程与设计,2007,28(9):2083-2085.
[11] 廖小罕,周成虎.轻小型无人机遥感发展报告[R].北京:科学出版社,2016.
[12] 刘广社,高琼,张丹.摄影测量与遥感[M].武汉:武汉大学出版社,2013.
[13] 麻金继,梁栋栋.三维测绘新技术[M].北京:科学出版社,2018.
[14] 马广彬,章文毅,陈甫.图像几何畸变精校正研究[J].计算机工程与应用,2007,43(9):45-48.
[15] 孙家炳.遥感原理与应用[M].3版.武汉:武汉大学出版社,2009.
[16] 王聪华.无人飞行器低空遥感影像数据处理方法[D].青岛:山东科技大学,2006.
[17] 王冬梅.无人机测绘技术[M].武汉:武汉大学出版社:2020.
[18] 王守权.机载雷达导论[M].北京:航空工业出版社,2018.
[19] 王增刚.无人机技术基础[M].山东:中国石油大学出版社,2020.
[20] 吴献中.无人机测绘技术基础[M].北京:北京交通大学出版社:2019.
[21] 肖冰松.机载雷达原理与系统[M].北京:科学出版社,2023.
[22] 谢辉.无人机应用基础[M].西安:西北工业大学出版社,2018.
[23] 杨浩.城堡里学无人机原理、系统与实现[M].北京:机械工业出版社,2017.
[24] 于明清.无人机飞行控制技术[M].西安:西北工业大学出版社,2018.
[25] 张祖勋,张剑清.数字摄影测量学[M].2版.武汉:武汉大学出版社,2012.
[26] 宇辰网.无人机:引领空中机器人新革命[M].北京:清华大学出版社,2017.